J. M. C. Duhamel

LEHRBUCH

DER

ANALYTISCHEN MECHANIK

Band II

Elibron Classics
www.elibron.com

Elibron Classics series.

ISBN 978-0-543-68286-4 (paperback)
ISBN 978-0-543-68285-7 (hardcover)

This Elibron Classics Replica Edition is an unabridged facsimile of the edition published in 1861 by B. G. Teubner, Leipzig.

LEHRBUCH

DER

ANALYTISCHEN MECHANIK

VON

DUHAMEL,

MITGLIED DER AKADEMIE DER WISSENSCHAFTEN IN PARIS

DEUTSCH HERAUSGEGEBEN

VON

DR. OSKAR SCHLÖMILCH,

PROFESSOR DER HÖHEREN MATHEMATIK UND ANALYTISCHEN MECHANIK AN DER POLYTECHNISCHEN SCHULE IN DRESDEN.

ZWEITE GÄNZLICH UMGEARBEITETE AUFLAGE.

NEUE WOHLFEILE AUSGABE.

ZWEITER BAND.

MIT IN DEN TEXT EINGEDRUCKTEN HOLZSCHNITTEN.

LEIPZIG.

VERLAG VON B. G. TEUBNER.

1861.

Druck von B. G. Teubner in Leipzig.

Vorwort.

Die erste, von Dr. Eggers vorgenommene Uebersetzung des Duhamel'schen Werkes hat ein eigenthümliches Schicksal gehabt. Sie war in ihrer ursprünglichen Form so wenig gelungen, dass ich Tausende von Fehlern corrigiren musste um sie, dem Wunsche der Verlagshandlung entsprechend, einigermaassen leserlich zu gestalten, und wenn dabei ungefähr ein Dutzend Uebersetzungsfehler übersehen worden sind, so werden sich diejenigen nicht darüber wundern, die das Unangenehme solcher Arbeiten zu beurtheilen wissen. Dass gleichwohl die erste Auflage so rasch vergriffen wurde, ist ohne Zweifel ein starker Beweis für die innere Güte des Duhamel'schen Werkes und ich unterzog mich daher nicht ungern der Mühe, die vorliegende neue Auflage zu redigiren. Die Eggers'sche Uebersetzung ist hierbei fast durchaus beseitigt und nur Dasjenige beibehalten worden, was ich schon früher total umgearbeitet hatte. Im Allgemeinen habe ich mich treu an das Original gehalten und nur da, wo es mir nöthig schien, Zusätze eingeflochten, namentlich auf S. 3—5, S. 59—76, S. 131—137, S. 144—150, S. 160—171, S. 371—375 des ersten Bandes und S. 53—55, S. 58—61, S. 118—121, S. 159—161, S. 192—195 und S. 251—257 des zweiten Bandes, sowie hie und da einige kleinere Bemerkungen. Ob hierdurch das Buch gewonnen hat, mögen Sachkundige beurtheilen.

Dresden, am 30. Sept. 1858.

Schlömilch.

Inhalt des zweiten Bandes.

Drittes Buch. Dynamik fester Körper.

Cap. IV. Das Gleichgewicht elastischer Flüssigkeiten.

Fünftes Buch. Dynamik flüssiger Körper.

Cap. I. Der Ausfluss von Flüssigkeiten aus Gefässen.

Cap. II Die Schwingungen elastischer Körper.

Verbesserung.

Auf S. 90 Z. 11 v. o. und Z. 20 v. o. ist statt „Flächen“ zu lesen „Momente“.

Neuntes Capitel.

Theorie der Centralbewegungen.

Allgemeine Formeln.

1. Wir denken uns zunächst einen materiellen Punkt unter dem Einflusse einer Kraft stehend, deren Richtung durch einen festen Punkt geht, und deren Intensität nur von der Entfernung des anziehenden Centrums abhängt; die Bewegung findet dann in derjenigen Ebene statt, welche die Richtung der Anfangsgeschwindigkeit und das feste Centrum enthält. Nehmen wir diesen Punkt zum Anfange rechtwinkliger Coordinaten x und y in dieser Ebene, bezeichnen wir ferner mit r den Abstand irgend eines Punktes vom Coordinatenanfang, mit ϑ den Winkel zwischen r und der positiven x-Achse, endlich mit φ die Intensität der beschleunigenden Kraft, so sind die Cosinus der Winkel, welche ihre Richtung mit den Achsen bildet, durch $-\frac{x}{r}$ und $-\frac{y}{r}$ zu bezeichnen, wenn die Kraft eine anziehende, und durch $\frac{x}{r}$, $\frac{y}{r}$, wenn sie eine abstossende ist; die Componenten der Kraft φ werden also im ersten Falle $-\varphi\frac{x}{r}$, $-\varphi\frac{y}{r}$, im zweiten $\varphi\frac{x}{r}$, $\varphi\frac{y}{r}$; beziehen sich demnach unsre Formeln auf den ersten Fall, so genügt die Aenderung des Zeichens von φ um zum zweiten Falle überzugehen.

Die allgemeinen Gleichungen der Bewegung des Punktes sind jetzt

$$\frac{d^2x}{dt^2} = -\varphi\frac{x}{r},\quad \frac{d^2y}{dt^2} = -\varphi\frac{y}{r}.$$

Das Princip der Flächen giebt

1) $$r^2 d\vartheta = c\,dt$$

wo c eine willkürliche Constante bezeichnet, die sich folgendermassen durch den Anfangszustand bestimmen lässt. Die Componenten der Geschwindigkeit nach der Richtung des Radius-vector und nach der auf dieser Richtung Senkrechten sind $\frac{dr}{dt}$ und $\frac{rd\vartheta}{dt}$; zeichnet ferner α den Winkel, welchen die Richtung der Anfangsgeschwindigkeit mit dem Radius-vector der anfänglichen Lage des Punktes bildet, und v_0 die Anfangsgeschwindigkeit, so ist $v_0 \sin \alpha$ der Anfangswerth jener Componente, die im Allgemeinen durch $\frac{rd\vartheta}{dt}$ ausgedrückt wird. Bezeichnen wir mit r_0 den anfänglichen Radius-vector, und beziehen die Gleichung

$$r^2 d\vartheta = c dt$$

auf den Anfangszustand, so erhalten wir

$$c = r_0 v_0 \sin \alpha.$$

Das Princip der lebendigen Kraft führt zu folgender Gleichung

$$\frac{ds^2}{dt^2} = -2\int \varphi dr = v^2;$$

dieses unbestimmte Integral enthält eine neue willkürliche Constante, welche durch die Anfangswerthe von v und r bestimmt wird; es wird so

$$2)\qquad v^2 = v_0{}^2 - 2\int_{r_0}^{r} \varphi\, dr$$

Mittelst der Substitution $ds^2 = dr^2 + r^2 d\vartheta^2$ ergiebt sich aus der vorletzten Gleichung

$$\frac{dr^2 + r^2 d\vartheta^2}{dt^2} = -2\int \varphi dr,$$

und wenn wir dt mit Hülfe der Gleichung (1) eliminiren, so entsteht eine Gleichung zwischen r und ϑ, d. h. die Polargleichung der Trajectorie; sie lautet

$$3)\qquad \int \varphi dr = -\frac{c^2}{2}\left(\frac{1}{r^2} + \frac{\frac{dr^2}{d\vartheta^2}}{r^4}\right) = -\frac{c^2}{2}\left[\frac{1}{r^2} + \left\{\frac{d\left(\frac{1}{r}\right)}{d\vartheta}\right\}^2\right]$$

2. Ist die Kraft eine bekannte Function von r, so bestimmt die Gleichung 3) die Trajectorie; kennt man andrerseits die Trajectorie, nicht aber die Kraft φ, so braucht man nur die Gleichung 3) nach r zu differenziren um φ zu erhalten, nämlich

$$4)\qquad \varphi = \frac{c^2}{r^2}\left\{\frac{1}{r} + \frac{d^2\left(\frac{1}{r}\right)}{d\vartheta^2}\right\}$$

Die rechte Seite wird mit Anwendung der Gleichung der Trajectorie gebildet, doch ist es zuweilen bequemer, hiezu die Formel 3) zu gebrauchen und die Differentiation zuletzt auszuführen.

Kennt man die Gleichung der Trajectorie, so kann man in allen Fällen die eine der Coordinaten als Function der andern darstellen, und folglich giebt die Gleichung 1) die Zeit als Function von r oder ϑ und umgekehrt. Das Problem ist dann vollkommen gelöst, weil man die Coordinaten des bewegten Punktes als Functionen der Zeit ausgedrückt hat.

Die Gleichung 2) kann eine bemerkenswerthe Form annehmen, wenn man in dieselbe das Perpendikel vom Coordinatenanfang auf die Tangente der Trajectorie einführt. Aehnliche Dreiecke geben nämlich

$$\frac{ds}{rd\vartheta} = \frac{r}{p}, \text{ oder } ds = \frac{r^2 d\vartheta}{p},$$

woraus man mit Anwendung der Gleichung 1) zieht

$$\frac{ds}{dt} = v = \frac{c}{p},$$

und darin liegt das Theorem, dass bei jeder unter dem Einflusse einer Centralkraft vor sich gehenden Bewegung die Geschwindigkeit in irgend einem Punkte der Trajectorie der Entfernung des Centrums von der Tangente umgekehrt proportional ist.

Substituiren wir diesen Werth von v in die Gleichung 2), so wird sie

$$5)\qquad \frac{c^2}{p^2} = v_0^2 - 2\int_{r_0}^{r} \varphi dr$$

Dies ist die Gleichung der Trajectorie in einem eigenthümlichen Coordinatensystem.

3. Wir wollen zweitens annehmen, dass das Centrum der Wirkung beweglich sei. Im ersten Theile des vorliegenden Werkes wurde gezeigt, dass alle Eigenschaften der absoluten Bewegung noch für die relative existiren, wenn man überall für die absoluten Grössen die relativen substituirt; die vorhergehenden Formeln bestehen also, wenn man x und y als Coordinaten eines Punktes M in Bezug

auf Achsen betrachtet, welche beständig durch das bewegte Centrum gehen, und parallel mit sich selbst fortrücken, wenn man ferner r als die Länge der Geraden ansieht, welche in jedem Augenblicke dieses Centrum mit dem materiellen Punkt verbindet, ϑ als den Winkel, welchen die Gerade mit der Achse der x macht, endlich φ als die beschleunigende Kraft des materiellen Punktes, d. h. als die Resultante aus der absoluten beschleunigenden Kraft, welche in demselben angebracht ist, und einer Kraft, die jener gleich, parallel und entgegengerichtet ist, welche in dem beweglichen Centrum wirkt.

Beispiele.

4. Elliptische Bewegung. Ein Punkt beschreibt eine Ellipse vermöge einer Kraft, welche nach ihrem Mittelpunkte gerichtet ist; man soll die Centralkraft bestimmen.

Erstens ist leicht zu erkennen, dass alle Bedingungen der Aufgabe mit einander vereinbar sind; denn man kann einen Punkt immer zwingen, sich auf einer beliebigen Curve zu bewegen, und zwar so, dass die von einem Radius vector, welcher von irgend einem festen Punkte an den bewegten Punkt gezogen ist, beschriebenen Flächenräume der Zeit proportional sind. Man darf also immer voraussetzen, dass ein bewegter Punkt irgend eine Planeurve durch die Wirkung einer Kraft beschreibe, deren Richtung durch irgend einen festen Punkt ihrer Ebene geht.

Wir bezeichnen mit $2a$ und $2b$ die grosse und kleine Achse der Ellipse, nehmen ihren Mittelpunkt als Pol und zählen die Winkel von der grossen Achse an; die Gleichung der Curve lautet dann

$$\text{a)} \qquad \left(\frac{1}{r}\right)^2 = \frac{a^2 sin \vartheta + b^2 cos^2 \vartheta}{a^2 b^2} = \frac{1}{a^2} + \frac{a^2 - b^2}{a^2 b^2} sin^2 \vartheta,$$

woraus durch Differentiation folgt

$$\text{b)} \qquad \frac{1}{r} \frac{d\left(\frac{1}{r}\right)}{d\vartheta} = \frac{a^2 - b^2}{a^2 b^2} sin \vartheta \, cos \vartheta.$$

Drücken wir den zweiten Theil dieser Gleichung mit Hülfe der Gleichung a) als Function von r aus, so erhalten wir aus der Gleichung b) die Grösse $\dfrac{d\left(\frac{1}{r}\right)}{d\vartheta}$ als Function von r, und wenn wir diesen

Werth in die allgemeine Formel 3) übertragen, so bekommen wir $\int \varphi dr$, und folglich φ als Function von r. Nun giebt die Gleichung a)

$$sin^2\vartheta = \frac{b^2(a^2-r^2)}{(a^2-b^2)r^2}, \quad cos^2\vartheta = \frac{a^2(r^2-b^2)}{(a^2-b^2)r^2},$$

die Gleichung b) liefert nach Substitution dieser Werthe

$$\left(\frac{d\left(\frac{1}{r}\right)}{d\vartheta}\right)^2 = \frac{(a^2-r^2)(r^2-b^2)}{a^2b^2r^2};$$

setzt man diesen Ausdruck in Gleichung 3), so findet man

$$\int \varphi dr = -\frac{c^2}{2}\left(\frac{a^2+b^2}{a^2b^2} - \frac{r^2}{a^2b^2}\right),$$

und durch Differentiation in Beziehung auf r

$$\varphi = \frac{c^2r}{a^2b^2}.$$

Bei dieser Bewegung ist also die Centralkraft proportional der Entfernung vom Centrum und zwar eine anziehende, weil der für φ gefundene Werth positiv ausfällt.

Dem Princip der Flächen zufolge braucht der Punkt immer dieselbe Zeit, um die ganze Ellipse zu durchlaufen, von welchem Punkte an die Bewegung auch gehen möge. Bezeichnen wir diese Zeit mit T und berücksichtigen, dass die Constante c den doppelten durch den Radius-vector in der Zeiteinheit beschriebenen Raum darstellt, so ist $\frac{1}{2}cT$ der Flächeninhalt der ganzen Ellipse, mithin

$$\tfrac{1}{2}cT = \pi ab, \text{ woraus } T = \frac{2\pi ab}{c}.$$

Durch die Umlaufszeit ausgedrückt ist hiernach die Kraft

$$\varphi = \frac{4\pi^2}{T^2}r.$$

Wäre statt einer Ellipse eine Hyperbel betrachtet worden, so würde man eine abstossende Kraft gefunden haben, die nach einem ähnlichen Gesetze wirkte.

5. Umkehrung der vorigen Aufgabe. - Nach dem Vorigen darf man erwarten, dass ein Punkt, unter dem Einflusse einer Kraft bewegt, die nach einem festen Centrum gerichtet und der Entfernung proportional ist, eine Ellipse beschreiben wird, deren Mittelpunkt in jenem Centrum liegt.

Um diess nachzuweisen denken wir uns eine Ellipse, deren Mittelpunkt mit dem Centrum zusammenfällt, welche ferner durch die Anfangslage des bewegten Punktes geht und die Richtung der Anfangsgeschwindigkeit zur Tangente hat. Fügen wir, um die Curve vollständig zu bestimmen, noch die Bedingung hinzu, dass in der Anfangslage die normale Componente der anziehenden Kraft, oder die Centralkraft, gleich sein soll dem Quadrate der gegebenen Anfangsgeschwindigkeit, dividirt durch den Krümmungsradius in eben diesem Punkte, so ist dieser Radius bekannt, und man hat die zur Bestimmung der Ellipse hinreichenden Bedingungen. Soll nun der Punkt in irgend einer Weise sich so auf der Ellipse bewegen, dass die Flächenräume, welche durch den vom Mittelpunkt ausgehenden Radius vector beschrieben werden, der Zeit proportional sind, so beweist die vorige Discussion, dass er von einer Kraft getrieben wird, welche nach dem Mittelpunkte gerichtet und der Entfernung proportional ist. Diese Kraft kann aber keine andre als die gegebene sein, denn sie ist gegen denselben Punkt gerichtet, sie befolgt dasselbe Gesetz, und sie hat denselben Werth im Ausgangspunkte, weil man den Krümmungsradius der Curve durch diese Bedingung bestimmt hat. Die erwähnte Ellipse wird also vermöge der gegebenen Kraft beschrieben.

Diese Bewegung bietet noch eine bemerkenswerthe Eigenthümlichkeit dar; die Kraft φ wurde nämlich mittelst der ganzen Revolutionsdauer T durch folgende Formel ausgedrückt

$$\varphi = \frac{4\pi^2 r}{T^2};$$

bezeichnet man mit μ den in der Einheit der Entfernung stattfindenden Werth von φ, so ist

$$\mu = \frac{4\pi^2}{T^2}, \text{ woraus } T = \frac{2\pi}{\sqrt{\mu}}.$$

Demnach ist die Umlaufszeit unabhängig von den anfänglichen Zuständen, welche die besondere Ellipse bestimmen; sie ändert sich nur mit der Constanten μ, welche die Intensität der Anziehungskraft in der Einheit der Entfernung misst.

6. Analytische Lösung dieser zweiten Frage. Bewegt sich ein Punkt unter dem Einflusse einer Centralkraft, welche der Entfernung des Punktes vom Centrum direkt proportional wirkt, so tritt μr an die Stelle von φ, wobei man μ positiv oder negativ zu

nehmen hat, je nachdem die Centralkraft eine anziehende oder abstossende ist; die Gleichung (3) giebt nun, wenn c' eine willkürliche durch den Anfangszustand bestimmte Constante bezeichnet,

$$\pm \frac{d\left(\frac{1}{r}\right)}{d\vartheta} = \sqrt{-\frac{\mu r^2}{c^2} - \frac{1}{r^2} + 2c'};$$

für $\left(\frac{1}{r}\right)^2 = z$ wird hieraus

$$\pm 2d\vartheta = \frac{dz}{\sqrt{-\frac{\mu}{c^2} - z^2 + 2c'z}} = \frac{dz}{\sqrt{c'^2 - \frac{\mu}{c^2} - (c'-z)^2}};$$

integrirt man und bezeichnet man mit α eine willkürliche Constante, die durch die Anfangswerthe von r und ϑ bestimmt wird, so ergiebt sich

$$\pm 2(\vartheta - \alpha) = arc\ cos \frac{c'-z}{\sqrt{c'^2 - \frac{\mu}{c^2}}}.$$

Zählt man der Einfachheit wegen die Winkel von derjenigen Richtung an, welche den Winkel α mit der ursprünglichen Achse bildet, so ist ϑ für $\vartheta - \alpha$ zu setzen, und die vorige Gleichung wird, wenn man die Cosinus beider Theile nimmt,

$$\frac{c'-z}{\sqrt{c'^2 - \frac{\mu}{c^2}}} = cos\ 2\vartheta,$$

woraus

$$z = c' - \sqrt{c'^2 - \frac{\mu}{c^2}}\left(cos^2\vartheta - sin^2\vartheta\right) = \frac{1}{r^2}.$$

Multiplicirt man mit r^2, so kommt

$$c'(x^2 + y^2) - \sqrt{c'^2 - \frac{\mu}{c^2}}\,(x^2 - y^2) = 1,$$

oder

$$\left(c' + \sqrt{c'^2 - \frac{\mu}{c^2}}\right) y^2 + \left(c' - \sqrt{c'^2 - \frac{\mu}{c^2}}\right) x^2 = 1.$$

Bei positiven μ haben die Coefficienten von x^2 und y^2 dasselbe Zeichen, und die Trajectorie ist eine Ellipse, deren Mittelpunkt in dem festen Centrum liegt, wie wir schon synthetisch nachgewiesen haben; bei negativen μ, d. h. wenn die Kraft eine abstossende ist, sind die Coefficienten von entgegengesetztem Zeichen, und die Curve ist eine Hyperbel, welche den Sitz der Centralkraft zum Mittelpunkte hat. In diesem Falle ist die Bewegung keine wiederkehrende, und der Punkt bleibt immer auf demselben Hyperbelzweige.

7. Die so eben behandelte Frage bietet einen Vortheil dar, den man zur directen Darstellung der Coordinaten x und y als Functionen der Zeit benutzen kann; dies giebt die vollständigste Lösung der Aufgabe, weil man dann die Lage des bewegten Punktes in jedem Augenblicke kennt, und weil alle andern Elemente der Bewegung daraus unmittelbar abgeleitet werden. Die allgemeinen Gleichungen der Bewegung eines Punktes sind nämlich für $\varphi = \mu r$,

$$\frac{d^2x}{dt^2} = -\mu x, \quad \frac{d^2y}{dt^2} = -\mu y.$$

Da die Variabeln x und y getrennt vorkommen, so kann man jede dieser Gleichungen integriren, mithin x und y durch t ausdrücken. Bei positiven μ erhält man

$$x = A \sin (t\sqrt{\mu}) + B \cos (t\sqrt{\mu})$$
$$y = A' \sin (t\sqrt{\mu}) + B' \cos (t\sqrt{\mu}).$$

Zur Achse der x nehmen wir die Linie, welche den Coordinatenanfang mit der anfänglichen Lage des Punktes verbindet, ferner bezeichnen wir mit r_0 die Länge dieser Linie, mit v_0 die Anfangsgeschwindigkeit, mit α den Winkel zwischen der Richtung dieser Geschwindigkeit und der Geraden, welche den Coordinatenanfang mit der Anfangslage des Punktes verbindet, und nehmen endlich die Achse der y auf derselben Seite der Achse der x wie die Anfangsrichtung der Geschwindigkeit; für den Anfangszustand $t=0$ erhalten wir jetzt folgende Bedingungen:

$$y = 0, \; x = r_0, \; \frac{dy}{dt} = v_0 \sin \alpha, \; \frac{dx}{dt} = -v_0 \cos \alpha.$$

Die vier Coefficienten A, B, A', B' werden hierdurch bestimmt und so ist schliesslich

$$x = -\frac{v_0 \cos\alpha}{\sqrt{\mu}} \sin(t\sqrt{\mu}) + r_0 \cos(t\sqrt{\mu}),$$

$$y = \frac{v_0 \sin\alpha}{\sqrt{\mu}} \sin(t\sqrt{\mu}).$$

Diese Gleichungen enthalten die vollständige Lösung des Problems; sie geben für x und y periodische Werthe, und die Dauer der Periode ist für beide dieselbe $\frac{2\pi}{\sqrt{\mu}}$, wie wir schon gefunden haben.

Durch Elimination von t findet man

$$(x \sin\alpha + y \cos\alpha)^2 + \frac{\mu r_0^2}{v_0^2} y^2 = r_0^2 \sin^2\alpha;$$

hieraus ergiebt sich wiederum, dass bei positiven μ eine Ellipse beschrieben wird, deren Mittelpunkt das feste Centrum ist; sie reducirt sich auf einen Kreis für

$$\alpha = \tfrac{1}{2}\pi \text{ und } v_0^2 = \mu r_0^2.$$

Bei negativen μ, d. h. wenn die Kraft eine abstossende ist, werden die Sinus und Cosinus durch Exponentialgrössen ersetzt; man kann aber die vorige Rechnung beibehalten und die Transformation in den Resultaten ausführen. Die Gleichung der Trajectorie wird durch Aenderung des Zeichens von μ zu der einer Hyperbel, welche denselben Mittelpunkt hat, und die Werthe von x und y erhalten folgende Form:

$$x = \left(\frac{r_0}{2} - \frac{v_0 \cos\alpha}{2\sqrt{\mu}}\right) e^{t\sqrt{\mu}} + \left(\frac{r_0}{2} + \frac{v_0 \cos\alpha}{2\sqrt{\mu}}\right) e^{-t\sqrt{\mu}}$$

$$y = \frac{v_0 \sin\alpha}{2\sqrt{\mu}} \left(e^{t\sqrt{\mu}} - e^{-t\sqrt{\mu}} \right).$$

Sie werden erst unendlich für $t = \infty$; der Punkt würde also eine unendliche Zeit nöthig haben, um den Hyperbelzweig zu durchlaufen, auf dem er sich im Anfange der Bewegung befindet.

8. **Bewegung in einem Kegelschnitte.** Ein materieller Punkt beschreibt einen Kegelschnitt durch die Einwirkung einer Kraft, deren Richtung beständig durch einen Brennpunkt dieser Curve geht; man soll das Gesetz dieser Kraft finden.

Die Polargleichung der Kegelschnitte ist bekanntlich

$$r = \frac{p}{1 + e \cos\vartheta}$$

wo p den halben Parameter und e die numerische Excentricität bezeichnet; dabei ist ein Brennpunkt der Curve zum Pol genommen, und die Winkel sind von derjenigen Seite der Achse an gezählt, auf welcher der nächste Scheitel der Curve liegt; die Curve wird zu einer Ellipse, Parabel oder Hyperbel, je nachdem

$$e < 1, \; e = 1, \; e > 1.$$

Diese Gleichung giebt

$$\frac{1}{r} = \frac{1}{p} + \frac{e \cos \vartheta}{p},$$

woraus

$$\frac{d\left(\frac{1}{r}\right)}{d\vartheta} = -\frac{e \sin \vartheta}{p}.$$

Will man, wie im vorigen Beispiele, von der Formel 3) Gebrauch machen, so hat man den vorliegenden Ausdruck dort einzusetzen, nachdem man zuvor $\sin \vartheta$ mittelst der Gleichung der Curve durch r ausgedrückt hat; man findet so

$$\int \varphi dr = -\frac{c^2}{pr} + \frac{c^2 (1 - e^2)}{2p^2},$$

woraus

$$\varphi = \frac{c^2}{pr^2}.$$

Diese Gleichung zeigt, dass die Kraft eine nach dem Brennpunkt gerichtete Anziehung, und dass ihre Intensität dem umgekehrten Quadrate der Entfernung von diesem Punkte proportional ist.

In dem gegenwärtigen Falle würde es einfacher gewesen sein, die Formel 4) anzuwenden. In der That giebt die Gleichung der Curve unmittelbar

$$\frac{d^2\left(\frac{1}{r}\right)}{d\vartheta^2} = -\frac{e \cos \vartheta}{p},$$

und durch Uebertragung dieses Werthes in die Gleichung 4)

$$\varphi = \frac{c^2}{pr^2}.$$

Da sich diese Aufgabe bei Gelegenheit der Planetenbewegung wiederholen wird, so brauchen wir sie hier nicht erschöpfend zu behandeln.

9. Umkehrung des Problemes. Wir wollen jetzt untersuchen, welche Curven ein Punkt beschreiben kann, der von einem festen Centrum nach dem umgekehrten Verhältnisse des Quadrats der Entfernung angezogen wird; dabei beschränken wir uns für jetzt auf eine synthetische Beantwortung. Das gegebene feste Centrum sei der eine Brennpunkt der Kegelschnittslinie, welche die Richtung der Anfangsgeschwindigkeit auf derselben Seite mit dem festen Punkte berührt; ferner sei das Quadrat der Anfangsgeschwindigkeit dividirt durch den Krümmungshalbmesser im Ausgangspunkte gleich der in diesem Punkte wirkenden normalen Kraft; aus dieser letzten Bedingung ergiebt sich der Krümmungsradius, und der Kegelschnitt ist vollkommen und eindeutig bestimmt. Wir werden sogleich sehen, wie man denselben aus den gegebenen Bedingungen construiren und seine Gattung erkennen kann. Auf dieser Curve bewege sich ein Punkt mit derselben Anfangsgeschwindigkeit wie der fragliche Punkt und zwar so, dass sein Radius-vector von dem festen Punkte aus der Zeit proportionale Flächenräume beschreibt; nach dem vorigen Satze muss die Kraft, welche auf diesen Punkt wirkt, gegen das feste Centrum gerichtet sein und ihre Intensität im umgekehrten Verhältnisse des Quadrats der Entfernung stehen; ferner geht er von derselben Lage wie der gegebene Punkt aus, und seine Anfangsgeschwindigkeit ist der Lage und Grösse nach dieselbe; auch muss die Intensität der gegen das feste Centrum gerichteten Kraft im Ausgangspunkte dieselbe sein, weil ihre Componente nach der gemeinsamen Normale gleich ist dem Quadrate der gemeinsamen Geschwindigkeit, dividirt durch denselben Krümmungsradius. Demnach muss die Kraft, welche die Bewegung auf diesem Kegelschnitte bewirkt, mit der gegebenen Kraft identisch sein, und da der fragliche Punkt, welcher den gegebenen Anfangsbedingungen unterworfen ist, vermöge dieser Kraft eine vollkommen bestimmte Bewegung hat, so kann diese Bewegung sich nicht von derjenigen unterscheiden, welche auf dem Kegelschnitte stattfindet, d. h. ein Punkt, welcher gegen ein festes Centrum nach dem umgekehrten Verhältnisse des Quadrats der Entfernung gezogen wird, bewegt sich nothwendig auf einem Kegelschnitte, von dem der eine Brennpunkt jenes feste Centrum ist.

Es bleibt noch übrig, diese Curve nach den gegebenen Bedingungen zu bestimmen; als bekannt sind dabei vorauszusetzen: der Brennpunkt der Curve oder eines Curvenzweiges, wenn es sich um eine Hyperbel handelt, ein Punkt und die Tangente in demselben, sowie der Krümmungsradius in diesem Punkte, wobei der Krümmungsradius auf derselben Seite der Tangente wie der Brennpunkt liegt.

(Fig. 1.)

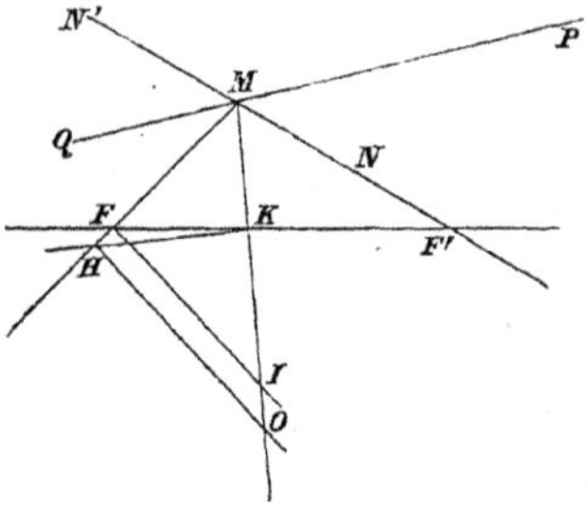

Sei F (Fig. 1.) der Brennpunkt, M der gegebene Punkt, PQ die Tangente, und O der Krümmungsmittelpunkt; fällt man von O ein Perpendikel OH auf MF, dann ein zweites von H auf die Normale, so gehört bekanntlich der Fusspunkt K dieses letzteren zu der Hauptachse, welche den Brennpunkt enthält; die Gerade FK bestimmt daher die Richtung dieser Achse, und der zweite Brennpunkt findet sich durch den Schnitt dieser Geraden mit der Geraden MN, welche von M aus unter dem Winkel $PMN = FMQ$ gezogen ist. Liegt der Schnitt auf der Seite von QP, wo sich der Brennpunkt F befindet, so ist die Curve eine Ellipse; sie wird eine Parabel, wenn MN parallel mit FK geht, und eine Hyperbel, wenn der Schnitt auf die entgegengesetzte Seite fällt. Aus den Anfangsbedingungen ist aber leicht zu erkennen, welcher von diesen drei Fällen stattfinden wird. Sei nämlich durch F eine Parallele zu MN gezogen, welche die Normale in I schneidet, und erstens $MK < MI$, so wird MN von FK in einem Punkte F' getroffen, welcher mit F auf derselben Seite von PQ liegt, und folglich ist die Curve eine Ellipse; für $MK = MI$ wird $FK \parallel MN$, und die Curve eine Parabel; ist endlich $MK > MI$, so trifft FK die Verlängerung MN', und die Curve wird eine Hyperbel. Demnach hat man nur MK und MI aus den gegebenen Bedingungen der Aufgabe zu bestimmen. Da MI den Winkel FMF' halbirt, so ist das Dreieck MFI gleichschenklig, und wenn man den bekannten Winkel FMO mit ε und die gegebene Länge FM mit r_0 bezeichnet, so ist

$$MI = 2r_0 \cos \varepsilon.$$

Ferner erhält man auf die nämliche Weise, wie der Punkt K gefunden wurde,

$$MK = MO \cos^2 \varepsilon,$$

und wenn man mit v_0 die Anfangsgeschwindigkeit bezeichnet, so wird der Werth von MO durch die Gleichung

$$\varphi \cos \varepsilon = \frac{v_0^2}{MO}$$

gegeben, wo φ die Kraft, welche auf den Punkt M wirkt, und $\frac{\mu}{r_0^2}$ ihre Intensität ist; daraus folgt

$$MO = \frac{r_0^2 v_0^2}{\mu \cos\varepsilon}, \text{ mithin } MK = \frac{r_0^2 v_0^2 \cos\varepsilon}{\mu}.$$

Vergleicht man die beiden für MK und MI erhaltenen Ausdrücke und lässt den gemeinsamen Factor $r_0 \cos\varepsilon$ weg, so sieht man, dass die Curve zu einer Ellipse, Parabel oder Hyperbel wird, je nachdem $v_0^2 - \frac{2\mu}{r_0}$ negativ, Null oder positiv ist. Die Natur der Curve bestimmt sich demnach aus der anfänglichen Entfernung des Punktes vom Centrum und aus der Anfangsgeschwindigkeit allein, ist aber unabhängig von der Richtung der letzteren.

Will man diese Aufgabe mit Anwendung der Gleichung 3) analytisch behandeln, so hat man eine Differentialgleichung erster Ordnung zwischen r und ϑ zu integriren; man wird leicht erkennen, dass die erhaltene Gleichung alle drei Kegelschnitte darstellen kann, auch findet man dieselben Kennzeichen, welche wir so eben aufgestellt haben. Wir werden bald nachher auf diese Frage zurückkommen und dann die hier angedeuteten Rechnungen durchführen.

10. Spiralbewegung. Die Trajectorie zu finden, welche von einem Punkte beschrieben wird, der nach einem festen Centrum im umgekehrten Verhältnisse des Cubus der Entfernung angezogen wird.

(Fig. 2.)

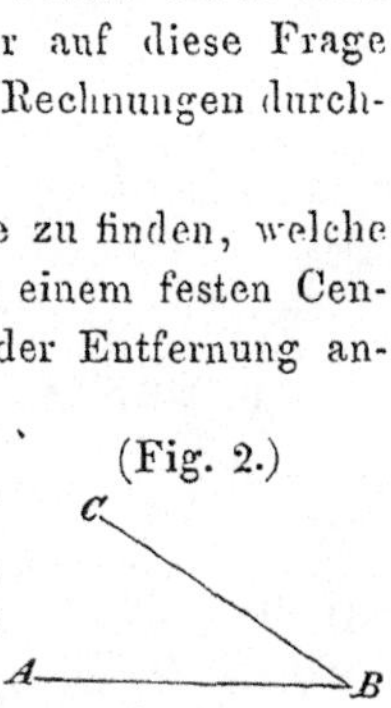

Sei A (Fig. 2) das anziehende Centrum, B die Anfangslage, α der Winkel, welchen die Richtung BC seiner Geschwindigkeit mit AB macht, v_0 die Intensität dieser Geschwindigkeit, r_0 die Länge AB, so giebt die Formel 4) auf den vorliegenden Fall $\varphi = \frac{\mu}{r^3}$ angewendet,

$$\frac{d^2\left(\frac{1}{r}\right)}{d\vartheta^2} = \left(\frac{\mu}{r_0^2 v_0^2 \sin^2\alpha} - 1\right)\frac{1}{r}.$$

Hier sind drei Fälle zu unterscheiden, je nachdem die Differenz $\frac{\mu}{r_0^2 v_0^2 \sin^2\alpha} - 1$ negativ, Null oder positiv ist. In allen Fällen wird die Geschwindigkeit v durch die Formel

$$v^2 = \frac{\mu}{r^2} + c'$$

ausgedrückt, wo c' durch die Anfangswerthe von v und r bestimmt werden muss.

1) Sei zuerst $\frac{\mu}{r_0^2 v^2 sin^2\alpha} - 1 = 0$, was der einfachste Fall ist, dann wird die vorige Gleichung

$$\frac{d^2\left(\frac{1}{r}\right)}{d\vartheta^2} = 0, \text{ woraus } \frac{1}{r} = A\vartheta + B.$$

Die Constanten A und B bestimmen sich aus der Bemerkung, dass im Punkte B, durch welchen wir der Einfachheit halber die Polarachsen gehen lassen, die Gleichungen

$$r = r_0, \quad \frac{r}{\left(\frac{dr}{d\vartheta}\right)} = -tang\ \alpha$$

gelten; da nun für $\vartheta = 0$ aus der Gleichung der Curve

$$\frac{1}{r} = B, \quad -\frac{\frac{dr}{d\vartheta}}{r^2} = A,$$

folgt, so sind die Werthe von A und B

$$B = \frac{1}{r_0}, \quad A = \frac{cot\ \alpha}{r_0},$$

und die Gleichung der Trajectorie lautet

$$r = \frac{r_0}{1 + \vartheta\ cot\ \alpha}.$$

Die Curve ist demnach eine hyperbolische Spirale, deren Pol im Punkte A liegt. Für $\alpha < 90^0$ ist $cot\ \alpha$ positiv, und wenn ϑ unendlich wächst, so nähert der bewegte Punkt sich dem Pole A unendlich. Für $\alpha = 90^0$ wird

$$cot\ \alpha = 0 \text{ und } r = r_0;$$

die Curve reducirt sich dann auf einen Kreis. Ueberhaupt ist bei allen Anziehungsgesetzen die Trajectorie jedesmal ein um den Pol als Mittelpunkt beschriebener Kreis, wenn der bewegte Körper mit einer Geschwindigkeit beginnt, die senkrecht auf dem Radius-vector steht und deren Quadrat, dividirt durch den Radius-vector, gleich ist dem Werthe der beschleunigenden Kraft, welche in diesem Augenblicke auf ihn wirkt. Dieser Kreis würde nämlich ohne Zweifel beschrieben werden, wenn die Centralkraft constant gleich ihrem gegebenen anfänglichen Werthe bliebe; da aber nach den Anfangsbedingungen nur eine Bewegung möglich ist, so muss die Curve in jedem Falle dieselbe sein. Bei einem stumpfen α nähert sich der Punkt dem Pole nicht mehr, und der Radius wird unendlich für $\vartheta = -\, tng\,\alpha$, was die Richtung der Asymptote giebt.

Wir wollen jetzt die Coordinaten des Punktes als Functionen der Zeit auszudrücken suchen. Die Gleichung $r^2 d\vartheta = c dt$ giebt, wenn man für r seinen Werth setzt,

$$dt = \frac{r_0^2 d\vartheta}{c\,(1 + \vartheta \cot\alpha)^2},$$

woraus

$$t = -\frac{r_0^2}{c \cot\alpha} \cdot \frac{1}{1 + \vartheta \cot\alpha} + c';$$

bestimmt man die Constante c' durch die Bedingung, dass gleichzeitig $t = 0$ und $\vartheta = 0$ ist, und setzt für c seinen Werth $r_0 v_0 \sin\alpha$, so wird

$$t = \frac{r_0}{v_0 \cos\alpha}\left(1 - \frac{1}{1 + \vartheta \cot\alpha}\right) = \frac{1}{v_0 \cos\alpha}\,(r_0 - r),$$

woraus man ableitet

$$r = r_0 - v_0\, t \cos\alpha,$$

und

$$\vartheta = \frac{1}{\cot\alpha}\left(\frac{1}{1 - \frac{v_0 t}{r_0}\cos\alpha} - 1\right).$$

Der Werth von r nimmt in dem Maasse ab, als t wächst, und wird Null für $t = \frac{r_0}{v_0 \cos\alpha}$; der bewegte Körper erreicht also nach diesem Zeitraume, vom Ausgangspunkte an gerechnet, den Pol. Der entsprechende Werth von ϑ wächst ohne Grenzen, und der Körper hat in derselben Zeit eine unendliche Anzahl Umläufe um den Pol gemacht. Sucht man die Lagen vor dem Augenblicke, den man zum Anfangspunkt der Zeit genommen hat, so muss man t negativ von Null bis Unendlich nehmen; r wird dann von r_0 bis ∞ wachsen und ϑ von 0 bis $-\, tng\,\alpha$ abnehmen, welcher letztere Werth die Richtung der Asymptote giebt.

2) Sei jetzt $\frac{\mu}{r_0^2 v_0^2 sin^2 \alpha} - 1 = - n^2$, wo n eine reelle Grösse bezeichnet, so ist das Integral der Differentialgleichung der Trajectorie

$$\frac{1}{r} = A \sin n\vartheta + B \cos n\vartheta;$$

bestimmt man die Constanten aus den Anfangswerthen, so ergiebt sich

$$\frac{r_0}{r} = \cos n\vartheta + \frac{\cot \alpha}{n} \sin n\vartheta = \frac{\sin (n\vartheta + \varepsilon)}{\sin \varepsilon},$$

wobei $\frac{\cot \alpha}{n} = \cot \varepsilon$ gesetzt worden ist.

Um den Punkt kennen zu lernen, in welchem der bewegte Körper dem Pole am nächsten ist, hat man $\frac{1}{r}$ möglichst gross zu nehmen, was für

$$\sin (n\vartheta + \varepsilon) = 1$$

eintritt; diess giebt

$$r = r_0 \sin \varepsilon, \text{ und } n\vartheta + \varepsilon = \frac{\pi}{2},$$

woraus

$$n\vartheta = \frac{\pi}{2} - \varepsilon;$$

und

$$tng\, n\vartheta = \cot \varepsilon = \frac{\cot \alpha}{n},$$

wie man gleichfalls gefunden haben würde, wenn man $\frac{d\left(\frac{1}{r}\right)}{d\vartheta} = 0$ gesetzt hätte.

Geht man von diesem Werthe aus und vermehrt oder vermindert ϑ um gleiche Grössen, so erhält $\sin (n\vartheta + \varepsilon)$ immer dieselben Werthe und folglich ist die Curve symmetrisch in Bezug auf die Richtung des kleinsten Radius-vector.

Der Werth von r wird unendlich für

$$\sin (n\vartheta + \varepsilon) = 0 \text{ oder } n\vartheta + \varepsilon = m\pi,$$

wo m irgend eine ganze Zahl bezeichnet; man erhält dann

$$tng\, n\vartheta = - tng\, \varepsilon = - n\, tng\, \alpha.$$

Der kleinste dieser Gleichung genügende Werth von ϑ giebt die Richtung, welcher sich der unendlich wachsende Radius-vector nähert; hierzu gehört eine unendliche Zeit, wie man leicht einsieht, wenn man t mittelst der Gleichung

$$r^2 d\vartheta = c dt$$

als Function von ϑ ausdrückt.

3) Nehmen wir zuletzt an, dass $\frac{\mu}{r_0{}^2 v_0{}^2 sin^2 \alpha} - 1 = n^2$ sei, so giebt die Integration der Differentialgleichung der Trajectorie

$$\frac{1}{r} = Ae^{n\vartheta} + Be^{-n\vartheta},$$

und wenn man die Constanten A und B aus dem Anfangszustand bestimmt,

$$\frac{2r_0}{r} = \left(1 + \frac{cot\,\alpha}{n}\right)e^{n\vartheta} + \left(1 - \frac{cot\,\alpha}{n}\right)e^{-n\vartheta}.$$

Man sieht hieraus, dass r sich der Null nähert, wenn ϑ unendlich wächst. Setzt man der Einfachheit wegen $\alpha = \frac{\pi}{2}$, so wird

$$r = \frac{2r_0}{e^{n\vartheta} + e^{-n\vartheta}}.$$

Diese Spirale liegt symmetrisch rücksichtlich der Polarachse; ihre beiden Zweige haben den Pol zur Asymptote, und es ist leicht zu erkennen, dass der Punkt nach Verlauf einer endlichen Zeit dorthin gelangen wird. Aus der Gleichung

$$r^2 d\vartheta = c dt$$

erhält man nämlich

$$c dt = \frac{4r_0{}^2 d\vartheta}{\left(e^{n\vartheta} + e^{-n\vartheta}\right)^2} = \frac{4r_0{}^2 e^{2n\vartheta} d\vartheta}{\left(e^{2n\vartheta} + 1\right)^2}$$

mithin

$$\frac{nct}{2r_0{}^2} = -\frac{1}{e^{2n\vartheta} + 1} + C_1.$$

Die Constante C_1 wollen wir durch die Bedingung bestimmen, dass c und ϑ gleichzeitig verschwinden sollen; es folgt daraus $C_1 = \frac{1}{2}$, mithin

$$e^{2n\vartheta} = \frac{1}{1 - \frac{nct}{r_0{}^2}} - 1.$$

Da ϑ unendlich wächst, wenn t sich dem Werthe $\frac{r_0^2}{nc}$ nähert, so gelangt der Punkt nach Verlauf dieser Zeit zum Pole.

Will man die Bewegung kennen lernen, welche der zum Anfang der Zeit genommenen Epoche vorhergeht, so muss man t negativ nehmen; die vorige Gleichung giebt dann ein negatives ϑ und noch $\vartheta = -\infty$ für $t = -\frac{r_0^2}{nc}$, wie man voraussehen konnte.

Bemerkenswerth ist der besondere Fall, wenn nur eine Exponentialgrösse in der Gleichung der Trajectorie vorkommt, welche letztere dann eine logarithmische Spirale wird; dieser Fall tritt ein für

$$cot\ \alpha = \pm\ n.$$

Nehmen wir z. B. $cot\ \alpha = -n$, so ist die Gleichung der Trajectorie

$$r = r_0 e^{n\vartheta}.$$

Dies hätte man mit Hülfe der Gleichung (3) unmittelbar erkennen können, welche in dem gegenwärtigen Falle die Form hat:

$$c^2 \left(\frac{dr}{d\vartheta}\right)^2 = (\mu - c^2)\, r^2 + \left(v_0^2 - \frac{\mu}{r_0^2}\right) r^4.$$

Da nun die gegebenen Constanten der Bedingung $v_0^2 = \frac{\mu}{r_0^2}$ genügen, so erhellt, dass die Gleichung einen constanten Werth für das Verhältniss $\frac{r}{\left(\frac{dr}{d\vartheta}\right)}$ geben muss, welcher die Tangente der Neigung des Radius vector gegen die Curve ist; dies ist aber die charakteristische Eigenschaft der logarithmischen Spirale. Der Werth von n^2, welcher

$$\frac{\mu}{c^2} - 1 \text{ oder } \frac{\mu}{r_0^2 v_0^2 sin^2\alpha} - 1$$

war, geht jetzt in den folgenden über

$$\frac{1}{sin^2\alpha} - 1, \text{ oder } cot^2\,\alpha;$$

was auf die schon gefundene Bedingung zurückführt.

Die Planetenbewegungen.

11. Eine aufmerksame, Jahrhunderte hindurch fortgeführte Beobachtung der Planetenbewegungen hat mehrere allgemeine Gesetze erkennen lassen, welche der Anwendung der mathematischen Theorie zur Grundlage dienen. Diese Theorie ist in den vorigen Formeln gegeben, und um sie auf die Bewegung der Planeten und aller übrigen Himmelskörper anwenden zu können, genügt die Annahme, dass deren materieller Inhalt den Gesetzen unterworfen sei, welche wir ohne Ausnahme an den uns umgebenden dem Experimente zugänglichen Körpern erkannt haben. Wenn es nun auch möglich wäre a priori daran zu zweifeln, ob die himmlischen Körper aus einer mit jenen Eigenschaften begabten Materie gebildet seien, so würde doch die Uebereinstimmung zwischen den genauesten Folgerungen aus dieser Hypothese und den beobachteten Thatsachen den Beweis a posteriori dafür liefern.

Die Bewegungen der Himmelskörper sind, in Bezug auf die Erde betrachtet, sehr verwickelt; auf die Sonne bezogen, erlangen sie dagegen die äusserste Einfachheit. Sie gehorchen drei grossen Gesetzen bekannt unter dem Namen der Keplerschen Gesetze, deren Inhalt wir sogleich angeben wollen, wobei wir uns jedoch die Planeten auf einfache materielle Punkte zurückgeführt denken;

1) die Planeten beschreiben in ihrer Bewegung in Bezug auf die Sonne ebene Curven, und ihre nach dem Mittelpunkte der Sonne gezogenen Vectoren beschreiben Flächenräume, welche der Zeit proportional wachsen;

2) die Planetenbahnen sind Ellipsen, in deren einem Brennpunkte der Mittelpunkt der Sonne liegt;

3) die Quadrate der Umlaufszeiten der Planeten um die Sonne sind den Würfeln der grossen Achsen ihrer Bahnen proportional.

Wir betrachten zunächst Folgerungen aus diesen Gesetzen. Da wir nicht wissen, ob der Mittelpunkt der Sonne unbeweglich ist, so müssen wir ihm irgend eine Bewegung beilegen. Die Erfahrung hat aber gelehrt, dass die von dem Radius vector um den Mittelpunkt der Sonne beschriebenen Flächenräume der Zeit proportional sind, und man schliesst daraus nach der Theorie der relativen Bewegung, dass die relative Kraft, welche einen Planeten angreift, gegen den Mittelpunkt der Sonne gerichtet ist, was auch sonst die Natur und das Gesetz dieser Kraft sein möge. Wie wir wissen, zeigt dies an, dass, wenn man in irgend einem Augenblicke an den Planeten eine Kraft anbrächte, gleich, parallel und entgegengesetzt derjenigen, welche der Sonne die ihr zukommende Bewegung ertheilen würde, die Resultante aus dieser und der an den Planeten thätigen Kraft beständig nach dem Mittelpunkte der Sonne gerichtet sein muss. Das zweite Keplersche Gesetz giebt die relative Bahn des Planeten an und bestimmt somit die Function, welche die Intensität der relativen den Planeten bewegenden Kraft ausdrückt. Sei $2a$ die grosse Achse dieser Ellipse, e ihre Excentricität, r der Radius vector, vom Centrum der Sonne an irgend eine Lage des Planeten gezogen, und ω der Winkel, den ihre grosse Achse mit der festen Linie bildet, von welcher ab man die Winkel ϑ zählt, durch die der Radius vector bestimmt wird, so ist die Gleichung der Curve

$$r = \frac{a\,(1-e^2)}{1+e\cos(\vartheta-\omega)} \quad \text{oder} \quad \frac{1}{r} = \frac{1+e\cos(\vartheta-\omega)}{a\,(1-e^2)}.$$

Als allgemeinen Ausdruck für die beschleunigende Kraft φ hatten wir die Formel:

$$\varphi = \frac{c^2}{r^2}\left(\frac{1}{r} + \frac{d^2\left(\frac{1}{r}\right)}{d\vartheta^2}\right).$$

Die Gleichung der betrachteten Bahn giebt

$$\frac{d^2\left(\frac{1}{r}\right)}{d\vartheta^2} = -\frac{e\cos(\vartheta-\omega)}{a\,(1-e^2)},$$

ferner

$$\frac{1}{r} + \frac{d^2\left(\frac{1}{r}\right)}{d\vartheta^2} = \frac{1}{a\,(1-e^2)},$$

endlich

$$\varphi = \frac{c}{a\,(1-e^2)} \cdot \frac{1}{r^2}.$$

Hieraus folgt, dass die relative Bewegung irgend eines Planeten um die Sonne durch eine gegen das Centrum dieses Gestirns gerichtete anziehende Kraft hervorgebracht wird, deren Grösse im umgekehrten Verhältnisse mit dem Quadrate des Abstandes von diesem Punkte variirt. Eine analoge Rechnung würde zu eben diesem Gesetze führen, wenn die Bahn, statt eine Ellipse zu sein, eine Parabel oder Hyperbel wäre.

12. Es bleiben noch die beschleunigenden Kräfte mit einander zu vergleichen, welche auf verschiedene Planeten in derselben Entfernung von der Sonne wirken.

In der Einheit der Entfernung hat man

$$\varphi = \frac{c^2}{a\,(1-e^2)},$$

wo c den doppelten von dem Radius vector in der Zeiteinheit beschriebenen Raum darstellt; bezeichnet T die ganze Umlaufszeit, so ist hiernach

$$\tfrac{1}{2}cT = \pi a^2\sqrt{1-e^2}$$

und folglich

$$\varphi = \frac{4\pi^2 a^3}{T^2},$$

in der Einheit der Entfernung vom Mittelpunkte der Sonne. Nach dem dritten Keplerschen Gesetze bleibt das Verhältniss $\frac{a^3}{T^2}$ für alle Planeten dasselbe, mithin ist die Kraft, welche auf die Einheit der Masse eines Planeten in der Richtung nach dem Mittelpunkte der Sonne wirkt, eine und dieselbe in derselben Entfernung von dem letzteren. Demnach rühren die relativen Bewegungen der Planeten von einer (nach dem Mittelpunkte der Sonne gerichteten) Kraft her, welche der Masse, worauf sie wirkt, proportional ist und im umgekehrten Verhältnisse mit dem Quadrate der Entfernung von jenem Mittelpunkte steht.

13. Ueber die Strenge dieser Folgerungen bemerken wir noch Folgendes.

Die Keplerschen Gesetze beweisen, dass in der relativen Bewegung, sowie sie für irgend einen Planeten stattfindet, die Kraft, welche auf diesen Körper wirkt, das so eben ausgesprochene Gesetz befolgt; doch könnte man immer noch fragen, ob dieses Gesetz für eine andre Bewegung desselben Planeten auch dasselbe bliebe. Würde z. B. dieser Körper, ohne Geschwindigkeit in verschiedenen Entfernungen von dem Mittelpunkte der Sonne aufgestellt, nach diesem Punkte im umgekehrten Verhältnisse des Quadrats der Entfernung angezogen werden? Diess folgt keineswegs aus dem für φ gefundenen Werthe, denn er könnte eine Function von ϑ und sogar von t sein, und man hätte daraus mit Recht auf andre Gesetze für die beschleunigende Kraft schliessen dürfen. Diese Gesetze würden durch die in Rede stehende Bewegung, aber durch keine andre, bewiesen worden sein; und es ist klar, dass zwei von ihnen zum wenigsten nicht allgemein sein könnten, weil jedes von ihnen die übrigen ausschliesst.

Nichtsdestoweniger kann die Gesammtheit der Resultate, welche sich auf die verschiedenen Planeten beziehen, zur Kenntniss des allgemeinen Gesetzes führen, welches die ihre Bewegungen erzeugende Kraft erfordert. Erstens sieht man ein, dass sie nicht von der Zeit abhängen kann; denn für jeden Planeten müsste dann die Kraft durch eine periodische Function ausgedrückt sein, deren Periode dieselbe Dauer wie der Umlauf dieses Planeten hätte; diess ist unmöglich, weil die Umlaufszeiten von einem Planeten zum andern variiren. Ebensowenig kann man zugeben, dass die Kraft von der Richtung abhänge, denn die Rechnungen, welche sich auf jeden einzelnen Planeten beziehen, würden sich nicht vereinigen, dieser Function eine und dieselbe Form zu geben. Im Gegentheil führen alle diese Bewegungen auf einen und denselben Ausdruck für die beschleunigende Kraft als Function der Entfernung; man kann also nicht daran zweifeln, dass dies das wahre Gesetz sei, nach welchem die Materie, aus welcher die Planeten gebildet sind, gegen den Mittelpunkt der Sonne gezogen wird, so lange nämlich, als die Keplerschen Gesetze als genau und unveränderlich betrachtet werden.

Jene Wirkung, welche beständig nach dem Mittelpunkt der Sonne gerichtet ist, scheint nur der Substanz selbst, welche diesen Körper ausmacht, beigelegt werden zu können; und wenn man auf die Himmelskörper, welche aus der Entfernung auf einander wirken, das Princip der Gleichheit der Wirkung und Gegenwirkung ausdehnt, so muss man als gewiss ansehen, dass die Sonne gegen jeden Planeten den betreffenden Massen proportional angezogen wird. Da die Sonne jede Substanz, woraus die verschiedenen Planeten gebildet sind, anzieht, so muss man auch annehmen, dass sie in derselben Weise auf die Trabanten dieser Planeten wirkt, und da die vom Mittelpunkt der Sonne an die verschiedenen Punkte eines Planeten und seiner Trabanten gezogenen Radien beinahe gleich und parallel sind, so kann man dies System als von parallelen und den Massen proportionalen Kräften angegriffen betrachten, woraus folgt, dass die Wirkung der Sonne die relativen Bewegungen eines Planeten und seiner Trabanten nicht merklich verändert.

Nun erstrecken sich die Keplerschen Gesetze auch auf diese letzten Bewegungen; es folgt also aus den schon für die Planeten in Bezug auf die Sonne gegebenen Gründen, dass die Trabanten eines und desselben Planeten gegen den Mittelpunkt dieses Planeten durch Kräfte getrieben werden, welche ihren Massen proportional sind und im umgekehrten Verhältnisse des Quadrats der Entfernung von diesem Mittelpunkte stehen. Nach dem Princip der Gleichheit der Wirkung und Gegenwirkung ziehen andererseits die Trabanten ihren gemeinsamen Planeten proportional ihren Massen und derselben Function der Entfernungen an.

Da ein Planet die Sonne proportional der Masse, welche er besitzt, anzieht, so ist die Annahme natürlich, dass alle seine einzelnen Theile sich vereinigen, um diese Wirkung nach Verhältniss ihrer eignen Massen hervorzubringen und dass also irgend ein Molecül dieses Planeten die Sonne in dem Verhältnisse der Masse dieses Molecüls zu der des Planeten anzieht. Eben so natürlich ist die Voraussetzung, dass es sich in Betreff der Anziehung, welche der Planet auf seine Trabanten ausübt, gerade so verhalte, und dass irgend ein Molecül dieses Planeten einen Trabanten im Verhältniss der Masse dieses Molecüls zu der des Planeten anziehe. Da nun die Trabanten eines und desselben Planeten von diesem proportional ihren Massen angezogen werden, so schliesst man daraus noch, dass ihre gleiche und entgegengesetzte Gegenwirkung ihren Massen proportional ist, und dass folglich alle Theile eines Trabanten ihren Massen proportional anziehen. Endlich wird man nach Analogie dieselbe Eigenschaft auf die Materie der Sonne ausdehnen, und als ausgemacht annehmen, dass alle Theile, aus denen sie gebildet wird, die Materie proportional ihren eignen Massen und dem umgekehrten Quadrate der Entfernung anziehen. Fasst man diesen Gedanken allgemein auf, so wird man es als ein für die ganze unser Planetensystem bildende Substanz gemeinsames Gesetz betrachten dürfen, dass irgend zwei Molecüle sich gegenseitig ihren Massen und dem umgekehrten Quadrate ihrer Entfernung von einander proportional anziehen.

14. Wenn die Himmelskörper genau kugelförmig und aus concentrischen homogenen Schichten gebildet wären, so würden sie bei dem angenommenen Gesetze der Anziehung so auf einander wirken, als wenn ihre Massen in ihren Mittelpunkten vereinigt wären; so verhält es sich aber nicht ganz, weil die Gestalt von der kugelförmigen etwas abweicht, doch gehen daraus nur kleine Störungen hervor, denen man bei einer ersten Annäherung nicht Rechnung zu tragen braucht. Wir werden also die Sonne die Planeten und ihre Trabanten als materielle Punkte von verschiedenen Massen betrachten,

welche sich gegenseitig ihren Massen und dem umgekehrten Quadrate der Entfernung proportional anziehen.

Die Anziehung, welche ein Planet seitens der andern Körper des Systems erfährt, erzeugt in seiner Bewegung um die Sonne Störungen, welche den Hauptgegenstand der Mechanik des Himmels ausmachen; wir werden uns in diesem Werke nicht damit beschäftigen, sondern die Bewegung eines jeden Planeten unter der Voraussetzung betrachten, dass sie aus der Wirkung zwischen ihm und der Sonne allein hervorgehe.

Unter Annahme dieser Bestimmungen wollen wir mit f die gegenseitige Anziehung zweier auf Punkte reducirten Masseneinheiten bezeichnen, welche um die Einheit der Länge von einander entfernt sind, mit M und m die Massen der Sonne und eines Planeten, so dass ihre gegenseitige Wirkung in der Entfernung r durch den Ausdruck $\frac{fMm}{r^2}$ gegeben wird; die beschleunigende Kraft ist dann für den Planeten $= \frac{fM}{r^2}$, für die Sonne $= \frac{fm}{r^2}$, und in Bezug auf jeden dieser Punkte gegen den andern gerichtet. Will man also die relative Bewegung des Planeten um die Sonne kennen lernen, so hat man anzunehmen, dass er von einer der Summe

$$\frac{fM}{r^2} + \frac{fm}{r^2} = \frac{f(M+m)}{r^2}$$

gleichen Kraft gegen die als fest betrachtete Sonne getrieben werde; denn nach der allgemeinen Theorie der relativen Bewegung muss man an den Punkt, dessen Bewegung man untersucht, eine beschleunigende Kraft anbringen, welche der beschleunigenden Kraft gleich, parallel und entgegengesetzt ist, welche auf den andern Punkt wirkt, worauf man den letzteren als fest betrachten und die Bewegung des andern als absolut ansehen darf. Ebenso ist die Anfangsgeschwindigkeit, die man dem bewegten Punkte ertheilen muss, die Resultante aus seiner absoluten Anfangsgeschwindigkeit und einer Geschwindigkeit, welche der des andern Punktes gleich, parallel und entgegengerichtet ist.

Bei der relativen Bewegung eines Planeten um die Sonne hatten wir $\frac{4\pi^2 a^3}{T^2}$ als relative beschleunigende Kraft für die Entfernung $=$ 1 gefunden, den vorigen Bemerkungen zufolge ist also

$$\frac{4\pi^2 a^3}{T^2} = f(M + m).$$

Man sieht hieraus, dass $\frac{a^3}{T^2}$ von einem Planeten zum andern sich ändern muss, da es von m abhängt, wofern die Planeten nicht gleiche Massen haben, was sehr unwahrscheinlich ist; da aber die Beobachtung Kepler veranlasst hat, jenes Verhältniss für alle Planeten als gleich zu betrachten, so ist man zu schliessen genöthigt, dass fm ein sehr kleiner Theil von dem Werthe des zweiten Theils $f\,(M+m)$ sei, und dass folglich die Masse irgend eines Planeten sehr klein im Vergleich zur Masse der Sonne ist. Wir werden bald eine Anwendung dieser wichtigen Bemerkung bringen.

15. Zu dem Gesetze der Anziehung gelangten wir mittelst der allgemeinen Formeln für centrale Kräfte, noch einfacher findet man es durch blosse Betrachtung der Centripetalkraft. Bevor wir aber diese Methode auseinandersetzen, erinnern wir an einige die Ellipse betreffende Formeln, die auch ausserdem häufig gebraucht werden.

Wir nennen a und b (Fig. 3) die Halbachsen einer Ellipse, c die Entfernung des Mittelpunkts von den Brennpunkten, wir verbinden ferner irgend einen Punkt M dieser Curve mit den Brennpunkten F, F', fällen von F, F' und vom Mittelpunkte O Perpendikel FP, $F'P'$, OQ auf die Tangente in M, und ziehen die Normale MN; für $FM = \delta$, $F'M = \delta'$, $FP = p$, $F'P' = p'$, $OQ = q$, $MN = n$, $NMF = \omega$, erhalten wir dann folgende Formeln:

(Fig. 3.)

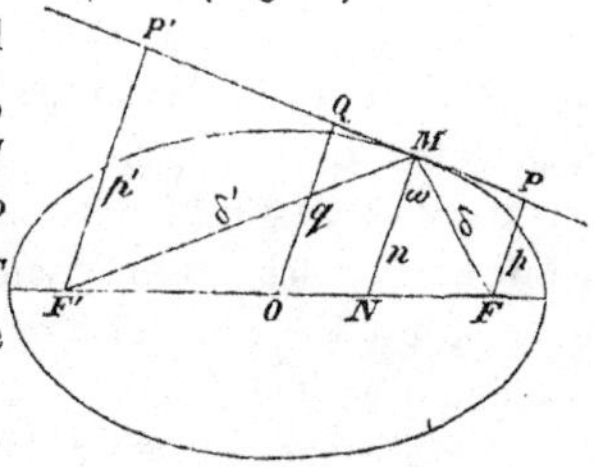

$$FN = \frac{c\delta}{a},\ F'N = \frac{c\delta'}{a},\ p = b\sqrt{\frac{\delta}{\delta'}},\ p' = b\sqrt{\frac{\delta'}{\delta}},\ n = \frac{b}{a}\sqrt{\delta\delta'},$$

$$\cos\omega = \sin FMP = \frac{b}{\sqrt{\delta\delta'}},\ q = \frac{p+p'}{2} = \frac{ab}{\sqrt{\delta\delta'}} = \frac{b^2}{n}.$$

Aus diesen Gleichungen fliessen die Relationen

$$pp' = b^2,\ qn = b^2,$$

und

$$pp' = qn \text{ oder } p:n = q:p'.$$

In allen Kegelschnitten ist ferner der Krümmungsradius R gleich dem Cubus der Normalen dividirt durch das Quadrat des halben Parameters, also hier

$$R = \frac{a^2 n^3}{b^4} = \frac{(\delta\delta')^{\frac{3}{2}}}{ab}.$$

Man erkennt ausserdem unmittelbar, dass die Projection der Normalen auf den einen der Vectoren oder $n \cos \omega$ dem halben Parameter $\frac{b^2}{a}$ gleich kommt. Auch ist die Projection des Krümmungsradius auf einen der Radienvectoren oder $R \cos \omega = \frac{\delta\delta'}{a}$; diese vierte Proportionale kann man unmittelbar so construiren, dass M der eine ihrer Endpunkte ist und der andere irgendwo in MF' liegt. Errichten wir in diesem Punkte ein Perpendikel auf MF', so schneidet es die Normale im Krümmungsmittelpunkte. Eine noch einfachere von Newton gegebene Construction beruht auf der Gleichung

$$R \cos \omega = \frac{n}{\cos \omega};$$

errichtet man nämlich im Fusspunkte der Normalen auf ihr eine Senkrechte bis zum Schnitte mit einem der Vectoren, und legt durch diesen Schnitt eine zweite Senkrechte auf diesen Radius vector, so schneidet letztere die Normale im Krümmungsmittelpunkte.

16. Wir kehren jetzt zu der dynamischen Aufgabe zurück. Da die Flächen den Zeiten proportional sind, so geht die Kraft, welche die relative Bewegung um die Sonne hervorbringt, durch den Mittelpunkt dieses Gestirns, und es handelt sich darum, das Gesetz dieser Kraft aufzufinden, wenn man weiss, dass die beschriebene Curve eine Ellipse ist, von welcher der eine Brennpunkt im Mittelpunkte der Sonne liegt.

Bezeichnen wir mit φ die beschleunigende Kraft, die an dem materiellen Punkte M nach MF wirkt, so ist $\varphi \cos \omega$ ihre Componente nach der Normalen MN und zugleich $\varphi \cos \omega = \frac{v^2}{R}$, wo v die Geschwindigkeit $\frac{ds}{dt}$ des bewegten Punktes bedeutet. Nennen wir C den doppelten constanten in der Zeiteinheit vom Radius vector beschriebenen Flächenraum, so ist Cdt das doppelte der in der Zeit dt beschriebenen Fläche; letztere ist ein Dreieck, welches zur Grundlinie den in der Zeit dt beschriebenen Bogen ds und zur Höhe p hat; demnach wird

$$pds = Cdt, \quad \text{woraus } v = \frac{C}{p},$$

und folglich

$$\varphi \cos \omega = \frac{v^2}{R} = \frac{C^2}{p^2 R}, \text{ woraus } \varphi = \frac{C^2}{p^2 R \cos \omega};$$

setzt man für p, R und $\cos\omega$ ihre durch δ und δ' ausgedrückten Werthe, so ergiebt sich schliesslich

$$\varphi = \frac{C^2 a}{b^2 \delta^2};$$

die Kraft φ steht demnach im umgekehrten Verhältnisse des Quadrates der Entfernung vom Mittelpunkte der Sonne.

Die Constante C kann man mittels der Umlaufszeit T des Planeten um die Sonne ausdrücken; da nämlich der doppelte Flächeninhalt der Ellipse $= 2\pi ab$ ist, so hat man

$$CT = 2\pi ab,\ C = \frac{2\pi ab}{T}$$

und

$$\varphi = \frac{4\pi^2 a^3}{T^2} \cdot \frac{1}{\delta^2};$$

so dass die beschleunigende Kraft in der Einheit der Entfernung $= \frac{4\pi^2 a^3}{T^2}$ ist. Man kommt so auf die schon oben gefundenen Resultate zurück.

17. Bevor Newton den strengen Beweis des allgemeinen Anziehungsgesetzes gefunden hatte, war er bereits durch eine inductorische Betrachtung auf dasselbe geleitet worden, die im Wesentlichen auf folgenden allerdings nicht völlig genauen Schlüssen beruhte.

Da die Planeten Bahnen mit verschiedenen Excentricitäten beschreiben, so kann man der Analogie nach annehmen, dass die ihnen gemeinsamen Keplerschen Gesetze auch für kreisförmige Bahnen gelten werden; man darf diess um so mehr, als die wirklichen Bahnen sehr wenig excentrisch sind und daher näherungsweis als kreisförmig gelten können. Unter dieser Voraussetzung zeigt das Princip der Flächen, dass die Kraft, die auf jeden Planeten wirkt, nach dem Mittelpunkte der Sonne gerichtet ist. Das zweite Gesetz, welches allgemein den Beweis lieferte, dass für denselben Planeten die beschleunigende Kraft im umgekehrten Verhältnisse des Quadrats der Entfernung variirt, zeigt im gegenwärtigen Falle, dass die Geschwindigkeit constant ist; denn die Kreisbögen sind den Sectoren und folglich auch den Zeiten proportional; auch ist die Kraft immer normal auf der Trajectorie also die Geschwindigkeit constant. Nun hat die Centripetalkraft, für die Masseneinheit berechnet, den Werth $\frac{v^2}{R}$, wo v die Geschwindigkeit und R den Kreisradius bezeichnet; sie bleibt demnach constant. So lehrt denn das zweite Gesetz, wie man voraussehen konnte, nichts in Bezug auf die Veränderlichkeit der Kraft mit der Entfernung, aber es giebt immer den Ausdruck für dieselbe mittelst der Zeit T des ganzen Umlaufs des Planeten und des Radius seiner Bahn. Man hat nämlich $2\pi R = vT$, mithin ist, wenn φ die Centripetalkraft $\frac{v^2}{R}$ bezeichnet und für v sein Werth als Function von R und T substituirt wird,

$$\varphi = \frac{4\pi^2 R}{T^2};$$

was mit dem allgemeinen Werthe $\frac{4\pi^2 a^3}{T^2} \cdot \frac{1}{r^2}$ übereinstimmt, wenn man in demselben $r = a = R$ setzt.

Wir betrachten endlich das dritte Gesetz, welches im allgemeinen Falle das für die verschiedenen Lagen auf einer und derselben Bahn gefundene Anziehungsgesetz auf die Lagen ausdehnt, die in verschiedenen Bahnen vorkommen. Im vorliegenden Falle wird das analoge Resultat, welches wir finden, keine Erweiterung, sondern vielmehr die erste Kundgebung dieses Gesetzes selbst sein. Bezeichnen wir mit φ und φ' die beschleunigenden Kräfte, welche sich auf irgend zwei Planeten beziehen, deren Abstände von der Sonne R, R' sind, mit T und T' die Umlaufszeiten, so ist vermöge der Werthe von φ und φ'

$$\varphi : \varphi' = \frac{R}{T^2} : \frac{R'}{T'^2};$$

nun giebt das dritte Keplersche Gesetz

$$T^2 : T'^2 = R^3 : R'^3.$$

Setzt man in das zweite Verhältniss der vorletzten Proportion für T^2 und T'^2 die proportionalen Grössen R^3 und R'^3, so wird sie

$$\varphi : \varphi' = \frac{1}{R^2} : \frac{1}{R'^2};$$

und diese Proportion zeigt, dass die an die Masseneinheit angebrachte Kraft sich im umgekehrten Verhältnisse des Quadrats der Entfernung vom Mittelpunkte der Sonne ändert.

Da die Trabanten eines und desselben Planeten in Bezug auf letzteren denselben Gesetzen unterworfen sind, so schliesst man hieraus, dass die Anziehung der Trabanten ebenfalls im umgekehrten Verhältnisse des Quadrats der Entfernung vom Mittelpunkte desjenigen Planeten, um welchen sie ihre Bewegungen vollführen, veränderlich sei. Die Erde besitzt nur einen Trabanten und konnte daher eine ähnliche Verification dieses Anziehungsgesetzes nicht liefern; dagegen gewährte sie eine andre, welche Newton nicht entgangen ist. Wenn man nämlich aus der Gesammtheit der vorhergehenden Erscheinungen, wie wir es schon gethan haben, die Folgerung zieht, dass irgend zwei materielle Molecüle sich proportional ihren Massen und umgekehrt proportional dem Quadrate ihrer gegenseitigen Entfernung anziehen, und wenn man sich ferner die Erde aus concentrischen homogenen Schichten zusammengesetzt denkt, so muss ihre Wirkung auf einen an der Oberfläche oder ausserhalb ihr liegenden Punkt dieselbe sein, als wenn ihre ganze Masse in ihrem Mittelpunkte vereinigt wäre. Nun ist die Entfernung der Mittelpunkte der Erde und des Mondes im Mittelwerthe gleich 60 Erdhalbmessern; die Schwere an der Erdoberfläche muss also 3600 mal grösser sein als die Anziehung, welche von der Erde auf eine gleiche Masse auf dem Monde ausgeübt wird; dasselbe Verhältniss muss auch zwischen den Räumen stattfinden, welche in einer und derselben Zeit von den auf der Erdoberfläche fallenden Körpern und von dem Monde in der Richtung der Anziehung der Erde durchlaufen werden. Betrachten wir, um die Rechnung zu vereinfachen, die sehr wenig excentrische Ellipse, welche der Mond beschreibt, als einen Kreis, dessen Radius R 60 mal grösser als der Erdhalbmesser r ist, so wird die Centripetalkraft die Wirkung g' der Erde darstellen. Diese beträgt also $\frac{4\pi^2 R}{T^2}$, wo T die Umlaufszeit des Mondes um die Erde bezeichnet, deren Werth, in Secunden ausgedrückt, $= 39343 \times 60$ ist; man hat demnach

$$g' = \frac{4\pi^2 r}{60\,(39343)^2};$$

und da $2\pi r = 40000000$, so kommt

$$g' = \frac{4000000\,\pi}{3 \cdot (39343)^2},$$

was sich sich sehr wenig von $\frac{g}{3600}$ unterscheidet; auch würde man keinen angebbaren Fehler finden, wenn man auf verschiedene Umstände, die wir vernachlässigt haben, Rücksicht genommen hätte.

Das Resultat dieser Rechnung lieferte eine Bestätigung der Annahme, dass alle Molecüle der Materie sich ihren Massen direct und dem Quadrate ihrer Entfernung indirect proportional anziehen, und dass die Schwere an der Erdoberfläche eine Wirkung dieser

Anziehung ist, eben so wie die Schwere, welche den Mond gegen den Mittelpunkt der Erde treibt.

18. Die Massen der Planeten. Es ist leicht, das Verhältniss der Masse eines Planeten zur Sonnenmasse zu bestimmen, wenn dieser Planet von einem Trabanten begleitet ist, welcher eine relativ sehr kleine Masse besitzt. Wir wollen durch M die Masse der Sonne, durch m, m' die Massen des Planeten und seines Trabanten bezeichnen, mit $2a$, $2a'$ die grossen Achsen der Bahnen des Planeten und seines Trabanten, und mit T, T' ihre Umlaufszeiten; nach dem Vorhergehenden haben wir dann

$$\frac{4\pi^2 a^3}{T^2} = f\,(M + m),$$

$$\frac{4\pi^2 a'^3}{T'^2} = f\,(m + m');$$

woraus

$$\frac{a^3\,T'^2}{a'^3\,T^2} = \frac{M + m}{m + m'}.$$

Nun darf der zweite Theil als nahezu gleich $\frac{M}{m}$ betrachtet werden, weil m sehr klein in Bezug auf M, sowie m' in Bezug auf m ist; man kann also schreiben

$$\frac{m}{M} = \frac{a'^3 T^2}{a^3 T'^2}.$$

T und T' sind durch die Beobachtung bekannt, und es genügt, einen angenäherten Werth von $\frac{a'}{a}$ zu kennen, um daraus mit einer Annäherung von derselben Ordnung das Verhältniss der Masse des Planeten zu jener der Sonne abzuleiten. Newton hat durch dieses Verfahren $\frac{1}{1067}$ für das Verhältniss der Masse Jupiters zur Sonnenmasse gefunden; genauere Rechnungen haben $\frac{1}{1050}$ ergeben, was sich nur sehr wenig von jenem Resultate unterscheidet.

19. Die Masse der Erde kann durch das für Planeten und Monde gegebene Verfahren nicht sehr genau bestimmt werden, weil die Masse des Mondes nicht mehr gegen die Erdmasse vernachlässigt werden darf; nichtsdestoweniger wird jene Methode eine Probe liefern, wenn man das Verhältniss der beiden Massen kennt. Zur Bestimmung der Erdmasse gelangt man durch ein andres Mittel, das

für keinen andern Planeten benutzt werden kann, und welches aus der Kenntniss hervorgeht, die wir von ihrer Anziehung auf Körper an ihrer Oberfläche haben. Diese Anziehung ist gleich der Schwere, vermehrt um die verticale Componente der Centrifugalkraft; ferner muss man auf die Abplattung der Erde Rücksicht nehmen, und man findet, dass auf dem Parallelkreise, für welchen das Quadrat des Sinus der Breite $= \frac{1}{3}$, und dessen Abstand r vom Mittelpunkte der Erde $= 6364551$ ist, die Anziehung G der Schwere nahezu denselben Werth besitzt, als wenn die Erde eine mit dem Halbmesser r beschriebene Kugel wäre. Berechnet man G nach dem Gesetze der Aenderung der Schwere an der Erdoberfläche (Mécanique céleste), so findet sich $G = 9{,}81645$, mithin etwas grösser als g. Hieraus ergiebt sich weiter, wenn m die Erdmasse, und f die gegenseitige Anziehung zweier um die Einheit der Entfernung von einander abstehenden Masseneinheiten bezeichnet,

$$G = \frac{fm}{r^2} = 9{,}81645.$$

Dieser Gleichung kann man den Werth von f entnehmen und ihn in die Formel $\frac{4\pi^2 a^3}{T^2} = f\,(M + m)$ eintragen, welche sich auf die Bewegung der Erde um die Sonne bezieht; man erhält

$$\frac{4\pi^2 a^3}{T^2} = \frac{Gr^2\,(M + m)}{m};$$

woraus

$$\frac{M}{m} = \frac{4\pi^2 a^3}{Gr^2 T^2} - 1.$$

Andererseits hat man

$$T = 86400 \,.\, (365{,}256374)$$

und der Werth der Sonnenparallaxe giebt

$$a = 23984\,r;$$

nach Ausführung dieser Rechnungen findet sich

$$\frac{M}{m} = 354592 \text{ oder } \frac{m}{M} = \frac{1}{354592}.$$

Hieraus leitet man leicht das Verhältniss der Dichtigkeiten der Erde und der Sonne ab. Der Durchmesser der Sonne ist nämlich 110 mal so gross als der Erddurchmesser, und die Dichtigkeiten beider Körper verhalten sich wie ihre Massen dividirt durch ihre Volumina, woraus man leicht folgert, dass die Dichtigkeit der Erde ungefähr das Vierfache von jener der Sonne ist. Berechnet man hiernach die Schwere an der Oberfläche der Sonne, so findet man, dass eine und dieselbe Masse $29\frac{1}{2}$ mal so viel wiegt als auf der Oberfläche der Erde, und dass die Körper, der freien Einwirkung dieser Kraft überlassen, dort einen Raum von ungefähr 145 Metern in der ersten Secunde durchlaufen würden, während an der Erdoberfläche der in derselben Zeit durchlaufene Raum nur $\frac{1}{2}g$ ist.

20. Die Massen der Planeten, welche keine Trabanten besitzen, können durch das in No. 18 angegebene Verfahren nicht bestimmt werden, und man nimmt in Bezug auf diese seine Zuflucht zu den gegenseitigen Störungen, die sie bei ihrer Bewegung um die Sonne hervorbringen. Da die Wirkung eines Planeten proportional seiner Masse ist, so begreift man a priori, dass die Störung, welche durch diese Wirkung in einer von der Sonne erzeugten Bewegung hervorgebracht wird, zur Kenntniss des Verhältnisses von jener Planetenmasse zur Sonnenmasse führen kann; natürlich lässt sich dieses Verfahren in gleicher Weise bei den von Trabanten begleiteten Planeten anwenden, und eben dadurch hat man die Masse Jupiters zu $\frac{1}{1050}$ der Sonnenmasse gefunden.

Die Massen der Trabanten eines und desselben Planeten werden ebenfalls mit der Masse ihres Planeten mittelst der Störungen verglichen, welche ihre gegenseitigen Einwirkungen in ihrer Bewegung um diesen Planeten veranlassen, und daraus kann man das Verhältniss ihrer Masse zur Sonnenmasse ableiten, weil man das Verhältniss der Masse des Planeten zur Sonnenmasse kennt. Die Erde würde auch hier eine Ausnahme machen, weil sie nur einen Mond besitzt; aber man hat hier denselben Vortheil, wie vorhin bei der Untersuchung über die Masse der Erde, man kennt nämlich die Anziehung an ihrer Oberfläche. Der Mond bringt auf dieser Oberfläche Störungen hervor, die aus der Ungleichheit seiner Abstände von den verschiedenen Punkten der Erde entspringen; diese Störungen sind die Ebbe und Fluth des Meeres. Da die Sonne ähnliche Wirkungen auf das Meer hat, so begreift man, dass die Vergleichung dieser beiden Wirkungen zu dem Verhältnisse der Massen des Mondes und der Sonne führen muss. Diese Vergleichung ist leicht durch die Beobachtung der Mond- und Sonnenfluthen, welche verschiedene Gesetze befolgen. Wir wollen uns hier auf die Angabe beschränken, dass das Verhältniss der ersten zur zweiten in dem Hafen von Brest 2,3533 ist (Mécanique céleste); durch eine Rechnung, welche wir hier nicht mittheilen können, leitet man daraus das Verhältniss der Masse des Mondes zur Sonnenmasse, mithin auch zur Erdmasse ab, und zwar findet sich, dass die Masse des Mondes $\frac{1}{75}$ der Erdmasse beträgt*).

Vergleicht man die Erde mit irgend einem andern Planeten, dessen Masse m_1, dessen Umlaufszeit T_1, und dessen grosse Bahnhalbachse a_1 ist, so hat man die Gleichung:

$$\frac{a_1^3}{a^3} = \frac{M + m_1}{M + m} \cdot \frac{T_1^2}{T^2}.$$

Sind m_1 und T_1 bekannt, so lässt sich das Verhältniss $\frac{a_1}{a}$ und folglich a_1 bestimmen, weil a bekannt ist. Diese Gleichung würde zur Berechnung von m_1 nicht geeignet sein, weil man a_1 nicht mit demselben Grade der Annäherung bestimmen kann, welchen wir für a' in No. 18 voraussetzten, wo es sich um die Bahn eines Trabanten handelte.

21. Bis hieher haben wir nur die Verhältnisse der Massen der Planeten und der Sonne bestimmt; man kann aber unmittelbar einen angenäherten Werth der Erdmasse auffinden und daraus die übrigen Massen herleiten. Es genügt hiezu, das Verhältniss der Anziehung, welche von einer bekannten Masse in einer gegebenen Entfernung ausgeübt wird, zu dem Gewicht dieses Körpers zu kennen, und dazu kann man entweder durch Gleichgewichtsbetrachtungen oder durch Schwingungen gelangen; wir begnügen uns damit, eine Vorstellung von dem ersten Mittel zu geben.

Man denke sich eine Kugel von kleinem Durchmesser an einem Faden von der Länge L aufgehangen, und der Einwirkung einer Kugel unterworfen, deren Radius R, deren Dichtigkeit D ist und deren Mittelpunkt in der Horizontalebene liegt, welche durch den Endpunkt des Pendels geht und von diesem Punkte um die Strecke a absteht; d sei die mittlere Dichtigkeit, r der Halbmesser der Erde, und α der Winkel, welcher von der Gleichgewichtslage des Pendels mit der Verticalen gebildet wird. Die durch die grosse Kugel auf die kleine, deren Masse m sei, ausgeübte Wirkung ist $\frac{4}{3}\pi\frac{R^3 Dfm}{a^2}$,

*) Aus dem Antheile, welchen der Mond an der Nutation der Erdachse hat, findet v. Lindenau die Mondmasse genauer $= \frac{1}{88}$ der Erdmasse.

und ihr Hebelarm $L \cos \alpha$, die von der Erde ausgeübte Wirkung $\frac{4}{3}\pi r d f m$ und ihr Hebelarm $L \sin \alpha$. Da die Momente dieser beiden Kräfte im Falle des Gleichgewichts gleich sein müssen, so folgert man hieraus mit Weglassung der gleichen Factoren nachstehende Gleichung:

$$\frac{R^3 D}{a^2} \cos \alpha = r d \sin \alpha, \text{ woraus } tng\, \alpha = \frac{R^3 D}{a^2 r d}.$$

Beobachtet man also den immer sehr kleinen Winkel α, so enthält die obige Gleichung nur die Unbekannte d, welche daraus bestimmt werden kann. Eine Beobachtuug dieser Art, die von Maskelyne in Schottland in der Nähe eines Berges gemacht wurde, dessen Masse und mittlere Entfernung näherungsweis ermittelt waren, gab die mittlere Dichtigkeit der Erde vier bis fünf mal so gross, als die des Wassers; ein von Cavendish gemachter Versuch, bei welchem die Anziehung einer bekannten Kugel Schwingungen erzeugte, deren Dauer bestimmt wurde, lieferte eine $5\frac{1}{2}$ mal grössere Dichtigkeit als die des Wassers. Diese Versuche sind in neuerer Zeit mit grosser Sorgfalt wiederholt worden; Reich findet bei seiner ersten Arbeit (Versuche über die mittlere Dichtigkeit der Erde, Freiberg 1838) die Dichtigkeit = 5,44, bei der zweiten Untersuchung (Neue Versuche mit der Drehwaage, Abhandl. d. K. S. Gesellschaft der Wissensch. zu Leipzig, Bd. I, 1852) die Zahl 5,58; Baily (Experiments with the torsion rod etc., London 1851) erhält 5,66; der mittlere Werth ist demnach 5,6. Hieraus schliesst man auf die Masse der Erde, so wie auf die Massen der übrigen Planeten und der Sonne.

Zehntes Capitel.

Analytische Theorie der Planetenbewegungen.

Das allgemeine Problem.

22. Während wir im Vorigen die Keplerschen Gesetze als bekannte Thatsachen der Beobachtungen ansahen und daraus die allgemeine Anziehung der Körper herleiteten, wollen wir jetzt den umgekehrten Weg gehen und nach der Bewegung fragen, welche ein materieller Punkt annimmt, sobald er von einem Kraftcentrum eine Anziehung erleidet, welche direct proportional der Masse und umgekehrt proportional dem Quadrate der Entfernung ist. Dabei sind zwei Fälle zu unterscheiden, je nachdem das anziehende Centrum fest oder beweglich ist; doch kann man den zweiten Fall auf den ersten reduciren, indem man annimmt, dass die beiden Punkte nur ihrer gegenseitigen Einwirkung und ausserdem noch gleichen und parallelen Kräften unterworfen seien, welche keinen Einfluss auf die relativen Bewegungen haben können. Wenn nämlich P die gegenseitige Wirkung der beiden Punkte, deren Massen M und m sind, bezeichnet, so ist die an den Punkt m angebrachte beschleunigende Kraft $= \frac{P}{m}$; will man also die relative Bewegung von m um M bestimmen, so muss man letzteren Punkt unbeweglich setzen, und den ersten durch eine beschleunigende Kraft gegen ihn getrieben denken, welche dem Ausdrucke

$$\frac{P}{m} + \frac{P}{M} \text{ oder } P\left(\frac{1}{m} + \frac{1}{M}\right)$$

gleich ist. Die Anfangsgeschwindigkeit, welche man m ertheilen muss, wird aus der absoluten Anfangsgeschwindigkeit und jener von M, in entgegengesetztem Sinne genommen, zusammengesetzt. Hiermit ist die relative Bewegung zweier Punkte, welche sich dem Quadrate der Entfernung indirect proportional anziehen, auf die absolute Bewegung eines Punktes zurückgeführt, der gegen ein festes

Centrum von einer Kraft getrieben wird, welche dasselbe Gesetz befolgt, und sich von der ersten nur durch einen constanten Coefficienten unterscheidet.

23. Unter der Voraussetzung eines festen Centrums der Anziehung wollen wir durch $\frac{\mu}{r^2}$ die beschleunigende Kraft, welche auf den bewegten Punkt wirkt, bezeichnen; die Gleichungen der Bewegungen sind dann

$$\frac{d^2x}{dt^2} = -\frac{\mu x}{r^3}, \quad \frac{d^2y}{dt^2} = -\frac{\mu y}{r^3}.$$

Das Princip der Flächen und der Satz von der lebendigen Kraft geben die beiden ersten Integrale:

$$1) \qquad r^2 d\vartheta = c dt,$$

$$2) \qquad \frac{dr^2}{dt^2} + \frac{r^2 d\vartheta^2}{dt^2} = \frac{2\mu}{r} + b = v^2;$$

wo b und c willkürliche Constanten bezeichnen.

Durch Elimination von dt erhält man aus diesen beiden Gleichungen

$$\frac{c^2 dr^2}{r^4 d\vartheta^2} + \frac{c^2}{r^2} = \frac{2\mu}{r} + b.$$

Dasselbe würde die Gleichung 3) in No. 1 gegeben haben, wenn man in derselben $\varphi = \frac{\mu}{r^2}$ gesetzt hätte.

Für $\frac{1}{r} = z$ erhält man weiter

$$3) \qquad \frac{c^2 dz^2}{d\vartheta^2} = - c^2 z^2 + 2\mu z + b.$$

Wir suchen zuerst die Werthe der Constanten c und b auf, indem wir die Anfangslage des Punktes und seine Anfangsgeschwindigkeit, der Richtung und Grösse nach, als gegeben ansehen. Sind r_0 und v_0 die Anfangswerthe von r und v, so giebt die Gleichung 2)

$$b = v_0^2 - \frac{2\mu}{r_0}.$$

Die Constante c haben wir bereits allgemein in No. 1 bestimmt; sie ist

$$c = r_0 v_0 \sin\alpha,$$

wo α den Winkel bezeichnet, welchen die Richtung der Geschwindigkeit mit dem Radius-vector beim Beginn der Bewegung einschliesst. Die beiden Constanten b und c sind hiermit bestimmt.

24. Zur endlichen Gleichung der Bahn gelangt man durch Integration der Gleichung 3), welche sich auf folgende Form bringen lässt,

$$d\vartheta = \frac{\pm dz}{\sqrt{-z^2 + \frac{2\mu}{c^2}z + \frac{b}{c^2}}},$$

wobei zunächst über das Vorzeichen zu entscheiden ist. Sehen wir $d\vartheta$ immer als positiv an, so wird dz positiv, wenn der Radius-vector zugleich mit ϑ wächst, und negativ im entgegengesetzten Falle; findet das Erste statt, so hat man das positive Zeichen für den zweiten Theil der Gleichung zu nehmen, im zweiten Falle das negative, wenn die Wurzel immer als positiv angesehen wird. Demnach ist vorerst zu untersuchen, wo die Zeichenwechsel von dz stattfinden; sie entsprechen den grössten oder kleinsten Werthen von z, und man erhält sie aus der Gleichung

$$\frac{dz}{d\vartheta} = 0 \text{ oder } c^2z^2 - 2\mu z - b = 0,$$

nämlich

$$z = \frac{\mu}{c^2} \pm \sqrt{\frac{\mu^2}{c^4} + \frac{b}{c^2}}.$$

Wenn z durch irgend einen dieser Werthe hindurchgeht, hat man das Zeichen von dz zu ändern und es so lange beizubehalten, bis z den andern Werth erreicht; dann muss man von Neuem das Zeichen von z ändern, und so fort bis ins Unendliche.

Nehmen wir an, dass beim Ausgange aus der dem $r = r_0$ entsprechenden Anfangslage die Radien zu wachsen aufangen, dass also der Winkel α spitz und dz negativ sei, so ist

$$4)\quad d\vartheta = \frac{-dz}{\sqrt{-z^2 + \frac{2\mu}{c^2}z + \frac{b}{c^2}}} = \frac{-dz}{\sqrt{\frac{\mu^2}{c^4} + \frac{b}{c^2} - \left(z - \frac{\mu}{c^2}\right)^2}};$$

durch Integration von den der Anfangslage entsprechenden Werthen ϑ_0 und z_0 an erhält man hieraus

$$\vartheta - \vartheta_0 = arc\ cos\ \frac{c^2 z - \mu}{\sqrt{\mu^2 + bc^2}} - arc\ cos\ \frac{c^2 z_0 - \mu}{\sqrt{\mu^2 + bc^2}};$$

setzt man abkürzend $\vartheta_0 - arc\cos \frac{c^2 z_0 - \mu}{\sqrt{\mu^2 + bc^2}} = \vartheta_1$, so bestimmt sich der Werth von ϑ durch folgende Gleichung:

$$5)\qquad \vartheta - \vartheta_1 = arc\cos \frac{c^2 z - \mu}{\sqrt{\mu^2 + bc^2}}.$$

Für solche Integrationen, in welchen Kreisbögen vorkommen, gilt noch eine Bemerkung rücksichtlich der Grenzen, zwischen welchen die Differentiale dasselbe Zeichen bewahren. So ist z. B. das Differential von $arc\cos u$ immer $= \frac{-du}{\sqrt{1-u^2}}$, wenn der Sinus des Bogens positiv bleibt, es ist im Gegentheil $= \frac{+du}{\sqrt{1-u^2}}$, wenn der Sinus negativ ist. Die Gleichung 5) gilt daher nur so lange, als man, wie wir es thun, voraussetzt, dass zum Anfangswerthe des Bogens, um den es sich handelt, eine zwischen 0 und π liegende Grösse genommen sei, und man darf sie so lange gebrauchen, als der wachsende Werth dieses Bogens zwischen denselben Grenzen bleibt, d. h. bis zu demjenigen Werthe von z, für welchen

$$\frac{c^2 z - \mu}{\sqrt{\mu^2 + bc^2}} = -1, \text{ oder } z = \frac{\mu}{c^2} - \sqrt{\frac{\mu^2}{c^4} + \frac{b}{c^2}}$$

ist; wenn z diesen Werth überschritten hat, muss man das Zeichen des zweiten Theils der Gleichung ändern, damit er immer das Differential des Bogens sei. Der genannte Werth von z ist einer von denen, wo man das Zeichen des zweiten Theils dieser Gleichung ändern muss, damit es gleich demjenigen des ersten Theiles werde. Demnach besteht die Gleichung 5) noch jenseits dieses Werthes, und bis der Bogen gleich 2π geworden ist, weil dann der Sinus wieder positiv wird, und man also das Zeichen von dz ändern muss, um noch das Differential des Bogens zu haben. Wird nun dieser Bogen $= 2\pi$ so ist sein Cosinus $= 1$, und man hat

$$z = \frac{\mu}{c^2} + \sqrt{\frac{\mu^2}{c^4} + \frac{b}{c^2}};$$

dies ist wieder ein Werth von z, nach welchem man das Zeichen von dz ändern muss, damit die beiden Glieder der Gleichung dasselbe Zeichen behalten. Endlich also besteht die Gleichung 5) in der ganzen Ausdehnung der Bewegung ohne jegliche Aenderung. Die Discussion würde eine ganz ähnliche sein, wenn man den Winkel α

stumpf angenommen hätte, d. h. wenn die Radien mit Abnehmen anfingen; der Bogen würde sich mit einem entgegengesetzten Zeichen in der Gleichung 5) finden, und diese Form müsste in der ganzen Ausdehnung der Bewegung beibehalten werden. Diese Zeichenänderung würde für ϑ_1 einen von dem vorhergehenden verschiedenen Werth ergeben, aber das Resultat würde bis auf diesen Umstand sich nicht von demjenigen unterscheiden, das wir aus der Gleichung 5) ableiten wollen.

Diese Gleichung kann auf folgende Form gebracht werden:

$$\frac{c^2 z - \mu}{\sqrt{\mu^2 + bc^2}} = \cos(\vartheta - \vartheta_1);$$

restituirt man für z seinen Werth $\frac{1}{r}$, so ergiebt sich

$$6) \qquad r = \frac{\frac{c^2}{\mu}}{1 + \sqrt{1 + \frac{bc^2}{\mu^2}} \cos(\vartheta - \vartheta_1)}.$$

Dies ist die Gleichung eines Kegelschnitts, dessen Pol den einen Brennpunkt einnimmt. Die Curve wird eine Ellipse, wenn b negativ, eine Parabel, wenn b gleich Null, und eine Hyperbel, wenn b positiv ist.

Die Gleichung einer Ellipse, auf einen ihrer Brennpunkte bezogen, lautet nämlich in Polarcoordinaten

$$r = \frac{a(1 - e^2)}{1 + e \cos \omega},$$

wo ω den Winkel bezeichnet, welcher von dem Radius-vector mit der Achse der Curve auf der Seite des nächsten Brennpunkts gebildet wird; a und e bezeichnen die grosse Halbachse und die Excentricität. Die beiden Gleichungen werden identisch für

$$7) \qquad \vartheta - \vartheta_1 = \omega, \; e^2 = 1 + \frac{bc^2}{\mu^2}, \; a(1 - e^2) = \frac{c^2}{\mu}.$$

Die zweite dieser Gleichungen kann nur bei negativen b existiren, weil bei der Ellipse $e < 1$ ist. In diesem Falle wird e durch diese Gleichung bestimmt und ist reell, weil der zweite Theil positiv ausfällt; a ist durch die letzte Gleichung bestimmt, und die erste zeigt, dass ϑ_1 der Winkel ist, der von der Achse der Ellipse mit der

Achse der x gebildet wird, und zwar auf derjenigen Seite, auf welcher der dem Anfang zunächst liegende Scheitel sich befindet.

Die Gleichung einer Parabel mit dem Parameter $2p$ ist $r = \frac{p}{1 + \cos\omega}$, wenn die Winkel von der Geraden an gezählt werden, welche den Brennpunkt mit dem Scheitel verbindet. Die Gleichung 6) wird mit ihr identisch für

$$\vartheta - \vartheta_1 = \omega, \ b = 0, \ p = \frac{c^2}{\mu}.$$

In dem Falle $b = 0$ ist die Bahn also eine Parabel, deren Achse durch den Anfang geht und mit der x Achse den Winkel ϑ_1 bildet; ihr Scheitel liegt auf der dieser Richtung entsprechenden Seite, und der Parameter ist $\frac{2c^2}{\mu}$.

Wenn endlich $b > 0$, so kann die Gleichung 6) identisch mit folgender gemacht werden:

$$r = \frac{a(e^2 - 1)}{1 + e\cos\omega},$$

in welcher $e > 1$ ist und die denjenigen Zweig der Hyperbel darstellt, in dessen Innerem der zum Pol genommene Brennpunkt liegt; die Winkel ω werden von der Geraden an gezählt, die den Brennpunkt mit dem Scheitel verbindet. Um die Identität beider Gleichungen herzustellen, hat man

$$\vartheta - \vartheta_1 = \omega, \ e^2 = 1 + \frac{bc^2}{\mu^2}, \ a(e^2 - 1) = \frac{c^2}{\mu}$$

zu setzen. Diese Gleichungen bestimmen e und a, und folglich ist für $b > 0$ die Bahn ein Hyperbelzweig, dessen Brennpunkt der Pol ist, und dessen Achse mit der x Achse den Winkel ϑ_1 einschliesst.

25. Man kann die Gleichung der Bahn leicht in rechtwinklige Coordinaten umsetzen und die Resultate wiederfinden, welche wir aus der Polargleichung abgeleitet haben. Zur Achse der x wird man diejenige Gerade nehmen, welche vom Anfange aus unter dem Winkel ϑ_1 gegen die x Achse gelegt ist; hiernach erhält man

$$x = r\cos(\vartheta - \vartheta_1), \ y = r\sin(\vartheta - \vartheta_1), \ x^2 + y^2 = r^2.$$

Eliminirt man $\cos(\vartheta - \vartheta_1)$ aus der ersten dieser Gleichungen und aus der Gleichung 6), so wird

$$r = \frac{c^2}{\mu} - x\sqrt{1 + \frac{bc^2}{\mu^2}}$$

woraus man folgende herleitet:

$$\mu^2 y^2 - bc^2 x^2 + 2c^2 x\sqrt{\mu^2 + bc^2} = c^4,$$

welche Gleichung einer Ellipse angehört, wenn b negativ, einer Parabel, wenn b Null, und einer Hyperbel, wenn b positiv ist. In allen drei Fällen ist die Achse, auf welcher die x gezählt werden, eine Achse der Curve, und der Anfang der Coordinaten liegt in einem der Brennpunkte, weil der Werth von r als rationale Function von x erscheint.

Man kann noch bemerken, dass die Natur der Bahn einzig und allein von b abhängt, dessen Werth $v_0{}^2 - \frac{2\mu}{r_0}$ nur durch den anfänglichen Abstand, nicht aber durch die Richtung der Anfangsgeschwindigkeit bedingt ist. Dies Resultat stimmt mit demjenigen überein, welches wir schon auf einem anderen Wege erhalten haben.

Da die Gleichung der Bahn bekannt ist, bleibt uns nur noch übrig, die Coordinaten des bewegten Punktes als Functionen von t zu bestimmen; dies Problem nennt man gewöhnlich das Keplersche. Wir werden die Rechnung für den Fall anstellen, dass die Curve eine Ellipse ist, wie dies bei allen Planeten stattfindet; wir wollen sie auf Polarcoordinaten r, ϑ beziehen und die Winkel von derjenigen Geraden an zählen, welche den Brennpunkt mit dem nächsten Scheitel verbindet, was darauf hinauskommt, $\vartheta_1 = 0$ oder $\omega = \vartheta$ zu setzen. Wir erhalten dann

$$r = \frac{a(1-e^2)}{1 + e\cos\vartheta},$$

in welcher Gleichung a und e Grössen sind, welche wir aus den Anfangswerthen bestimmt haben. Eliminirt man eine von den Grössen r und ϑ aus den Gleichungen 1) und 2), so entsteht eine neue Gleichung zwischen t und der andern Coordinate; durch Integration erhält man diese Coordinate als Function von t, die andre lässt sich daraus ebenfalls mit Hülfe der Bahngleichung herleiten.

Die Elimination von $d\vartheta$ giebt

$$\frac{dr^2}{dt^2} = -\frac{c^2}{r^2} + \frac{2\mu}{r} + b;$$

woraus

$$dt = \pm \frac{rdr}{\sqrt{br^2 + 2\mu r - c^2}}.$$

Wählt man zum Anfangspunkte der Zeiten den Augenblick, wo $\vartheta = 0$ ist, so befindet sich der Planet in dem Scheitel, welcher dem Brennpunkte am nächsten liegt, und für den $r = a\ (1 - e)$ wird; er heisst das Perihel. Der diametral gegenüberstehende Punkt der Ellipse heisst das Aphel; der Radius-vector hat dann seinen grössten Werth $r = a\ (1 + e)$. Hiernach ist dr positiv vom Perihel bis zum Aphel, und negativ von diesem letzten Punkte an, bis r wieder das Perihel erreicht hat. In der ersten Hälfte der Bahn hat man also die Gleichung

$$dt = \frac{rdr}{\sqrt{br^2 + 2\mu r - c^2}}$$

zu nehmen, in der zweiten Hälfte muss man das Zeichen des zweiten Theils ändern. Man könnte diesen Ausdruck leicht mittelst Kreisbögen integriren, wobei das Zeichen des zweiten Theils eine ähnliche Discussion wie früher veranlassen würde; besser ist es aber, statt r eine neue Variable einzuführen.

Da r immer zwischen $a\ (1 - e)$ und $a\ (1 + e)$ liegt, so darf man

$$r = a\ (1 - e \cos u)$$

setzen; der Winkel u geht gleichzeitig mit ϑ durch die Werthe 0, π, 2π hindurch; man hat ihm den Namen excentrische Anomalie gegeben; und der Winkel ϑ heisst die wahre Anomalie des Planeten. Nimmt man diese Substitution vor und setzt für die Constanten b und c ihre aus den Gleichungen 7) bestimmten Werthe

$$b = -\frac{\mu}{a} \text{ und } c^2 = \mu a\ (1 - e),$$

so kommt

$$dt = a \sqrt{\frac{a}{\mu}}\ (1 - e \cos u)\ du.$$

Integrirt man diese Gleichung und beachtet, dass t mit u gleichzeitig verschwindet, und setzt der Kürze wegen $a\sqrt{\frac{a}{\mu}} = \frac{1}{n}$, so erhält man

$$nt = u - e \sin u;$$

diese Gleichung bestimmt u als Function von t, nachher r mittelst der Gleichung

$$r = a\ (1 - e \cos u),$$

schliesslich wird ϑ aus der Gleichung der Bahn bekannt. Man könnte auch ϑ als Function von u ausdrücken; es ist nämlich

$$d\vartheta = \frac{c\,dt}{r^2} = \frac{c\,dr}{r\sqrt{br^2 + 2\mu r - c^2}} = \frac{du}{1 - e\cos u}\sqrt{1 - e^2};$$

um diese Gleichung zu integriren, machen wir von der Substitution $tng\,\frac{1}{2}u = z$ Gebrauch und erhalten

$$\frac{du}{\cos^2\frac{1}{2}u} = 2dz;$$

weil ferner $\cos u = \cos^2\frac{1}{2}u - \sin^2\frac{1}{2}u$, so ergiebt sich

$$d\vartheta = \frac{2dz\sqrt{1 - e^2}}{1 - e + (1 + e)\,z^2}, \text{ woraus}$$

$$\tfrac{1}{2}\vartheta = arctng\left(z\sqrt{\frac{1 + e}{1 - e}}\right) + c_1;$$

die Constante c_1 ist Null, weil ϑ und z gleichzeitig verschwinden; man gelangt so zu der Formel

$$tng\,\tfrac{1}{2}\vartheta = \sqrt{\frac{1 + e}{1 - e}}\,tng\,\tfrac{1}{2}u;$$

hiermit ist die Coordinate ϑ als Function von u und mithin von t bestimmt.

26. Die Umlaufszeit T des Planeten findet man aus der Gleichung $nt = u - e\sin u$ für $u = 2\pi$, nämlich $T = \frac{2\pi}{n} = 2\pi a\sqrt{\frac{a}{\mu}}$. Denselben Werth würde man auch erhalten, wenn man den Flächeninhalt der Ellipse durch die vom Radius-vector während der Zeiteinheit beschriebene Fläche dividirte. Da nämlich die Halbachsen der Ellipse a und $a\sqrt{1 - e^2}$ sind, so ist ihr Flächeninhalt $= \pi a^2\sqrt{1 - e^2}$, durch $\frac{1}{2}c = \frac{1}{2}\sqrt{\mu a\,(1 - e^2)}$ dividirt, giebt diess $2\pi a\sqrt{\frac{a}{\mu}}$.

Die Geschwindigkeit in jedem Punkte ist durch die Gleichung $v^2 = \mu\left(\frac{2}{r} - \frac{1}{a}\right)$ gegeben; man leitet sie aus der Formel 2) ab, wenn man in ihr b durch seinen Werth $-\frac{\mu}{a}$ ersetzt.

27. Die vorigen Formeln, welche t, r, ϑ durch die Hülfsvariable u ausdrücken, können leicht geometrisch bewiesen werden, und man erkennt zugleich die Bedeutung der letzteren Variablen.

(Fig. 4.)

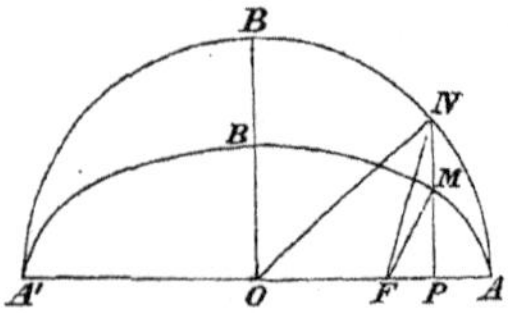

Sei O (Fig. 4) der Mittelpunkt der Ellipse, M irgend ein Punkt der Curve, N der Punkt, wo die verlängerte Ordinate den mit der grossen Halbachse concentrisch zur Ellipse beschriebenen Kreis trifft, so ist

$$MFA = \vartheta,\ MF = r,\ OF = ae,\ \frac{MP}{NP} = \frac{b}{a} = \sqrt{1-e^2}.$$

Nach diesen Bestimmungen ist der Winkel NOA nichts Andres, als die Variable u, die excentrische Anomalie. Nach dem bekannten Ausdruck des Radius-vector der Ellipse als Function der Abscisse hat man nämlich

$$r = a - e.\ OP = a\,(1 - e \cos NOA);$$

bezeichnet man also NOA mit u, so kommt man auf die Gleichung $r = a\,(1 - e \cos u)$ zurück.

Um t als Function von u auszudrücken betrachten wir den während der Zeit t beschriebenen elliptischen Sector. Da der doppelte in der Zeiteinheit beschriebene Flächenraum $= c = \sqrt{\mu a\,(1-e^2)}$ war, so ist

$$sect\ MFA = \tfrac{1}{2} t \sqrt{\mu a\,(1-e^2)} = \frac{na^2\sqrt{1-e^2}}{2}\,t,$$

wobei, wie vorhin, $\frac{\sqrt{\mu}}{a\sqrt{a}} = n$ gesetzt wurde. Nun kann man einen zweiten Ausdruck desselben Sectors als Function von u aufstellen. Beachtet man nämlich, dass die Ordinaten, welche derselben Abscisse im Kreise und der Ellipse angehören, in dem constanten Verhältniss $a:b$ stehen, so hat man entsprechend für die Flächen

$$sect\ MFA = \frac{b}{a}\ sect\ NFA = \sqrt{1-e^2}\,(NOA - NOF);$$

nun ist

$$NOA = \frac{a^2}{2} u,\quad NOF = \frac{NO.OF \sin u}{2} = \frac{a^2 e \sin u}{2};$$

also

$$sect\ MFA = \frac{a^2\sqrt{1-e^2}}{2}\,(u - e \sin u).$$

Setzt man beide Werthe des Sectors gleich, so findet man die schon erhaltene Gleichung $nt = u - e \sin u$ wieder.

Um eine Gleichung zwischen ϑ und u zu erhalten, braucht man nur die beiden Ausdrücke für r einander gleich zu setzen; zuerst giebt diess

$$\frac{1-e^2}{1+e\cos\vartheta} = 1-e\cos u, \text{ woraus } \cos\vartheta = \frac{\cos u - e}{1-e\cos u};$$

diese Gleichung erhält eine elegantere Form, wenn man

$$1-\cos\vartheta = \frac{(1+e)(1-\cos u)}{1-e\cos u},\quad 1+\cos\vartheta = \frac{(1-e)(1+\cos u)}{1-e\cos u}$$

berechnet, beide Gleichungen durch einander dividirt, und die Quadratwurzeln auszieht; man gelangt so wiederum zu der Formel

$$tng\,\tfrac{1}{2}\vartheta = \sqrt{\frac{1+e}{1-e}}\,tng\,\tfrac{1}{2}u.$$

28. Bevor wir in der Aufsuchung bequemerer Formeln zur Bestimmung des Ortes des Planeten in jedem Augenblicke weiter gehen, wollen wir zeigen, wie dieselben sich vereinfachen, wenn man bloss die erste Potenz von e berücksichtigen will, was bei den meisten Planeten mit hinreichender Annäherung erlaubt ist.

Die Gleichung $u = nt + e\sin u$ giebt

$$u = nt + e\sin(nt + e\sin u),$$

und mit Vernachlässigung von e^2, e^3 etc.

$$u = nt + e\sin nt.$$

Nun hat man

$$r = a(1-e\cos u);$$

vernachlässigt man also wieder e^2, e^3 etc., so wird

$$r = a(1-e\cos nt).$$

Es bleibt nur noch ϑ zu bestimmen. Man könnte es aus der Gleichung der Bahn ableiten, wenn man in sie den eben für r gefundenen Werth einsetzt; aber es ist besser, ϑ direct aus der Gleichung

$$r^2 d\vartheta = c\,dt = dt\sqrt{\mu a(1-e^2)}$$

zu berechnen. Vernachlässigt man das Quadrat von e, so giebt die Gleichung der Bahncurve

$$r = a(1-e\cos\vartheta) \text{ und } r^2 = a^2(1-2e\cos\vartheta);$$

folglich

$$d\vartheta\,(1 - 2e\cos\vartheta) = dt\,\frac{\sqrt{\mu}}{a\sqrt{a}} = n dt;$$

mit Rücksicht darauf, dass gleichzeitig $t = 0$ und $\vartheta = 0$ ist, erhält man durch Integration

$$nt = \vartheta - 2e\sin\vartheta,$$

und folglich mit Vernachlässigung von e^2,

$$\vartheta = nt + 2e\sin nt.$$

29. Die Winkelbewegung des Planeten würde gleichförmig sein, wenn man den Ausdruck $2e\sin nt$ vernachlässigen dürfte; man kann sich aber einen Punkt denken, dessen Winkelbewegung durch die Gleichung $\vartheta = nt$ bestimmt wird, und welcher vom Perihel gleichzeitig mit dem Planeten ausgeht; er würde dann noch gleichzeitig mit ihm durch das Aphel gehen, weil man für diesen Punkt $\vartheta = \pi$ und folglich $\sin nt = 0$ erhält. In der ersten Hälfte der Bahn ist der wirkliche Planet dem gedachten Planeten um eine Winkelgrösse voraus, deren angenäherter Werth $2e\sin nt$ ist, und welche man die **Mittelpunktsgleichung** nennt. In der zweiten Hälfte ist im Gegentheil der gedachte Planet dem wirklichen voraus, weil $\sin nt$ negativ ist; sie treffen beide im Perihel wieder zusammen; dieselbe Bewegung wiederholt sich fortwährend. Man hat diesem Winkes nt den Namen **mittlere Anomalie** gegeben, man nennt ihn auch die **mittlere Bewegung** des Planeten.

Die Betrachtung dieses gedachten Gestirns ist bei der Erde zur Bestimmung der mittleren Zeit von Nutzen. Man corrigirt auf diese Weise die Ungleichheit der Bewegung der Sonne in der Ekliptik; es bleibt noch die Ungleichheit zu verbessern, welche von der Neigung der Ebene der Ekliptik gegen die Aequatorialebene herrührt; hierzu gelangt man dadurch, dass man ein zweites Gestirn fingirt, dessen Bewegung gleichförmig in der Ebene des Aequators vor sich geht. Dieses Gestirn ist es, welches die sogenannte **mittlere Zeit** bestimmt; sie fällt vier mal im Jahre mit der **wahren Zeit** zusammen, welche durch die wirkliche Sonne angezeigt wird.

Das Keplersche Problem.

30. Das Problem, die Werthe der beiden Polarcoordinaten r und ϑ eines Planeten als Functionen der unabhängigen Variablen t zu entwickeln, wollen wir für die elliptische Bewegung unter der Voraussetzung lösen, dass e ein sehr kleiner Bruch sei, wie dies bei den meisten Planeten der Fall ist, für die Erdbahn z. B.

$$e = 0{,}01685318.$$

Zwischen r, ϑ, t und der Hülfsvariablen u bestanden folgende drei Gleichungen:

$$1) \qquad u = nt + e \sin u,$$

$$2) \qquad r = a\,(1 - e \cos u),$$

$$3) \qquad tng\,\tfrac{1}{2}\vartheta = \sqrt{\frac{1+e}{1-e}}\; tng\,\tfrac{1}{2}u;$$

aus ihnen würden sich t, r und ϑ für ein gegebenes u leicht bestimmen lassen, dagegen bedarf es mühsamer Interpolationen, wenn r und ϑ für einen gegebenen Werth von t ermittelt werden sollen, und eben um diese Unbequemlichkeit zu vermeiden, hat man r und ϑ direct als Functionen von t auszudrücken gesucht.

Das Mittel hierzu bietet die sogen. Umkehrungsformel von Lagrange, welche überhaupt zeigt, wie man aus einer Gleichung von der Form

$$4) \qquad z = x + \alpha f(x)$$

z als Function von x, und allgemeiner $F(z)$, ausgedrückt durch x, erhalten kann. Es ist nämlich

$$5) \quad \begin{cases} z = x + \dfrac{\alpha}{1} f(x) + \dfrac{\alpha^2}{1.2} \dfrac{d\,[f(x)^2]}{dx} + \dfrac{\alpha^3}{1.2.3} \cdot \dfrac{d^2[f(x)^3]}{dx^2} + \ldots \\ \qquad \ldots + \dfrac{\alpha^m}{1.2\ldots m} \dfrac{d^{m-1}[f(x)^m]}{dx^{m-1}} + \ldots, \end{cases}$$

$$6) \quad \begin{cases} F(z) = F(x) + \dfrac{\alpha}{1} F'(x) f(x) + \dfrac{\alpha^2}{1.2} \dfrac{d\,[F'(x) f(x)^2]}{dx} + \ldots \\ \qquad \ldots + \dfrac{\alpha^m}{1.2\ldots m} \dfrac{d^{m-1}[F'(x) f(x)^m]}{dx^{m-1}} + \ldots; \end{cases}$$

was den Beweis dieser Formeln und die Bedingungen ihrer Gültigkeit betrifft, so verweisen wir auf *Moigno's Leçons de calcul différentiel*, leçon XVIII., und bemerken nur, dass im vorliegenden Falle wegen der Kleinheit von $\alpha = e$ die Formeln ohne weitere Determination angewendet werden können.

31. Die excentrische Anomalie als Function der Zeit. Für $z = u$, $x = nt$, $\alpha = e$, $f(x) = \sin x$ geht die Gleichung 4) in die Gleichung 1) über, man erhält demnach unmittelbar die Entwickelung von u nach Potenzen von e, wenn man dieselben Substitutionen in der Formel vornimmt. Behalten wir der Kürze wegen vorerst die Bezeichnung x bei, so wird

$$u = x + e \sin x + \frac{e^2}{1.2} \cdot \frac{d(\sin^2 x)}{dx} + \ldots$$

$$+ \frac{e^m}{1.2\ldots m} \frac{d^{m-1}(\sin^m x)}{dx^{m-1}} + \ldots .$$

Um die angedeuteten Differentiationen zu vollführen, drücken wir die Potenzen von $\sin x$ durch die Sinus und Cosinus der Vielfachen von x mittelst folgender Gleichungen aus:

$$2 \sin^2 x = -\cos 2x + 1,$$

$$2^2 \sin^3 x = -\sin 3x + 3 \sin x,$$

$$2^3 \sin^4 x = +\cos 4x - 4 \cos 2x + 3,$$

$$2^4 \sin^5 x = +\sin 5x - 5 \sin 3x + 10 \sin x,$$

$$2^5 \sin^6 x = -\cos 6x + 6 \cos 4x - 15 \cos 2x + 10,$$

dividiren wir jede Gleichung durch die Potenz von 2, welche sich als Factor auf der linken Seite findet, und differentiiren, so kommt:

$$\frac{d(\sin^2 x)}{dx} = \sin 2x;$$

$$\frac{d^2(\sin^3 x)}{dx^2} = \frac{3^2 \sin 3x - 3 \sin x}{2^2};$$

$$\frac{d^3(\sin^4 x)}{dx^3} = 2^3 \sin 4x - 4 \sin 2x;$$

$$\frac{d^4(\sin^5 x)}{dx^4} = \frac{5^4 \sin 5x - 5.3^4 \sin 3x + 10 \sin x}{2^4};$$

$$\frac{d^5(\sin^6 x)}{dx^5} = 3^5 \sin 6x - 6.2^5 \sin 4x + 3.5 \sin 2x.$$

Nach Substitution dieser Werthe und für $x = nt$ ergiebt sich die Entwickelung

$$
7) \begin{cases}
u = nt + e \sin nt + \frac{e^2}{2} \sin 2nt \\
\quad + \frac{e^3}{2^3} (3 \sin 3nt - \sin nt) \\
\quad + \frac{e^4}{2.3} (2 \sin 4nt - \sin 2nt) \\
\quad + \frac{e^5}{2^7.3} (5^3 \sin 5nt - 3^4 \sin 3nt + 2 \sin nt) \\
\quad + \frac{e^6}{2^4.3.5} (3^4 \sin 6nt - 2^6 \sin 4nt + 5 \sin 2nt) + \ldots
\end{cases}
$$

Da man jetzt u aus irgend einem Werthe von t finden kann, so liessen sich mittelst der Gleichungen 5) und 6) auch r und ϑ für jedes t darstellen; es ist jedoch noch besser, die vermittelnde Grösse u zu vermeiden und diese Grössen unmittelbar als Functionen von t auszudrücken.

32. Der Radius-vector als Function der Zeit. Nach der Gleichung 5) ist $\frac{r}{a}$ eine bekannte Function von u, und kann mittelst der Formel 3), in welcher man $F(x) = 1 - e \cos x$ nehmen muss, bestimmt werden; es ist folglich $F'(x) = e \sin x$, und wie in dem vorhergehenden Falle $\alpha = e$, $f(x) = \sin x$, $x = nt$; folglich

$$
\frac{r}{a} = 1 - e \cos x + e^2 \sin^2 x + \frac{e^3}{2} \frac{d(\sin^3 x)}{dx} + \frac{e^4}{2.3} \cdot \frac{d^2(\sin^4 x)}{dx^2}
$$
$$
+ \frac{e^5}{2.3.4} \cdot \frac{d^3(\sin^5 x)}{dx^3} + \ldots
$$

Man hat aber

$$
\sin^2 x = \frac{-\cos 2x + 1}{2},
$$
$$
\frac{d(\sin^3 x)}{dx} = \frac{-3 \cos 3x + 3 \cos x}{2^2}
$$
$$
\frac{d^2(\sin^4 x)}{dx^2} = -2 \cos 4x + 2 \cos 2x,
$$

$$\frac{d^3\,(\sin^5 x)}{dx^3} = \frac{-5^3 \cos 5x + 5\,.\,3^3 \cos 3x - 5\,.\,2 \cos x}{2^4}$$

$$\frac{d^4\,(\sin^6 x)}{dx^4} = \frac{-3^4 \cos 6x + 6\,.\,2^4 \cos 4x - 3\,.\,5 \cos 2x}{2}$$

. . . .

Substituirt man diese Werthe in den Ausdruck für $\frac{r}{a}$ und setzt nt für x, so erhält man die gesuchte Reihe

$$8)\quad \left\{ \begin{aligned} \frac{r}{a} = 1 - e \cos nt - \frac{e^2}{2}(\cos 2nt - 1) - \frac{e^3}{2^3}(3 \cos 3nt - 3 \cos nt) \\ - \frac{e^4}{3}(\cos 4nt - \cos 2nt) - \frac{e^5}{2^7.\,3}(5^3 \cos nt - 5.3^3 \cos 3nt + \\ + 5\,.\,2 \cos nt) \\ - \frac{e^6}{2^4.5}(3^3 \cos 6nt - 2^5 \cos 4nt + 5 \cos 2nt) - \ldots\ldots \end{aligned} \right.$$

33. Die wahre Anomalie als Function der Zeit. Die Gleichung 6) giebt mittelst eleganter von Lagrange ausgeführter Transformationen zunächst den Werth von ϑ als Function von $\sin u$, $\sin 2u$ etc.; ersetzt man diese Werthe durch Entwickelungen, die nach Potenzen von e fortschreiten, so erhält man die Auflösung der Aufgabe.

Wir substituiren zunächst für die Tangenten die Verhältnisse von Sinus zu den Cosinus und für diese ihre imaginairen Exponentialausdrücke; die Gleichung 6) geht dann, wenn ε die Basis der Neper-schen Logarithmen und i die Wurzel $\sqrt{-1}$ bezeichnet, in folgende über:

$$\frac{\varepsilon^{\vartheta i} - 1}{\varepsilon^{\vartheta i} + 1} = \sqrt{\frac{1+e}{1-e}}\,\frac{\varepsilon^{ui} - 1}{\varepsilon^{ui} + 1};$$

woraus folgt

$$\varepsilon^{\vartheta i} = \frac{\varepsilon^{ui}(\sqrt{1+e} + \sqrt{1-e}) + \sqrt{1-e} - \sqrt{1+e}}{\varepsilon^{ui}(\sqrt{1-e} + \sqrt{1+e}) + \sqrt{1-e} + \sqrt{1+e}}.$$

Setzt man ferner

$$\lambda = \frac{\sqrt{1+e} - \sqrt{1-e}}{\sqrt{1+e} + \sqrt{1-e}} = \frac{e}{1+\sqrt{1-e^2}};$$

so erhält man

$$\varepsilon^{\vartheta i} = \frac{\varepsilon^{ui} - \lambda}{1 - \lambda\varepsilon^{ui}} = \frac{1 - \lambda\,\varepsilon^{-ui}}{1 - \lambda\varepsilon^{ui}}\,\varepsilon^{ui}$$

und wenn man auf beiden Seiten die Logarithmen nimmt und dann durch i dividirt,

$$\vartheta = u + \frac{l\,(1 - \lambda\,\varepsilon^{-ui}) - l\,(1 - \lambda\,\varepsilon^{ui})}{i}.$$

Die Logarithmen kann man entwickeln, weil λ weniger als die Einheit beträgt; ersetzt man nachher die imaginairen Exponentialgrössen durch Sinus und Cosinus, so ergiebt sich

$$\vartheta = u + 2\left(\lambda \sin u + \frac{\lambda^2}{2} \sin 2u + \frac{\lambda^3}{3} \sin 3u + \frac{\lambda^4}{4} \sin 4u + \ldots\right).$$

Man hat jetzt für u, $\sin u$, $\sin 2u$, ... ihre nach Potenzen von e geordneten Entwickelungen zu substituiren. Der Werth von u ist schon durch die Gleichung 7) gegeben; und $\sin u$ wird aus der Gleichung 4) hergeleitet; sie liefert

$$\sin u = \frac{u - nt}{e} = \sin nt + \frac{e}{2} \sin 2nt + \frac{e^2}{2^3}(3 \sin 3nt - \sin nt) + \ldots.$$

Mittelst der Formel von *Lagrange* findet man weiter

$$\sin 2u = \sin 2nt + e\,(\sin 3nt - \sin nt) + e^2\,(\sin 4nt - \sin 2nt)$$
$$+ \frac{e^3}{2^3.3}(4 \sin 5nt - 27 \sin 3nt + 25 \sin 5nt) + \ldots,$$

$$\sin 3u = \sin 3nt + \frac{e}{2}(3 \sin 4nt - 3 \sin 2nt)$$
$$+ \frac{e^2}{2^3}(15 \sin 5nt - 18 \sin 3nt + 3 \sin nt)$$
$$+ \frac{e^3}{4}(9 \sin 6nt - 12 \sin 4nt + 3 \sin 2nt) + \ldots$$

Es bleibt noch übrig, die Potenzen von λ nach denen von e zu entwickeln. Wir setzen zu diesem Zweck

$$1 + \sqrt{1-e^2} = E, \text{ woraus } E = 2 - \frac{e^2}{E}$$

und können nun E^{-p} nach Potenzen von e^2 mittelst der Formel 3) entwickeln, in welcher

$$z = E,\ x = 2,\ \alpha = e^2,\ F(z) = z^{-p} = E^{-p}$$

zu setzen ist; es ergiebt sich auf diesem Wege

$$E^{-p} = \frac{1}{2^p} + \frac{p}{2^{p+2}} e^2 + \frac{p(p+3)}{2 \cdot 2^{p+4}} e^4 + \frac{p(p+4)(p+5)}{2 \cdot 3 \cdot 2^{p+6}} e^6 + \ldots..,$$

oder wegen $\lambda = e E^{-1}$,

$$\lambda^p = \frac{e^p}{2^p} + \frac{p}{2^{p+2}} e^{p+2} + \frac{p(p+3)}{2 \cdot 2^{p+4}} e^{p+4} + \frac{p(p+4)(p+5)}{2 \cdot 3 \cdot 2^{p+6}} e^{p+6} + \ldots$$

Substituirt man für die verschiedenen Potenzen von λ die aus dieser Formel resultirenden Werthe, so findet sich mit Vernachlässigung der Potenzen von e, welche die sechste übersteigen,

$$9)\quad \begin{cases} \vartheta = nt + \left(2e - \frac{1}{4} e^3 + \frac{5}{96} e^5\right) \sin nt \\ + \left(\frac{5}{4} e^2 - \frac{11}{24} e^4 + \frac{17}{192} e^6\right) \sin 2nt + \left(\frac{13}{12} e^3 - \frac{43}{64} e^5\right) \sin 3nt \\ + \left(\frac{103}{96} e^4 - \frac{451}{480} e^6\right) \sin 4nt \\ + \frac{1097}{960} e^5 \sin 5nt + \frac{1223}{960} e^6 \sin 6nt, \end{cases}$$

oder nach Potenzen von e geordnet,

$$10)\quad \begin{cases} \vartheta = nt + 2e \sin nt + \frac{5}{4} e^2 \sin 2nt \\ + \frac{e^3}{2^2 . 3} (13 \sin 3nt - 3 \sin nt) \\ + \frac{e^4}{2^5 . 3} (103 \sin 4nt - 44 \sin 2nt) \\ + \frac{e^5}{2^6 . 3 . 5} (1097 \sin 5nt - 645 \sin 3nt + 50 \sin nt) + \ldots. \end{cases}$$

Berücksichtigt man bloss die erste Potenz von e, so geben die Formeln 8) und 9),

$$r = a(1 - e \cos nt) \quad \vartheta = nt + 2e \sin nt,$$

wie wir früher schon bemerkt haben.

34. Die Formeln der vorigen Abschnitte erhalten eine elegantere Gestalt, wenn die vorkommenden Reihen nach den Sinus oder Cosinus der Vielfachen von nt geordnet werden, nämlich

$$u = nt + C_1 \sin nt + C_2 \sin 2nt + C_3 \sin 3nt + \dots$$

$$\frac{r}{a} = D_0 + D_1 \cos nt + D_2 \cos 2nt + D_3 \cos 3nt + \dots$$

$$\vartheta = nt + E_1 \sin nt + E_2 \sin 2nt + E_3 \sin 3nt + \dots$$

wie es bei der letzten Formel schon in Nr. 9) geschehen ist. Diese Anordnung bietet nämlich den Vortheil, dass die Coefficienten C, D, E nur von e abhängen und daher für jeden einzelnen Planeten individuelle Werthe haben, die sich ein für allemal berechnen und in einer Tabelle zusammenstellen lassen. Unabhängig von dem Vorigen gelangt man zu dieser Auflösung des Keplerschen Problem's auf folgende von Bessel*) angegebene Weise.

Nach einem bekannten Satze kann jede Function einer unabhängigen Variabelen τ in die periodische Reihe

$$11) \quad f(\tau) = \tfrac{1}{2}A_0 + A_1 \cos\tau + A_2 \cos 2\tau + \dots$$

oder auch in die Reihe

$$12) \quad f(\tau) = B_1 \sin\tau + B_2 \sin 2\tau + B_3 \sin 3\tau + \dots$$

verwandelt werden, wobei aber $\pi > \tau > 0$ sein muss und die Coefficienten A, B nach den Formeln

$$13) \quad A_k = \frac{2}{\pi}\int_0^\pi f(\tau) \cos k\tau \, d\tau, \quad B_k = \frac{2}{\pi}\int_0^\pi f(\tau) \sin k\tau \, d\tau$$

zu bestimmen sind. Setzen wir $\frac{1}{2}e = c$, $nt = \tau$ und denken uns die Gleichung

$$14) \qquad u - 2c \sin u = \tau$$

nach u aufgelöst, so ist u, mithin auch $\cos u$ eine Function von τ, und es kann folglich die Gleichung 11) auf den Fall $f(\tau) = \cos u$ angewendet werden. Dies giebt

$$\tfrac{1}{2}A_0 = \frac{1}{\pi}\int_0^\pi \cos u \, d\tau,$$

*) Abhandlungen der Berliner Akademie von 1816 und 1817; erschienen 1819. S. 49—55.

oder wenn statt τ die Variabele u mittelst der Gleichung 14) eingeführt und zugleich bemerkt wird, dass den Grenzen $\tau = 0$ und $\tau = \pi$ die Grenzen $u = 0$, $u = \pi$ entsprechen,

$$\tfrac{1}{2} A_0 = \frac{1}{\pi} \int_0^\pi \cos u \,.\left(1 - 2c \cos u\right) du = - c.$$

Man hat ferner durch unbestimmte theilweise Integration

$$2\int \cos u \cos k\tau \, d\tau = 2\cos u \frac{\sin k\tau}{k} + 2\int \sin u \, du \, \frac{\sin k\tau}{k}$$

$$= 2\frac{\cos u \sin k\tau}{k} + \frac{1}{k}\left\{\int \cos(k\tau - u)\, du - \int \cos(k\tau + u)\, du\right\}$$

und hieraus wird nach Einführung der Grenzen $\tau = 0$, $\tau = \pi$, denen wie vorhin $u = 0$, $u = \pi$ correspondiren,

$$2\int_0^\pi \cos u \cos k\tau \, d\tau = \frac{1}{k}\left\{\int_0^\pi \cos(k\tau - u)\, du - \int_0^\pi \cos(k\tau + u)\, du\right\};$$

multiplicirt man noch mit $\frac{1}{\pi}$ und setzt für τ seinen Werth aus Nr. 14), so erhält man

$$A_k = \frac{1}{k\pi}\left\{\int_0^\pi \cos[(k-1)u - 2kc \sin u]\, du - \int_0^\pi \cos[(k+1)u - 2kc \sin u]\, du\right\}.$$

Diese Gleichung zeigt, dass die Berechnung von A_k auf eine eigenthümliche Transcendente führt, deren Definition durch die Gleichung

$$15)\qquad J_{\lambda,p} = \frac{1}{\pi}\int_0^\pi \cos(pu - \lambda \sin u)\, du$$

gegeben ist, worin p eine ganze positive Zahl, λ eine beliebige positive Grösse bezeichnet. Mittelst einiger Transformationen des vorstehenden Integrales kann man die Function $J_{\lambda,p}$ leicht in die folgende immer convergirende Reihe verwandeln:

$$16)\quad J_{\lambda,p} = \frac{\lambda^p}{1.2\ldots p}\left\{1 - \frac{\lambda^2}{1.(p+1)} + \frac{\lambda^4}{1.2.(p+1)(p+2)} - \ldots\right\}$$

auch besitzt man schon eine ziemlich ausgedehnte Tafel für die genannte Transcendente *). Es ist daher $J_{\lambda,p}$ als völlig bekannte Grösse zu behandeln und demnach

$$A_k = \frac{1}{k}\left(J_{kc,\,k-1} - J_{kc,\,k+1}\right).$$

Für *cos u* hat man daher folgende Reihe

$$17)\quad \begin{cases} \cos u = -c + \frac{1}{1}\left(J_{c,0} - J_{c,2}\right)\cos\tau \\ \qquad + \frac{1}{2}\left(J_{2c,1} - J_{2c,3}\right)\cos 2\tau + \ldots\ldots \end{cases}$$

Mittelst einer sehr ähnlichen Rechnung findet man, dass *sin u*, aus den Formeln 12) und 13) abgeleitet, durch nachstehende Reihe bestimmt ist

$$18)\quad c\sin u = \frac{1}{1}J_{c,1}\sin\tau + \frac{1}{2}J_{2c,2}\sin 2\tau + \ldots\ldots$$

Für die excentrische Anomalie selber erhält man wegen $u = \tau + 2c\sin\tau$,

$$19)\quad u = \tau + 2\left(\frac{1}{1}J_{c,1}\sin\tau + \frac{1}{2}J_{2c,2}\sin 2\tau + \ldots\right).$$

Aus Nr. 18) folgt weiter

$$20)\quad \begin{cases} \frac{r}{a} = 1 + 2c^2 - 2c\Big[\frac{1}{1}\left(J_{c,0} - J_{c,2}\right)\cos\tau \\ \qquad + \frac{1}{2}\left(J_{2c,1} - J_{2c,3}\right)\cos 2\tau + \ldots\Big]. \end{cases}$$

Auch der reciproke Werth von r lässt sich in eine Cosinusreihe umsetzen; die Gleichung 14) liefert nämlich

$$\frac{du}{d\tau} = \frac{1}{1-2c\cos u} = \frac{a}{r};$$

mithin ist, wenn linker Hand die Formel 19) angewendet wird

$$21)\quad \frac{a}{r} = 1 + 2\left(J_{c,1}\cos\tau + J_{2c,2}\cos 2\tau + \ldots\right).$$

Die Berechnung von ϑ liefert etwas zusammengesetztere Ausdrücke, die bis zur sechsten Potenz von e bereits in Nr. 9) gegeben sind.

---

*) Schon Bessel hat eine solche Tafel berechnet, welche von Hansen bedeutend erweitert worden ist (Schriften der Sternwarte Seeberg; Gotha 1843). Theorie und Tafel der Bessel'schen Function $J_{\lambda,n}$ findet man in der Zeitschr. für Mathem. u. Physik. Jahrg. 2 (1857), S. 137.

Eilftes Capitel.

Bewegung eines beliebigen Punktesystemes.

Das d'Alembert'sche Princip.

35. Bei den folgenden Untersuchungen setzen wir immer solche Punktesysteme voraus, bei denen gewisse Verbindungen zwischen den Punkten des Systems bestehen; denn ohne diese würde die Bewegung jedes Punktes isolirt vor sich gehen und nach den früheren Regeln beurtheilt werden können. Wir nehmen an, dass jene Verbindungen durch Gleichungen von folgender Form ausgedrückt sind

$$L=0,\ M=0,\ N=0,\ \ldots$$

deren Anzahl k sein möge, und welche in jedem Augenblicke zwischen der Zeit und zwischen den Coordinaten dieser Punkte stattfinden. Kennt man der Grösse und Richtung nach die Kräfte, welche auf jeden Punkt wirken und die von den Lagen oder von den Zeiten abhängen können, weiss man ferner die anfängliche Lage jedes Punktes, sowie die Richtungen und Werthe der Anfangsgeschwindigkeiten, so ist die Bewegung offenbar vollständig bestimmt, und die Coordinaten jedes Punktes sind bestimmte Functionen der Zeit. Bezeichnet n die Anzahl der materiellen Punkte des Systems, so hat man, da schon k Gleichungen zwischen den $3n$ Coordinaten vorhanden sind, nur noch $3n-k$ Gleichungen zwischen denselben Coordinaten und der Zeit aufzusuchen; sobald diess geschehen ist, hat man die vollständige Lösung des Problems, weil man dann für jeden Augenblick die Lage aller Punkte, mithin alle Umstände der Bewegung kennt. Jene Gleichungen werden mit Hülfe des folgenden von d'Alembert aufgestellten Princips gefunden, welches die Bestimmung der Bewegung eines beliebigen Systems auf die Betrachtung des Gleichgewichts dieses Systems zurückführt.

63. Wenn Punkte gewissen Bedingungen unterworfen sind, so ertheilen die auf sie einwirkenden Kräfte ihnen nicht dieselbe Bewegung, als wenn sie ganz getrennt und frei wären; könnte man

aber die Kräfte, welche von jenen Bedingungen herrühren, isolirt aufzeigen und sie dann in jedem Augenblicke mit den Kräften verbinden, welche direct an den Punkten angebracht sind, so würde man alle Punkte als vollkommen getrennt und frei betrachten dürfen. Wir wollen mit m die Masse und mit x, y, z die Coordinaten eines solchen Punktes bezeichnen; dann müssen die drei so berechneten Componenten folgende Werthe haben

$$m\frac{d^2x}{dt^2},\ m\frac{d^2y}{dt^2},\ m\frac{d^2z}{dt^2},$$

deren Resultante Q heissen möge.

Es sind nämlich $\frac{dx}{dt}$, $\frac{dy}{dt}$, $\frac{dz}{dt}$ die zur Zeit t wirklich vorhandenen Seitengeschwindigkeiten, mithin $m\frac{d^2x}{dt^2}$, $m\frac{d^2y}{dt^2}$, $m\frac{d^2z}{dt^2}$ die Componenten der wirksamen Kraft, woraus folgt, dass die Kraft der Masse m, wenn diese frei wäre, für sich allein ganz die nämliche Bewegung ertheilen würde, welche m in seiner Verbindung mit dem Punktesysteme thatsächlich besitzt.

(Fig. 5.)

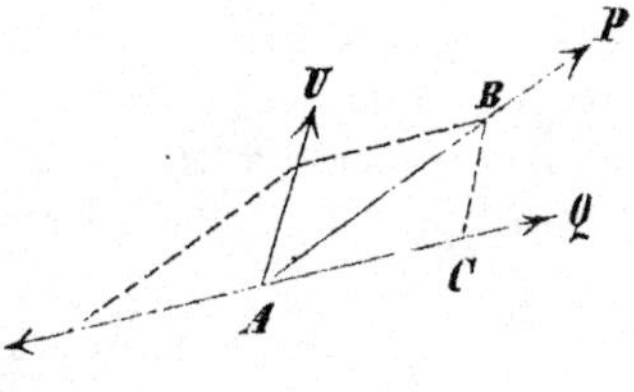

Wir bezeichnen mit P die gegebene Kraft, die auf die Masse m wirkt und diese, wenn sie frei wäre, innerhalb der Zeit dt von A nach B treiben würde, und zerlegen P in zwei Componenten der Art, dass die eine Componente mit der wirksamen Kraft Q zusammenfällt, welche in der nämlichen Zeit die thatsächlich vorhandene Bewegung von A nach C erzeugt; die andere Componente heisse U. Auf gleiche Weise erhalten wir an allen übrigen Punkten entsprechende Componenten U', U'' etc. Nun geschieht die Bewegung aller einzelnen Systempunkte, auf welche die äusseren Kräfte P, P', P''... wirken, ganz ebenso, als wenn diese Punkte frei wären und nur von den Kräften Q, Q', Q'' etc. getrieben würden, d. h. ebenso, als wenn die Kräfte U, U', U'' etc. nicht vorhanden oder verloren gegangen wären. Diess ist aber nur auf eine Weise und zwar dadurch möglich, dass sich die sogen. verlorenen Kräfte U, U', U'' etc. unter einander aufheben. Damit gelangen wir zu dem von *d'Alembert* zuerst ausgesprochenen Principe der verlorenen Kräfte:

Die Bewegung eines beliebigen Systemes von Punkten, die irgend welchen Verbindungen unterworfen sind und von irgend welchen Kräften getrieben werden, geschieht immer so, dass die in jedem Augenblicke verlorenen Kräfte einander das Gleichgewicht halten.

Man kann diesem Satze noch eine andere, für seinen Gebrauch etwas bequemere Form ertheilen. Jede verlorene Kraft U lässt sich nämlich wieder als Resultante der gegebenen äusseren Kraft P und einer Kraft $-Q$ ansehen, welche der sogen. wirksamen Kraft gleich und entgegengesetzt ist. Das vorige Princip lautet dann folgendermaassen:

Die Bewegung eines beliebigen Systemes von Punkten, die irgendwie mit einander verbunden sind und unter dem Einflusse irgend welcher Kräfte stehen, geschieht immer so, dass in jedem Augenblicke Gleichgewicht stattfindet zwischen den gegebenen Kräften und jenen Kräften, welche den wirksamen Kräften gleich und entgegengesetzt sind.

Wie sich aus diesem Satze die Gleichungen der Bewegung eines beliebig zusammengesetzten von beliebigen Kräften afficirten Punktesystemes herleiten lassen, werden wir bald zeigen; vorher entwickeln wir erst ein anderes noch allgemeineres Princip.

Das Gauss'sche Princip.

37. Wie vorhin sei m die Masse eines Systempunktes, A sein Platz zur Zeit t, B der Platz, den er nach der Zeit dt in Folge der gegebenen Kraft P einnehmen würde, wenn er frei wäre, endlich C die Stelle, an die er nach jener Zeit wirklich gekommen ist. Die auf m wirkende Kraft P denken wir uns wieder zusammengesetzt aus der Kraft Q, die den Punkt in der Zeit dt von A nach C führt, und aus der Kraft U, die ihn, falls er frei wäre, von C nach B führen würde. Da nach dem Vorigen Gleichgewicht zwischen den verlorenen Kräften U, U', U'' etc. stattfinden muss, so lässt sich auf diese das Princip der virtuellen Geschwindigkeiten anwenden, und zwar in folgender Weise.

(Fig. 6.)

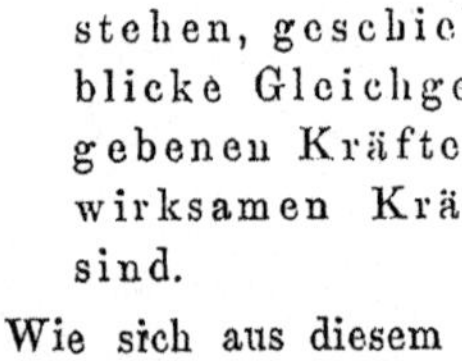

Es sei D ein von C verschiedener, aber mit den Bedingungen des Systemes verträglicher Platz, an den A während der Zeit dt möglicherweise kommen könnte; an die Stelle der Linie CB tritt jetzt die Linie CD und diese ist nun eine virtuelle Bewegung des Punktes C. Fällt man von D auf die Richtung der Kraft U die Senkrechte DE und setzt $\sphericalangle DCB = \vartheta$, so ist $U.\overline{CD}.\cos\vartheta$ das virtuelle Moment der verlorenen Kraft U, mithin nach dem Principe der virtuellen Geschwindigkeiten, sobald man sich die gleiche Construction mit allen Systempunkten vorgenommen denkt,

$$\Sigma\,(U.\overline{CD}.\cos\vartheta) = 0.$$

Da die Kraft U der Art ist, dass sie die als frei gedachte Masse m in der Zeit dt aus der Ruhelage durch die Strecke CB treiben würde, so ist sie proportional dem Producte $m.\overline{CB}$; man hat daher bei Weglassung der gemeinschaftlichen Factoren

$$1)\qquad \Sigma\left(m.\overline{CB}.\overline{CD}.\cos\vartheta\right) = 0.$$

Andererseits ist

$$\overline{DB}^2 = \overline{CB}^2 + \overline{CD}^2 - 2\overline{CB}.\overline{CD}.\cos\vartheta$$

oder

$$\overline{CB}^2 = \overline{DB}^2 - \overline{CD}^2 + 2\overline{CB}.\overline{CD}.\cos\vartheta;$$

multiplicirt man diese Gleichung mit m und bildet die Summe aller von den Systempunkten herrührenden Gleichungen derselben Art, so verschwindet nach Nr. 1) die letzte Summe $\Sigma\,(m.\overline{CB}.\overline{CD}.\cos\vartheta)$ und es bleibt

$$2)\qquad \left(m.\overline{CB}^2\right) = \Sigma\left(m.\overline{DB}^2\right) - \Sigma\left(m.\overline{CD}^2\right).$$

Um den hierin liegenden merkwürdigen Satz bequem ausdrücken zu können, bemerken wir zunächst, dass die vorige Betrachtung im Wesentlichen dieselbe geblieben wäre, wenn man statt der verlorenen Kräfte U, U', U''... die ihnen gleichen und entgegengesetzten $-U$, $-U'$, $-U''$... genommen hätte. Die Wirkung der Kraft U ist aber eine ablenkende, insofern sie die Masse m in der Zeit dt von B nach C treiben würde; man hätte daher BC statt CB, ebenso BD statt DB zu setzen und erhielte:

$$3)\qquad \Sigma\left(m.\overline{BC}^2\right) = \Sigma\left(m.\overline{BD}^2\right) - \Sigma\left(m.\overline{CD}^2\right).$$

Hier bedeutet BC die wirkliche Ablenkung der Masse m von der freien Bewegung AB, dagegen stellt BD jede mögliche andere

Ablenkung dar, und da nach Nr. 3) $\Sigma(m.\overline{BC}^2)$ immer kleiner als $\Sigma(m.\overline{BD}^2)$ ist, so hat man jetzt das folgende, zuerst von *Gauss* *) aufgestellte Princip:

Die Bewegung irgendwie miteinander zu einem System verbundener Punkte, die irgend welchen Bedingungen unterworfen sind und von irgend welchen Kräften getrieben werden, geschieht zu jeder Zeit in möglich grösster Uebereinstimmung mit der freien Bewegung, d. h. so, dass die Summe der Produkte aus der Masse jedes Punktes in das Quadrat seiner Ablenkung von der freien Bewegung ihren Minimalwerth erhält.

Die wirklichen Plätze C, C', C'' etc., welche die Punkte A, A', A'' etc. nach der Zeit dt einnehmen, sind hiernach unter allen möglichen, mit den Bedingungen des Systemes verträglichen Plätzen diejenigen, bei denen

$$m.\overline{BC}^2 + m'\overline{B'C'}^2 + m''\overline{B''C''}^2 + \ldots$$

zu einem Minimum wird. Aus dieser Bedingung jene Plätze zu bestimmen, ist im Allgemeinen eine Aufgabe der Variationsrechnung.

38. Man kann übrigens der vorstehenden Summe eine mechanische Bedeutung unterlegen. Wenn nämlich der Punkt A von dem Orte B, an den er bei freier Bewegung gelangen würde, nach dem Orte C seiner wirklichen Bewegung abgelenkt werden soll, so gehört dazu ein gewisser Zwang oder eine gewisse mechanische Arbeit. Es liegt daher nahe genug, den schon früher bestimmten Begriff der Arbeit einer Kraft auch hier anzuwenden und die Arbeit der ablenkenden Kraft $-U$, d. h. das Produkt $(-U).\overline{BC}$ als Maass für jenen Zwang anzusehen. Der gesammte in dem Systeme vorhandene Zwang ist dann $-\Sigma(U.\overline{BC})$, und da U proportional dem Produkte $m.\overline{BC}$ etwa $= k.m.\overline{BC}$ ist, so wird der ganze Zwang $= -k\Sigma(m.\overline{BC}^2)$. Dieser Ausdruck erreicht seinen Minimalwerth gleichzeitig mit $\Sigma(m.\overline{BC}^2)$, und zufolge dieses Umstandes kann das *Gauss*'sche Princip auch in der kurzen Form

Die Bewegung jedes beliebigen Punktesystemes geschieht immer unter möglich kleinstem Zwange

ausgesprochen werden.

---

*) Crelle's Journal f. Mathem. Bd. 4. S. 232.

Dieses „*Princip des kleinsten Zwanges*" hat den eigenthümlichen Vorzug, dass es die Gesetze der Bewegung und der Ruhe auf ganz gleiche Art in grösster Allgemeinheit umfasst. Beim Gleichgewichte fallen nämlich die Punkte C, C', C'' etc. mit den Punkten A, A', A'' etc. zusammen, und die Gleichgewichtsbedingung ist daher $\Sigma(m.\overline{AB}^2) =$ Minimum; sie sagt, dass das Beharren des Systemes im Zustande der Ruhe der freien Bewegung der einzelnen Punkte näher liegt, als jedes mögliche Heraustreten aus demselben.*)

Es ist übrigens sehr merkwürdig, dass die freien Bewegungen, wenn sie mit nothwendigen Bedingungen nicht bestehen können, von der Natur gerade auf dieselbe Art modificirt werden, wie der rechnende Mathematiker, nach der Methode der kleinsten Quadrate, Erfahrungen ausgleicht, die sich auf unter einander durch nothwendige Abhängigkeit verknüpfte Grössen beziehen. Diese Analogie weiter zu verfolgen ist hier nicht der Ort.

Die allgemeinen Gleichungen der Bewegung.

39. Wir wollen nun zeigen, wie das Princip der verlorenen Kräfte zur Bestimmung der Bewegung eines jeden Punktes führt, indem es eben so viele Gleichungen liefert, als unabhängige Coordinaten vorhanden sind. Bezeichnen wir mit X, Y, Z die bekannten Componenten der totalen Kraft, welche an den Punkt mit der Masse m angebracht ist, mit X', Y', Z' die entsprechenden Kräfte für den Punkt m' u. s. w., wobei diese Kräfte für eine beliebige Anzahl dieser Punkte auch Null werden können, so muss nach dem schon Gesagten in jedem Augenblick zwischen diesen Kräften und jenen Gleichgewicht stattfinden, deren Componenten sind

$$-m\frac{d^2x}{dt^2},\quad -m\frac{d^2y}{dt^2},\quad -m\frac{d^2z}{dt^2},$$
$$-m'\frac{d^2x'}{dt^2},\quad -m'\frac{d^2y'}{dt^2},\quad -m'\frac{d^2z'}{dt^2},\ \text{u. s. w.}$$

wo x, y, z, x', y', z', ... die Coordinaten dieser verschiedenen Punkte bezeichnen; mit andern Worten, es muss Gleichgewicht stattfinden zwischen folgenden Kräften, welche an den Punkten m, m', ... parallel mit den Coordinatenachsen angebracht sind:

*) Ausführlichere Betrachtungen über das *Gauss*'sche Princip enthält eine Abhandlung von Scheffler in der Zeitschrift für Mathematik und Physik. Bd. 3. S. 197.

$$X - m\frac{d^2x}{dt^2},\quad X' - m'\frac{d^2x'}{dt^2},\ldots\ldots$$

$$Y - m\frac{d^2y}{dt^2},\quad Y' - m'\frac{d^2y'}{dt^2},\ldots\ldots$$

$$Z - m\frac{d^2z}{dt^2},\quad Z' - m'\frac{d^2z'}{dt^2},\ldots\ldots$$

Die Gleichgewichtsbedingungen werden also durch folgende Gleichung, welche das Princip der virtuellen Geschwindigkeiten in rechtwinkligen Coordinaten liefert, dargestellt:

$$1)\quad \Sigma\left[\left(X - m\frac{d^2x}{dt^2}\right)\delta x + \left(Y - m\frac{d^2y}{dt^2}\right)\delta y + \left(Z - m\frac{d^2z}{dt^2}\right)\delta z\right] = 0,$$

wo dx, dy, dz die Componenten der unendlich kleinen Verrückung bezeichnen, welche man dem Punkte xyz in irgend einem Augenblicke der Bewegung ertheilen könnte, ohne die Bedingungen des Systems zu verletzen, sowie sie gerade in diesem Augenblicke der Bewegung sind, bei welcher Betrachtung die Zeit keinen Einfluss auf die Verrückungen oder virtuellen Geschwindigkeiten δx, δy, δz hat. Die Summe Σ erstreckt sich auf alle materiellen Punkte des Systems, und die Grössen X, Y, Z werden für diejenigen Punkte, an welche keine Kraft angebracht ist, als Null betrachtet.

Die Gleichung 1) enthält $3n$ Variationen, wenn die Anzahl der Punkte $= n$ ist, und dieselben müssen den k Differentialgleichungen der gegebenen Gleichungen $L = 0$, $M = 0$, $N = 0$, ... genügen, woraus nachstehende Bedingungen folgen

$$2)\quad \begin{cases} \dfrac{dL}{dx}\delta x + \dfrac{dL}{dy}\delta y + \dfrac{dL}{dz}\delta z + \dfrac{dL}{dx'}\delta x' + \ldots = 0, \\[2ex] \dfrac{dM}{dx}\delta x + \dfrac{dM}{dy}\delta y + \dfrac{dM}{dz}\delta z + \dfrac{dM}{dx'}\delta x' + \ldots = 0, \end{cases}$$

. . . .

Mittelst dieser Gleichungen können k Variationen eliminirt werden, dann bleiben noch $3n - k$ vollkommen unbestimmte Variationen übrig; setzt man die Coefficienten einer jeden von ihnen gleich Null, so erhält man $3n - k$ Gleichungen, welche in Verbindung mit den k ersten Gleichungen die Coordinaten aller Punkte als Functionen der Zeit bestimmen. Das Problem ist hiermit auf die Integration von Differentialgleichungen zurückgeführt.

40. Wir multipliciren die Gleichungen 2) mit unbestimmten Factoren λ, μ, ν, ..., addiren sie nachher zu der Gleichung 1), und setzen endlich den Coefficienten jeder Variation der Null gleich; es entstehen so die Gleichungen

$$X - m\frac{d^2x}{dt^2} + \lambda\frac{dL}{dx} + \mu\frac{dM}{dx} + \nu\frac{dN}{dx} + \ldots = 0,$$

$$Y - m\frac{d^2y}{dt^2} + \lambda\frac{dL}{dy} + \mu\frac{dM}{dy} + \nu\frac{dN}{dy} + \ldots = 0,$$

$$Z - m\frac{d^2z}{dt^2} + \lambda\frac{dL}{dz} + \mu\frac{dM}{dz} + \nu\frac{dN}{dz} + \ldots = 0,$$

$$X' - m'\frac{d^2x'}{dt^2} + \lambda\frac{dL}{dx'} + \mu\frac{dM}{dx'} + \nu\frac{dN}{dx'} + \ldots = 0,$$

. . . .

Durch Elimination der k unbestimmten Factoren λ, μ, ν, ... gelangt man zu $3n - k$ Differentialgleichungen der zweiten Ordnung zwischen x, y, z, x', ... und der Zeit t. Diese Gleichungen sind dieselben, als wenn man k Variationen eliminirt hätte, wie wir anfangs angegeben haben; das obige Verfahren hat aber denselben Vortheil, den wir schon bei Anwendung des Princips der virtuellen Geschwindigkeiten erkannt haben; es bestimmt nämlich die Kräfte, welche die Bedingungsgleichungen vertreten. Die Werthe der Grössen λ, μ, ν, ... lassen die Einwirkungen erkennen, welche die Verbindungsmittel in jedem Augenblicke erfahren.

Ist das System durch andre Variable als die Coordinaten seiner Punkte bestimmt, so kann man denselben Gang befolgen, und die Anwendung des Princips der virtuellen Geschwindigkeiten liefert immer eben so viele Gleichungen, als es unabhängige Variable giebt, so dass man durch Verbindung derselben mit den Bedingungsgleichungen immer alle Variablen als Function der Zeit bestimmen kann, wie es die vorgelegte Aufgabe jederzeit verlangt.

Die momentanen Kräfte.

41. Wir haben schon im ersten Theile gezeigt, dass eine constante Kraft durch die Quantität der Bewegung, welche sie erzeugt, dividirt durch die dazu gebrauchte Zeit, gemessen werden kann; um also eine bestimmte Quantität der Bewegung hervorzu-

bringen, muss die Dauer der Wirkung um so viel geringer sein, als die aufgewendete Kraft grösser ist, weil es keine Kraft giebt, welche, ohne eine gewisse Zeit zu gebrauchen, eine Wirkung von endlicher Grösse hervorbringen könnte. Nichtsdestoweniger darf man, wenn die Wirkung in einer so kurzen Zeit hervorgebracht wird, dass in der Lage der Punkte keine bemerkbare Veränderung stattfindet, in den meisten Fällen von dieser Zeit absehen, und um diess anzudeuten, wollen wir Kräfte dieser Art momentane Kräfte oder Stösse nennen.

Um den constanten Werth einer solchen Kraft oder ihren mittleren Werth, wenn sie veränderlich ist, zu messen, könnte man sie auf die gewöhnliche Einheit beziehen, und man würde als ihr Maass die hervorgebrachte Quantität der Bewegung, dividirt durch die Dauer der Wirkung, erhalten; weil aber diese Dauer nicht angebbar ist, so wird es da, wo die Betrachtung solcher Kräfte Vortheile bietet, besser sein, jene Zeit nicht in das Maass einzuführen und sich bloss auf die Quantität der Bewegung zu beschränken. Man kann in diesem Falle der Wirkung eine beliebige Dauer beimessen, wenn sie nur sehr klein ist; die Wirkungen hängen davon nicht ab, wie sich zeigen wird, wenn wir die Mittel zu ihrer Berechnung geben. Wir messen also eine momentane Kraft durch die Quantität der Bewegung, welche sie hervorbringt, wenn sie auf einen freien in Ruhe befindlichen Punkt wirkt, und da die Zerlegung der Kräfte auf dieselbe Weise wie die der Geschwindigkeiten bewerkstelligt wird, so folgt daraus, dass die Componenten einer momentanen Kraft, welche nach denselben Regeln wie für stetige Kräfte gegebenen Richtungen parallel genommen sind, nichts Andres bedeuten, als momentane Kräfte, welche den Componenten der totalen Geschwindigkeit nach denselben Richtungen entsprechen. Da endlich die Componenten der Geschwindigkeit eines materiellen Punktes, parallel mit drei festen Achsen, durch die Wirkung von beliebigen Kräften in derselben Weise vermehrt werden, als wenn die Anfangsgeschwindigkeit Null wäre, so folgt noch, dass die Componenten der momentanen Kraft, welche auf einen bewegten materiellen Punkt wirkt, gemessen werden durch die Quantitäten der Bewegung, welche den Incrementen der Componenten der Geschwindigkeit dieses Punktes entsprechen.

42. Um die Wirkung von momentanen Kräften auf ein schon in Bewegung begriffenes System zu bestimmen, wollen wir die Gleichung 1) auf diese Kräfte anwenden, indem wir alle andern vernach-

lässigen, welche keinen angebbaren Einfluss während der ganzen Dauer ϑ dieser Wirkungen ausüben, von denen die einen vor den andern aufhören können. Die Werthe $x, y, z, x', y', z', \ldots$ dürfen während dieser Zeit als unveränderlich betrachtet werden, und es ist leicht zu sehen, dass es sich ebenso mit δx, δy, $\delta z, \ldots$ verhält. Diese Veränderungen nämlich genügen den Differentialgleichungen von $L = 0$, $M = 0, \ldots$, in welchen t als eine Constante betrachtet wird; nun ändert sich diese Constante während des betrachteten Zeitintervalles nur unendlich wenig, also können die Grössen δx, δy, $\delta z, \ldots$ sich nur um unendlich kleine Grössen in Bezug auf sich selbst ändern und müssen folglich als unveränderlich angesehen werden. Wenn man also die Gleichung 1) nach t integrirt, indem man zu Grenzen den Anfang und das Ende des Intervalles ϑ nimmt, und mit mX, mY, mZ die Componenten der an die Masse m angebrachten Kraft bezeichnet, so ergiebt sich

$$\Sigma m \left[\begin{aligned} &\left(\int X dt - \frac{dx}{dt} + \frac{dx_0}{dt}\right) \delta x + \left(\int Y dt - \frac{dy}{dt} + \frac{dy_0}{dt}\right) \delta y \\ &\qquad + \left(\int Z dt - \frac{dz}{dt} + \frac{dz_0}{dt}\right) \delta z \end{aligned} \right] = 0,$$

wo $\frac{dx_0}{dt}$, $\frac{dy_0}{dt}$, $\frac{dz_0}{dt}$ die Componenten der Geschwindigkeit des Punktes m in dem Augenblicke bedeuten, wo die momentanen Kräfte anfangen zu wirken. Da nun die an die Masse m angebrachte Kraft zu Componenten mX, mY, mZ hat, so sind die Integrale $m\int X dt$, $m\int Y dt$, $m\int Z dt$ die Componenten der Quantität der Bewegung, welche diese Kraft in der Zeit ϑ hervorbringen würde, und folglich die Componenten der Kraft selbst in dem Sinne, den wir mit der Benennung „momentane Kraft" verbinden. Wir bezeichnen dieselben mit X_1, Y_1, Z_1, und erhalten in leicht verständlicher Bezeichnung

$$3)\quad \Sigma \left[\begin{aligned} &\left(X_1 - m\,\Delta \frac{dx}{dt}\right) \delta x + \left(Y_1 - m\,\Delta \frac{dy}{dt}\right) \delta y \\ &\qquad + \left(Z_1 - m\,\Delta \frac{dz}{dt}\right) \delta z \end{aligned} \right] = 0.$$

Wäre die Masse m frei, so müssten die Componenten der momentanen Kraft, welche die Componenten ihrer Geschwindigkeit verändern würde, folgende sein

$$m\,\Delta\,\frac{dx}{dt},\quad m\,\Delta\,\frac{dy}{dt},\quad m\,\Delta\,\frac{dz}{dt}.$$

Also drückt die Gleichung 3) aus, dass Gleichgewicht herrscht zwischen den momentanen Kräften, welche gewirkt haben, und denjenigen in entgegengesetztem Sinne genommenen momentanen Kräften, welche dieselbe Veränderung in der Bewegung eines jeden Punktes hervorbringen würden, wenn er ganz frei wäre. Das d'Alembert'sche Princip erstreckt sich also gleichmässig auf die plötzlichen Aenderungen, wie auf diejenigen, welche stetig in der Bewegung eines beliebigen Systems hervorgebracht werden, wenn man die momentanen Kräfte so auffasst, dass sie durch die Quantität der Bewegung gemessen werden, welche sie einem freien Punkte mittheilen würden.

Noch ist bemerkenswerth, dass die Zunahmen der Seitengeschwindigkeiten nicht von den Geschwindigkeiten selber abhängen und gerade so berechnet werden, als wenn das System in dem Augenblicke, wo die momentanen Kräfte wirken, sich im Zustande der Ruhe befände.

43. Hat man aus der Gleichung 3) alle abhängigen Variationen eliminirt, und die Coefficienten der übrig bleibenden gleich Null gesetzt, so enthalten die Endgleichungen die Componenten der momentanen Kräfte und die Incremente der Componenten der Quantitäten der Bewegung in linearer Form, auch ist kein Glied unabhängig von diesen Grössen. Diese Gleichungen, verbunden mit den Bedingungsgleichungen, aus welchen man durch Differentiation Gleichungen ableitet, welche in allen ihren Gliedern die Incremente der Geschwindigkeitscomponenten enthalten, bestimmen alle unbekannten Grössen $\Delta\,\frac{dx}{dt}, \ldots$

Nach der Theorie der Gleichungen ersten Grades sind die Nenner ihrer Werthe unabhängig von X_1, Y_1, Z_1, X_1' . . ., und ihre Zähler enthalten sie linear und ohne unabhängige Glieder; ändern sich also die momentanen Kräfte alle in einem und demselben Verhältnisse, so variiren auch die Incremente der Componenten der Geschwindigkeiten in demselben Verhältnisse; allgemeiner, „bei beliebig viel Systemen von momentanen Kräften sind die Incremente der Geschwindigkeitscomponenten eines jeden Punktes die Summen derjenigen Incremente, welche jedem getrennt wirkenden Systeme entsprechen würden.“

Zu derselben Folgerung gelangt man auch durch die Bemerkung, welche wir über die Form der Gleichungen der Aufgabe gemacht haben.

Demnach bestehen die Wirkungen, welche jede Kraft für sich allein hervorbringen würde, gleichzeitig ohne einander zu beeinträchtigen, sie lagern sich über einander, und aus der Vereinigung aller nach einer und derselben Richtung gehenden Geschwindigkeiten entspringt die totale nach dieser Richtung bewirkte Geschwindigkeit.

Auf eine ähnliche Weise erkennt man, dass dieselbe Eigenschaft sich auf die unendlich kleinen Incremente der Componenten der Quantitäten der Bewegung oder der Geschwindigkeiten erstreckt, welche in jedem Augenblicke durch die stetigen Kräfte hervorgebracht werden, d. h. dass sie sich mit denen vereinigen, welche statthaben würden, wenn diese Kräfte nicht existirten, und endlich, dass diese Incremente dieselben sind, als wenn die Kräfte auf das System in der Ruhelage wirkten.

Zwölftes Capitel.

Anwendungen des d'Alembert'schen Princips.

Beispiele von einfachen Maschinen.

44. Wir betrachten zwei durch einen unausdehnbaren Faden mit einander verbundene Punkte auf zwei schiefen Ebenen, deren Durchschnitt horizontal liegt; ihr System soll immer in einer und derselben senkrecht auf der Schnittlinie stehenden Ebene enthalten sein.

Seien m, m' die Massen dieser Punkte, ϑ, ϑ' die Winkel, welche die Ebenen mit der Verticalen bilden, x, x' die Entfernungen AB, AC (Fig. 5) dieser Punkte vom Punkte A, welcher den beiden Ebenen gemein ist, und l die Länge des Fadens; die Kräfte, welche an freien Punkten die Bewegung hervorbringen würden,

(Fig. 5.)

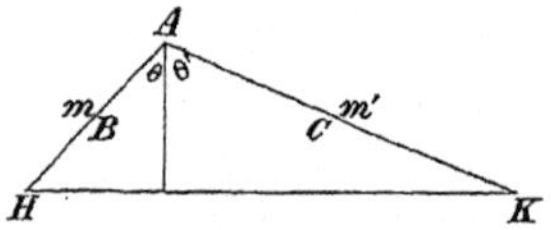

welche wirklich stattfindet, sind dann $m\frac{d^2x}{dt^2}$, $m'\frac{d^2x'}{dt^2}$ und wirken nach den Richtungen AH, AK; die in der That wirkenden Kräfte sind mg, $m'g$ im Sinne der Schwere. Es muss also Gleichgewicht stattfinden zwischen den ersten in entgegengesetztem Sinne, und den letzten im Sinne der Schwere genommenen Kräften. Um dies Gleichgewicht auszudrücken, wollen wir uns irgend eine unendlich kleine Verrückung denken, wobei wir jedoch beachten, dass man die Punkte als in derselben Ebene AHK bleibend betrachten kann, welche senkrecht auf dem Schnitte der beiden schiefen Ebenen steht; denn da die wirkliche Bewegung nothwendiger Weise in dieser Ebene vor sich geht, so kann man, ohne etwas an ihr zu ändern, annehmen, dass die Punkte in derselben zu bleiben gezwungen sind. Bedeuten δx, $\delta x'$ die Variationen von x, x', so giebt die Summe der virtuellen Momente, gleich Null gesetzt,

$$-m\frac{d^2x}{dt^2}\delta x - m'\frac{d^2x'}{dt^2}\delta x' + mg\cos\vartheta\,\delta x + m'g\cos\vartheta'\delta x' = 0;$$

ferner hat man die beiden Gleichungen

$$x + x' = l \text{ und folglich } \delta x + \delta x' = 0;$$

multiplicirt man die erste Gleichung mit λ, addirt sie zur ersten und setzt dann die Coefficienten von δx, $\delta x'$ gleich Null, so kommt

$$-m\frac{d^2x}{dt^2} + mg\cos\vartheta + \lambda = 0$$

woraus

$$-m'\frac{d^2x'}{dt^2} + m'g\cos\vartheta' + \lambda = 0,$$

$$-m\frac{d^2x}{dt^2} + m'\frac{d^2x'}{dt^2} + mg\cos\vartheta - m'g\cos\vartheta' = 0,$$

$$\lambda = m\left(-g\cos\vartheta + \frac{d^2x}{dt^2}\right).$$

Weil ferner $\frac{d^2x'}{dt^2} = -\frac{d^2x}{dt^2}$, so ist auch

$$(m + m')\frac{d^2x}{dt^2} = g\,(m\cos\vartheta - m'\cos\vartheta'),$$

woraus

$$\frac{d^2x}{dt^2} = g\,\frac{m\cos\vartheta - m'\cos\vartheta'}{m + m'}.$$

Durch Integration ergiebt sich, wenn v die Geschwindigkeit des Punktes m' bezeichnet,

$$\frac{dx}{dt} = v = gt\,\frac{m\cos\vartheta - m'\cos\vartheta'}{m + m'} + c$$

$$x = \frac{gt^2}{2}\left(\frac{m\cos\vartheta - m'\cos\vartheta'}{m + m'} + ct + c'\right);$$

c und c' sind willkürliche Constanten, welche sich durch die Anfangslage des Systems bestimmen. Bei dieser mögen x_0 und v_0 die Anfangswerthe von x und v sein; man hat dann

$$c = v_0,\ c' = x_0.$$

Kennt man v_0 und x_0, so ist die Aufgabe vollständig gelöst, weil x und mithin x' bestimmt sind; der Werth von λ misst die Spannung des Fadens, welche constant bleibt. Wären nur x_0 und die momentanen Kräfte gegeben, welche auf die beiden materiellen Punkte im Anfange der Bewegung wirken, so müsste man die Anfangsgeschwindigkeiten durch die Bedingung bestimmen, dass Gleichgewicht stattfindet zwischen den durch die Quantitäten der Bewegung gemessenen Kräften und den in entgegengesetztem Sinne mit ihren Richtungen genommenen momentanen Kräften. Seien ω, ω' die Geschwindigkeiten, welche die momentanen Kräfte den beiden Punkten mittheilen würden, wenn sie frei wären, so werden diese Kräfte durch $m'\omega$, $m'\omega'$ gemessen, und bei demselben Gange wie vorhin findet man

$$m\frac{dx}{dt} - m'\frac{dx'}{dt} - m\omega + m'\omega' = 0, \; \lambda = m\left(\frac{dx}{dt} - \omega\right);$$

wegen $\frac{dx'}{dt} = -\frac{dx}{dt}$ zieht man hieraus

$$(m + m')\frac{dx}{dt} = m\omega - m'\omega'$$

und

$$\frac{dx}{dt} = \frac{m\omega - m'\omega'}{m + m'} = v_0.$$

Der Werth von λ drückt die anfängliche Spannung des Fadens aus, welche durch den Stoss hervorgebracht wurde. Ersetzt man $\frac{dx}{dt}$ durch seinen so eben gefundenen Werth, so wird

$$\lambda = \frac{-mm'}{m + m'}(\omega + \omega').$$

Für $\vartheta = 0$, $\vartheta' = 0$ ist das betrachtete System nichts Andres als die Atwood'sche Maschine, bei welcher man auf die Masse der Rolle keine Rücksicht nimmt.

45. Wir wollen jetzt den Fall betrachten, wenn die beiden Körper mittelst eines Rades an der Welle auf einander wirken und sich jeder in einer vertikalen Ebene bewegt. Die durch das d'Alembert'sche Princip gegebenen Gleichungen sind dann, wenn r und r' die Halbmesser des Rades und der Welle bezeichnen,

$$-m\frac{d^2x}{dt^2}\delta x - m'\frac{d^2x'}{dt^2}\delta x' + mg\cos\vartheta\,\delta x + m'g\cos\vartheta'\,\delta x' = 0$$

und*)

$$r'\delta x + r\delta x' = 0,$$

*) Bezeichnet nämlich ω den Winkel, um welchen sich das an der Welle festsitzende Rad bei einer virtuellen Bewegung dreht, so ist gleichzeitig, wenn nur auf die absoluten Grössen von δx und $\delta x'$ Rücksicht genommen wird, $\delta x = r\omega$ und $\delta x' = r'\omega$, mithin $r'\delta x = r\delta x'$, woraus die obige Gleichung folgt, wenn man bemerkt, dass δx und $\delta x'$ stets entgegengesetzte Vorzeichen besitzen.

woraus man ableitet

$$-m\frac{d^2x}{dt^2}+mg\cos\vartheta+\lambda r'=0$$

$$-m'\frac{d^2x'}{dt^2}+m'g\cos\vartheta'+\lambda r=0.$$

Eliminirt man r und beobachtet, dass $\frac{d^2x'}{dt^2}=-\frac{r'}{r}\cdot\frac{d^2x}{dt^2}$, so kommt

$$\frac{d^2x}{dt^2}=g\,\frac{(mr\cos\vartheta-m'r'\cos\vartheta')\,r}{mr^2+m'r'^2}.$$

Die Discussion lässt sich wie beim vorigen Falle zu Ende führen.

46. Wir betrachten jetzt eine homogene auf den beiden schiefen Ebenen ohne Reibung geleitete Kette, welche in einer vertikalen Ebene bleibt. Sei l die Länge der Kette und ε die Masse der Längeneinheit, so haben wir zunächst

$$x+x'=l \text{ und } \delta x+\delta x'=0.$$

Die Gewichte der beiden Theile der Kette sind $g\varepsilon x$, $g\varepsilon x'$, und die Kräfte, welche die stattfindende Beschleunigung hervorbringen, würden für jeden dieser Theile sein

$$\varepsilon x\frac{d^2x}{dt^2},\quad \varepsilon x'\frac{d^2x'}{dt^2}.$$

Das d'Alembert'sche Princip giebt dann bei Weglassung des gemeinsamen Factors ε

$$-x\frac{d^2x}{dt^2}\delta x-x'\frac{d^2x'}{dt^2}\delta x'+gx\cos\vartheta\,\delta x+gx'\cos\vartheta'\,\delta x'=0,$$

mithin

$$-x\frac{d^2x}{dt^2}+gx\cos\vartheta+\lambda=0,$$

$$-x'\frac{d^2x'}{dt^2}+gx'\cos\vartheta'+\lambda=0;$$

nach Elimination von λ und x' folgt hieraus

$$\frac{d^2x}{dt^2}=\frac{g}{l}\left[x\cos\vartheta+(x-l)\cos\vartheta'\right]$$

$$=\frac{g}{l}(\cos\vartheta+\cos\vartheta')\left(x-\frac{l\cos\vartheta'}{\cos\vartheta+\cos\vartheta'}\right).$$

Benutzen wir zur Abkürzung die Bezeichnungen

$$\frac{g}{l}(\cos\vartheta + \cos\vartheta') = a^2,\ x - \frac{l\cos\vartheta'}{\cos\vartheta + \cos\vartheta'} = y,$$

so erhalten wir die Differentialgleichung

$$\frac{d^2y}{dt^2} = a^2y$$

und durch Integration derselben

$$y = \alpha e^{at} + \beta e^{-at},$$

$$x = \alpha e^{at} + \beta e^{-at} + \frac{l\cos\vartheta'}{\cos\vartheta + \cos\vartheta'}.$$

Die Constanten α, β bestimmen sich durch den Anfangszustand; für $t = 0$ wird nämlich

$$x_0 = \alpha + \beta + \frac{l\cos\vartheta'}{\cos\vartheta + \cos\vartheta'},\ v_0 = a(\alpha - \beta),$$

woraus man α und β finden kann, wenn v_0 und x_0 gegeben sind. Kennt man nur die momentanen Kräfte, welche die Anfangsgeschwindigkeit v_0 hervorbringen, und die Anfangslage der Kette, so würde man wie in einem der früheren Fälle verfahren.

Der Werth von $\frac{d^2x}{dt^2}$ wird Null, für

$$x = \frac{l\cos\vartheta'}{\cos\vartheta + \cos\vartheta'},\ \text{mithin}\ x' = \frac{l\cos\vartheta}{\cos\vartheta + \cos\vartheta'},$$

d. h. wenn die beiden Längen x, x' den Längen der beiden schiefen Ebenen proportional sind; wäre die Kette zu Anfang in diese Lage gebracht, so würde sie in derselben beständig verharren.

Bewegung eines biegsamen Fadens.

47. Sei ε die Masse der Längeneinheit eines Fadens, dessen Punkte sämmtlich von Kräften getrieben werden, deren Componenten, auf die Längeneinheit bezogen, X, Y, Z sind, und dessen Endpunkte von den Kräften X_1, Y_1, Z_1, X_2, Y_2, Z_2 angegriffen werden. Ein Element ds steht dann unter dem Einfluss der Kräfte Xds, Yds, Zds und folglich ist nach dem d'Alembert'schen Principe

$$\left.\begin{aligned}\int\Big[\Big(X - \varepsilon\frac{d^2x}{dt^2}\Big)\delta x + \Big(Y - \varepsilon\frac{d^2y}{dt^2}\Big)\delta y + \Big(Z - \varepsilon\frac{d^2z}{dt^2}\Big)\delta z\Big]\,ds\\ + X_1\,\delta x_1 + Y_1\,\delta y_1 + Z_1\,\delta z_1 + X_2\,\delta x_2 + Y_2\,\delta y_2 + Z_2\,\delta z_2\end{aligned}\right\} = 0,$$

wobei die Integrationsgrenzen sich auf die Endpunkte beziehen müssen. Ferner hat man $\delta ds = 0$ oder

$$\frac{dx}{ds}\, d\delta x + \frac{dy}{ds}\, d\delta y + \frac{dz}{ds}\, d\delta z = 0.$$

Diese Gleichung gilt für alle Punkte des Fadens; multiplicirt man sie mit einem unbestimmten Factor λ, welcher von einem Punkte zum andern variirt, und bildet darauf die Summe dieser Gleichungen und der ersten, so erhält man

$$\left.\begin{array}{l} \int\left[\left(X - \varepsilon\frac{d^2x}{dt^2}\right)\delta x + \left(Y - \varepsilon\frac{d^2y}{dt^2}\right)\delta y + \left(Z - \varepsilon\frac{d^2z}{dt^2}\right)dz\right]ds \\ \quad + \int\lambda\left(\frac{dx}{ds}\, d\delta x + \frac{dy}{ds}\, d\delta y + \frac{dz}{ds}\, d\delta z\right) \\ \quad + X_1\delta x_1 + Y_1\delta y_1 + Z_1\delta z_1 + X_2\delta x_2 + Y_2\delta y_2 + Z_2\delta z_2 \end{array}\right\} = 0.$$

Durch theilweise Integration der Glieder des zweiten Integrals, welches dieselben Grenzen wie das erste hat, zieht man hieraus

$$\lambda\left(\frac{dx}{ds}\,\delta x + \frac{dy}{ds}\,\delta y + \frac{dz}{ds}\,\delta z\right)$$

$$-\int\left[\delta x\, d\left(\lambda\frac{dx}{ds}\right) + \delta y\, d\left(\lambda\frac{dy}{ds}\right) + \delta z\, d\left(\lambda\frac{dz}{ds}\right)\right].$$

Vereinigt man die Glieder unter dem Integralzeichen, so hat man die Coefficienten von δx, δy, δz der Null gleich zu setzen; diejenigen Ausdrücke, welche ausserhalb der Integration stehen und sich auf die Grenzen beziehen, müssen einander von selbst aufheben. Demnach ergeben sich für irgend einen Punkt des Fadens zuerst folgende drei Gleichungen:

$$1)\quad \left\{\begin{array}{l} \left(X - \varepsilon\frac{d^2x}{dt^2}\right)ds - d\left(\lambda\frac{dx}{ds}\right) = 0, \\ \left(Y - \varepsilon\frac{d^2y}{dt^2}\right)ds - d\left(\lambda\frac{dy}{ds}\right) = 0, \\ \left(Z - \varepsilon\frac{d^2z}{dt^2}\right)ds - d\left(\lambda\frac{dz}{ds}\right) = 0; \end{array}\right\}\cdots$$

und wenn die beiden Endpunkte unabhängig von einander sind, so hat man noch die beiden Gleichungen

$$2)\begin{cases} X_1\,\delta x_1 + Y_1\,\delta y_1 + Z_1\,\delta z_1 \\ \qquad -\lambda_1\left(\frac{dx_1}{ds_1}\,\delta x_1 + \frac{dy_1}{ds_1}\,\delta y_1 + \frac{dz_1}{ds_1}\,\delta z_1\right) = 0, \\ X_2\,\delta x_2 + Y_2\,\delta y_2 + Z_2\,\delta z_2 \\ \qquad +\lambda_2\left(\frac{dx_2}{ds_2}\,\delta x_2 + \frac{dy_2}{ds_2}\,\delta y_2 + \frac{dz_2}{ds_2}\,\delta z_2\right) = 0. \end{cases}$$

Die Gleichungen 1) sind dieselben, als wenn irgend ein Element ds, statt mit den andern verbunden zu sein, durch eine Kraft afficirt wäre, deren Componenten sind

$$-d\left(\lambda\frac{dx}{ds}\right),\ -d\left(\lambda\frac{dy}{ds}\right),\ -d\left(\lambda\frac{dz}{ds}\right),$$

oder auch durch Tangentialkräfte an seinen beiden Enden, deren Componenten sind

$$+\lambda\frac{dx}{ds},\ +\lambda\frac{dy}{ds},\ +\lambda\frac{dz}{ds},$$

an dem ersten Endpunkte und

$$-\left[\lambda\frac{dx}{ds}+d\left(\lambda\frac{dx}{ds}\right)\right],\ -\left[\lambda\frac{dy}{ds}+d\left(\lambda\frac{dy}{ds}\right)\right],\ -\left[\lambda\frac{dz}{ds}+d\left(\lambda\frac{dz}{ds}\right)\right]$$

an dem zweiten. Die Wirkung der Verbindung der Elemente des Fadens ist also, in jedem Punkte eine durch $-\lambda$ ausgedrückte Spannung hervorzubringen.

Nach Elimination λ aus den drei Gleichungen 1) hat man zwei Gleichungen zwischen x, y, z, t, welche in jedem Augenblicke die Lage aller Punkte des Fadens bestimmen.

Was die Gleichungen 2) betrifft, so wird man die Anzahl der in ihr befindlichen Variationen erst möglichst verringern und dann ihre Coefficienten gleich Null setzen. Man erhält so die Gleichungen, welche in jedem Augenblicke die Lage der Endpunkte und die durch die Integration eingeführten willkürlichen Grössen bestimmen, indem man mit ihnen die Bedingungen verbindet, welche sich auf den Anfangszustand und die Länge des Fadens beziehen.

Sind die an den Endpunkten angebrachten Kräfte der Null gleich und die Endpunkte beweglich, so kann man den Gleichungen 2) nur durch $\lambda_1 = 0$ und $\lambda_2 = 0$ genügen, was anzeigt, dass die Spannungen an den Endpunkten beständig Null sein müssen.

Auszunehmen ist der sehr specielle Fall, wo der Faden beständig senkrecht auf der Curve oder der Oberfläche sein würde, auf welcher einer der Endpunkte zu bleiben gezwungen wäre; für diesen Endpunkt würde nämlich die Gleichung

$$dx_1\,\delta x_1 + dy_1\,\delta y_1 + dz_1\,\delta z_1 = 0$$

gelten, und es wäre die Bedingung $\lambda_1 = 0$ nicht mehr nöthig. Ebenso würde es sich mit dem andern Endpunkte verhalten.

Bei festen Endpunkten sind die Gleichungen 2) von selbst erfüllt; dann kennt man X_1, Y_1, Z_1, X_2, Y_2, Z_2, und man wird die Bedingung ausdrücken müssen, dass die Gleichungen der Curve durch jene Coordinaten erfüllt werden, was auch t sein möge; dieser Umstand dient zur Bestimmung der willkürlichen Grössen.

48. Man könnte die vorigen Gleichungen direct erhalten. Bezeichnet nämlich T die Spannung in irgend einem Punkte, so wird das Element ds durch Kräfte getrieben, deren Gesammtcomponenten nach den drei Achsen sind

$$Xds + d\left(T\frac{dx}{ds}\right),\quad Yds + d\left(T\frac{dy}{ds}\right),\quad Zds + d\left(T\frac{dz}{ds}\right);$$

das d'Alembert'sche Princip, auf dieses Element angewendet, giebt

$$\left(X - \varepsilon\frac{d^2x}{dt^2}\right)ds + d\left(T\frac{dx}{ds}\right) = 0,$$

$$\left(Y - \varepsilon\frac{d^2y}{dt^2}\right)ds + d\left(T\frac{dy}{ds}\right) = 0,$$

$$\left(Z - \varepsilon\frac{d^2z}{dt^2}\right)ds + d\left(T\frac{dz}{ds}\right) = 0,$$

welche Gleichungen sich von den Gleichungen 1) nur durch die Aenderung von $-\lambda$ in T unterscheiden.

In jedem Endpunkte des Fadens muss Gleichgewicht stattfinden zwischen allen ihn treibenden Kräften, wenn man die Spannung mit darunter begreift; denn ein geometrischer Punkt würde, von irgend einer Kraft afficirt, in einer endlichen Zeit eine unendliche Geschwindigkeit erlangen. Daraus folgen Gleichungen, welche mit den Gleichungen 2) identisch sind.

49. Wir betrachten insbesondere einen Faden, von dem der eine Endpunkt A (Fig. 8) fest ist, und der durch irgend einen andern festen Punkt B geht, auf welchem er gleiten kann und der um l von A entfernt ist. Seine Verlängerung ist vertical und trägt

(Fig. 8.

ein Gewicht T, welches die Spannung des Fadens in irgend einem Punkte in der Gleichgewichtslage misst; letztere sei die Gerade AB, wenn man die Kräfte X, Y, Z gleich Null annimmt.

Entfernt man den Faden unendlich wenig von der Geraden AB, indem man voraussetzt, dass die Tangenten an den verschiedenen Punkten der Curve, in welche der Faden übergehen wird, unendlich kleine Winkel mit der Geraden AB bilden, so dehnt er sich um eine unendlich kleine Grösse der zweiten Ordnung, die man vernachlässigen darf; überlässt man hierauf jeden Punkt sich selbst, nachdem man ihm eine gewisse Anfangsgeschwindigkeit ertheilt hat, so kann man die eintretende Bewegung auf folgende Weise bestimmen.

Zuerst folgt aus der hinsichtlich der Anfangslage gemachten Voraussetzung, dass, bei Vernachlässigung der unendlich kleinen Grössen zweiter Ordnung, jeder Punkt sich in einer auf AB senkrechten Ebene bewegen wird, und folglich der Punkt des Fadens, welcher ursprünglich in B war, als unbeweglich angesehen werden darf; demnach ist x für irgend einen dem Werthe des Bogens s entsprechenden Punkt constant, und man erhält

$$\frac{d^2x}{dt^2} = 0 \text{ und folglich } d\left(\lambda \frac{dx}{ds}\right) = 0;$$

zugleich ist $\frac{dx}{ds} = 1$, wenn man die unendlich kleinen Grössen zweiter Ordnung vernachlässigt, also $d\lambda = 0$, oder $\lambda = c$, was anzeigt, dass die Spannung des Fadens nicht variirt, sondern beständig dem Gewichte T gleich ist. Die beiden letzten Gleichungen 1) werden, wenn man s für x setzt, was nach dem Vorhergehenden gestattet ist,

$$\frac{d^2y}{dt^2} = \frac{T}{\varepsilon}\frac{d^2y}{dx^2}, \quad \frac{d^2z}{dt^2} = \frac{T}{\varepsilon}\frac{d^2z}{dx^2}.$$

Nimmt man der Einfachheit wegen an, dass die anfängliche Figur des Fadens in einer und derselben Ebene liege, in welche man die Achse der y legt, so hat man nur noch die einzige Gleichung

$$\frac{d^2y}{dt^2} = \frac{T}{\varepsilon}\frac{d^2y}{dx^2}$$

zu betrachten, deren Integral ist

$$3)\quad y = F\left(x + t\sqrt{\frac{T}{\varepsilon}}\right) + f\left(x - t\sqrt{\frac{T}{\varepsilon}}\right),$$

wo F und f willkürliche Functionen bezeichnen, welche sich aus den anfänglichen Lagen und Geschwindigkeiten aller Punkte des Fadens bestimmen lassen. Wenn nämlich die Anfangsfigur des Fadens zwischen A und B durch die Gleichung $y = \varphi(x)$ ausgedrückt ist, und $\psi(x)$ die Anfangsgeschwindigkeit des zur Abscisse x gehörenden Punktes bezeichnet, so muss die Gleichung 3) für $t = 0$ geben.

$$y = \varphi(x), \frac{dy}{dt} = \psi(x),$$

was zu folgenden Gleichungen führt:

$$F(x) + f(x) = \varphi(x), \sqrt{\frac{T}{\varepsilon}}\left[F'(x) - f'(x)\right] = \psi(x),$$

mittelst deren man $F(x)$ und $f(x)$ leicht durch $\varphi(x)$ und $\psi(x)$ ausdrücken kann.

Da letztere Functionen nur von $x = 0$ bis $x = l$ gegeben sind, so lassen sich auch $F(x)$ und $f(x)$ nur innerhalb dieses Intervalles bestimmen, so dass man nicht für alle Werthe von t den entsprechenden Werth von y angeben kann. Wie dieser Mangel zu ergänzen ist, werden wir später zeigen, wo wir ausführlicher auf derartige Aufgaben zurückkommen.

Dreizehntes Capitel.

Relative Bewegung eines Systemes.

Specieller Fall der relativen Bewegung.

50. Wenn alle die Punkte, aus denen das System besteht, vollkommen frei und von einander unabhängig wären, so hätte man nur die Theorie der relativen Bewegung eines freien Punktes auf jeden einzelnen Systempunkt anzuwenden. Durch Einführung der zwei in Capitel III erwähnten fingirten Kräfte würde man die relative Bewegung auf eine absolute reduciren.

Anders gestaltet sich die Sache wenn wir voraussetzen, dass gewisse Systempunkte nicht völlig frei sind, sondern auf gegebenen Flächen oder Curven bleiben müssen, welche letztere fest oder beweglich, von constanter oder von veränderlicher Form sein können. Wären die Normalkräfte bekannt, die von diesen Flächen oder Curven herrühren, so würde man sie mit den gegebenen Kräften verbinden und nachher jene Punkte als völlig frei betrachten können, also auf den ersten Fall zurückkommen. Man kennt nun zwar die erwähnten Normalkräfte nicht, doch ist diess kein Hinderniss, sie wenigstens als unbekannte Kräfte in Rechnung zu bringen. Allerdings vermehrt man dadurch die Anzahl der in der Aufgabe überhaupt vorkommenden Unbekannten, dafür erhält man auch ebensoviel neue Gleichungen als neue Unbekannte. Soll z. B. ein Punkt auf einer gegebenen Fläche bleiben, so hat man ebensowohl die unbekannte Normalkraft derselben, als auch ihre Gleichung in die Rechnung einzuführen, weil die Coordinaten des Punktes immer die Gleichung der Fläche befriedigen müssen; ist der Punkt gezwungen, sich auf einer vorgeschriebenen Curve zu bewegen, so betrachtet man letztere als Durchschnitt zweier Flächen und hat dann zwei unbekannte Normalkräfte und zwei neue Gleichungen zwischen den Coordinaten des Punktes einzuführen. Wie man sieht, bleibt die Aufgabe immer völlig bestimmt. Die Gleichungen der betreffenden Curven oder Flächen können als Functionen der Zeit und der absoluten oder relativen Coordinaten gegeben sein; mittelst der bekannten Formeln zur Coordinatentransformation bezieht man sie, je nach Bedürfniss, auf das eine oder andere Coordinatensystem.

Wenn zwei Punkte des Systemes in constanter Entfernung von einander bleiben sollen, so treten zwei neue gleich grosse und entgegengesetzte Kräfte auf, welche längs der Verbindungslinie der beiden Punkte an den letzteren wirken. Nach Einführung dieser Kräfte kann man die Punkte als frei betrachten; hierbei wächst die Anzahl der Unbekannten um eine, nämlich die gemeinschaftliche Grösse der beiden Kräfte, gleichzeitig hat man auch eine neue Gleichung, welche ausdrückt, dass die Entfernung der beiden Punkte einen constanten Werth behalten soll. Derartige Bedingungen lassen sich beliebig vervielfältigen. So könnte man z. B. einen und denselben Punkt mit mehreren anderen verbinden und ihm zugleich eine oder zwei Flächen als Spielraum anweisen; jede dieser Bedingungen bringt eine neue Unbekannte nebst einer neuen Gleichung in die Rechnung und es bleibt daher die Aufgabe immer bestimmt. Diese Bemerkungen führen zu dem Ergebnisse:

> Wenn verschiedene Punkte eines bewegten Systemes gezwungen sind, in constanten Entfernungen von einander, oder auf Flächen oder auf Curven zu bleiben, deren Lagen und Formen veränderlich sein können, so ist die relative Bewegung dieses Systemes gegen drei bewegliche Achsen identisch, mit einer absoluten Bewegung, die auf folgende Weise gegen drei feste Achsen bestimmt wird: Man lässt das System von einer Anfangslage ausgehen, die mit der relativen Anfangslage zusammenfällt; man bringt ferner an jedem Punkte Kräfte an, welche ebenso durch die Zeit und die neuen absoluten Coordinaten ausgedrückt werden, wie die gegebenen Kräfte durch die Zeit und die relativen Coordinaten ausgedrückt waren; zu diesen Kräften fügt man jene fingirten Kräfte, die bei der relativen Bewegung eines freien Punktes bestimmt wurden, endlich stellt man noch die Gleichungen auf, wodurch ausgedrückt wird, dass die betreffenden Punkte in constanten Entfernungen und auf gegebenen Flächen oder Curven bleiben sollen, indem man zu deren Gleichungen, in Beziehung auf feste Achsen,

die gegebenen in relativen Coordinaten ausgedrückten Gleichungen nimmt.

Allgemeine Betrachtung der relativen Bewegung.

51. Die vorhin angenommenen Bedingungen sind nur specieller Art, kommen aber bei relativen Bewegungen so häufig vor, dass sie eine besondere Untersuchung verdienten. Allgemein wird die Sache auf folgende Weise.

Die Verbindungen oder Bedingungen, welche für das System gelten sollen, denken wir uns durch Gleichungen zwischen der Zeit und den absoluten Coordinaten x, y, z, x', y', z', x'', y'', z'',... der in Frage kommenden Systempunkte M, M', M'',... ausgedrückt. Nun bleibt, wie früher gezeigt wurde, die absolute Bewegung dieselbe, wenn man sich jene Verbindungen aufgehoben denkt und dafür an den Punkten neue Kräfte einführt, welche aus jenen Verbindungsgleichungen abgeleitet werden können. An dem Punkte M sind diese Kräfte normal gegen die verschiedenen Flächen, welche entstehen, wenn man in diesem Augenblicke x, y, z als die einzigen überhaupt in den Gleichungen vorhandenen Variablen ansieht; die Componenten dieser Kräfte, parallel den x, y, z genommen, sind Produkte aus den partiellen in Beziehung auf x, y, z genommenen Differentialquotienten jener Flächengleichungen und einem gewissen Factor, der zwar unbekannt, aber für die Derivirten einer und derselben Gleichung derselbe ist. Die Anzahl dieser Unbekannten stimmt daher überein mit der Anzahl der Flächengleichungen und man kann deswegen ebensowohl die Coordinaten aller Punkte ermitteln als auch die Grössen und Richtungen der neu eingeführten Kräfte, welche die Verbindungen ersetzen und alle Punkte als freie zu betrachten gestatten. Hiernach kommt die relative Bewegung auf eine absolute Bewegung zurück, bei welcher die neuen Kräfte zu den gegebenen Kräften und zu jenen fingirten Kräften hinzugefügt sind, die überhaupt zur Reduction der relativen Bewegung eines freien Punktes auf eine absolute Bewegung desselben erfordert werden. Die Anzahl der Unbekannten ist dabei immer gleich der Anzahl der vorhandenen Gleichungen.

Es wird nun an den Bedingungen des Systemes nichts geändert, wenn man alle in Rechnung stehenden Gleichungen mittelst der gewöhnlichen Formeln zur Coordinatentransformation so umwandelt, dass die relativen Coordinaten an die Stelle der absoluten Coordinaten treten. Mann kann daher in jedem Augenblicke als neue Coordinatenachsen drei Gerade nehmen, welche mit den beweglichen Achsen momentan zusammenfallen. Die Verbindungsgleichungen sind jetzt in den relativen Coordinaten ausgedrückt, und die Componenten der aus den Verbindungen entspringenden Kräfte erscheinen als die nach den relativen Coordinaten genommenen partiellen Differentialquotienten der Verbindungsgleichungen, multiplicirt mit Factoren, welche für die Derivirten einer und derselben Gleichung denselben Werth haben. Diess Alles zusammen führt zu dem Resultate:

Die relative Bewegung eines Systemes von Punkten, die durch irgendwelche Gleichungen zwischen ihren relativen Coordinaten und der Zeit verbunden sind, kommt unter folgenden Umständen auf eine absolute Bewegung desselben Systemes zurück: 1. die Anfangslage des Systemes muss mit seiner relativen Anfangslage zusammenfallen; 2. die äusseren Kräfte werden ebenso durch die absoluten Coordinaten ausgedrückt, wie die gegebenen Kräfte durch die relativen Coordinaten ausgedrückt waren; 3. hierzu kommen die fingirten Kräfte für die Reduction der relativen Bewegung eines freien Punktes auf seine absolute Bewegung; 4. endlich sind die neuen Verbindungsgleichungen auf dieselbe Weise aus den absoluten Coordinaten zu bilden, wie die ursprünglichen Verbindungsgleichungen aus den relativen Coordinaten gebildet waren.

Vierzehntes Capitel.

Allgemeine Gesetze für die Bewegung freier Systeme.

Die Bewegung des Schwerpunktes.

52. Welche Verbindungen auch in einem bewegten Systeme vorhanden sein mögen, so findet doch vermöge dieser Verbindungen beständig Gleichgewicht statt zwischen den Kräften, deren Componenten sind

$$X - m\frac{d^2x}{dt^2},\quad Y - m\frac{d^2y}{dt^2},\quad Z - m\frac{d^2z}{dt^2}.$$

Dieses Gleichgewicht würde durch Einführung neuer Verbindungen, welche das System der Punkte zu einem starren Systeme machten, nicht gestört werden; die Gleichungen, welche dann das Gleichgewicht ausdrücken müssten, finden daher wirklich statt, wenn man die Verbindungen so lässt, wie sie gegeben sind.

Wir wollen diese Betrachtung auf den Fall eines vollkommen freien Systemes im Raume anwenden. Der Gleichungen, welche das Gleichgewicht eines starren freien Systems bestimmen, sind sechs an der Zahl; die drei ersten drücken aus, dass die Summen der parallel zu den drei Achsen genommenen Componenten einzeln verschwinden; die drei letzten geben an, dass die Summen der Momente der Kräfte, in Bezug auf dieselben Achsen genommen, gleichfalls einzeln verschwinden. Wir wollen nacheinander die Folgerungen aus beiden Arten von Bedingungen untersuchen.

53. Die drei ersten Gleichungen sind

$$\Sigma\left(X - m\frac{d^2x}{dt^2}\right) = 0,\quad \Sigma\left(Y - m\frac{d^2y}{dt^2}\right) = 0,\quad \Sigma\left(Z - m\frac{d^2z}{dt^2}\right) = 0;$$

woraus man ableitet

$$1)\qquad \Sigma\left(m\frac{d^2x}{dt^2}\right) = \Sigma X,\quad \Sigma\left(m\frac{d^2y}{dt^2}\right) = \Sigma Y,\quad \Sigma\left(m\frac{d^2z}{dt^2}\right) = \Sigma Z.$$

Die linken Seiten dieser Gleichungen können dadurch transformirt werden, dass man die Coordinaten x_1, y_1, z_1 des Schwerpunkts des Systems einführt, worunter man denjenigen Punkt versteht, welcher in irgend einem Zeitpunkte der Bewegung der Schwerpunkt des Systems werden würde, wenn man augenblicklich alle Punkte unter einander verbindet. In der That genügen die Coordinaten dieses Punktes den Gleichungen

$$2)\qquad \Sigma(mx) = Mx_1,\quad \Sigma(my) = My_1,\quad \Sigma(mz) = Mz_1,$$

wo M die Gesammtmasse des Systems bezeichnet. Da diese Gleichungen in jedem Augenblicke stattfinden, so darf man sie in Beziehung auf die Zeit differentiiren, und hat

$$3)\qquad \Sigma\left(m\frac{dx}{dt}\right) = M\frac{dx_1}{dt},\quad \Sigma\left(m\frac{dy}{dt}\right) = M\frac{dy_1}{dt},\quad \Sigma\left(m\frac{dz}{dt}\right) = M\frac{dz_1}{dt},$$

$$4)\qquad \Sigma\left(m\frac{d^2x}{dt^2}\right) = M\frac{d^2x_1}{dt^2},\quad \Sigma\left(m\frac{d^2y}{dt^2}\right) = M\frac{d^2y}{dt^2},\quad \Sigma\left(m\frac{d^2z}{dt^2}\right) = M\frac{d^2z_1}{dt},$$

woraus vermöge der Gleichungen 1) folgt

$$5)\qquad M\frac{d^2x_1}{dt^2} = \Sigma X,\quad M\frac{d^2y_1}{dt^2} = \Sigma Y,\quad M\frac{d^2z_1}{dt^2} = \Sigma Z;$$

in diesen Gleichungen liegt der Satz, dass die Componenten der Beschleunigung der Bewegung des Schwerpunktes dieselben sind wie für einen Punkt, dessen Masse M wäre, und welcher von allen gegebenen Kräften, parallel an diesen Punkt versetzt, getrieben würde. Lässt man also einen Punkt mit der Masse M von der Anfangslage des Schwerpunkts aus sich mit derselben Geschwindigkeit und in derselben Richtung bewegen, so werden seine Coordinaten durch dieselben Gleichungen bestimmt, wie jene des Schwerpunkts, und beide Punkte würden in jedem Augenblicke zusammenfallen.

Was die Bewegung im Anfangszustande betrifft, so wollen wir annehmen, dass sie durch momentane Kräfte hervorgebracht sei, deren Componenten A, B, C für den Punkt m, A', B', C' für den Punkt m' u. s. w. sein mögen, wobei jedoch diese Kräfte für eine beliebige Anzahl von Punkten Null sein können. Ersetzt man in dem Vorhergehenden die stetigen Kräfte durch momentane, so treten statt der Gleichungen 1) die folgenden ein

$$6)\qquad \Sigma\left(m\frac{dx}{dt}\right) = \Sigma A,\quad \Sigma\left(m\frac{dy}{dt}\right) = \Sigma B,\quad \Sigma\left(m\frac{dz}{dt}\right) = \Sigma C;$$

daraus folgt nach den Gleichungen 3), welche vom Beginne der Bewegung an stattfinden und die wir in diesem Augenblicke grade betrachten wollen,

$$7)\qquad M\frac{dx_1}{dt} = \Sigma A,\ M\frac{dy_1}{dt} = \Sigma B,\ M\frac{dz_1}{dt} = \Sigma C;$$

diese Gleichungen entsprechen den Gleichungen 5).

Man sieht also, dass die Componenten der Anfangsgeschwindigkeit des Schwerpunkts dieselben sind wie für einen Punkt mit der Masse M, der von allen momentanen Kräften getrieben würde, welche die Anfangsgeschwindigkeiten des von der Ruhelage ausgehenden Systems bestimmen, wenn diese Kräfte parallel mit sich selbst in diesen Punkt verlegt wären. Durch Vereinigung beider Sätze erhält man folgendes Princip:

Die Bewegung des Schwerpunkts eines beliebigen freien Systems ist dieselbe, als wenn in ihm die Massen aller einzelnen Punkte vereinigt und an ihn die momentanen oder stetigen Kräfte, welche den Anfangszustand sowohl als die folgenden Zustände des Systems hervorbringen, parallel mit sich selbst verlegt wären.

Nicht überflüssig ist hier eine Bemerkung, welche sich bei der Behandlung momentaner Kräfte oft darbieten kann. Wenn nämlich die aus den Gleichungen 5) gezogene Folgerung auf derartige Kräfte während der sehr kurzen Zeitdauer angewendet wird, welche sie zur Hervorbringung der Anfangsgeschwindigkeiten gebrauchen, so ergiebt sich, dass die Componenten dieser Geschwindigkeiten genau dieselben sind, als wenn alle Massen im Schwerpunkte des Systems vereinigt und alle Kräfte an diesen Punkt verlegt wären ohne die Art ihrer Wirkung zu ändern. Dieser Beweis kommt darauf zurück, eine Integration auszuführen, welche sich auf jede Componente der Anfangsgeschwindigkeit des Schwerpunkts erstreckt; und so folgt in der That die Gleichung 7) aus der allgemeinen Gleichung 5), wenn man diese auf sehr grosse Kräfte anwendet, welche eine sehr kurze Zeit wirken. Die Gleichung selbst, welche uns bei allen den Fragen dienen wird, wo momentane Kräfte auftreten, d. h. die Anwendung des *d'Alembert'*schen Princips auf Stösse, ist durch eine analoge Integration erhalten worden, welche an der auf stetige Kräfte bezogenen Gleichung ausgeführt wurde. Weiss man diess einmal, so ist es besser, nicht jedesmal auf diese Betrachtung zurückzugehen, sondern die momentanen Kräfte geradezu so einzuführen, wie wir gezeigt haben; deswegen stellten wir die Gleichungen 6) und 7) auf, die wir der vorigen Betrachtung zufolge entbehren konnten; letztere hätten wir auch zuerst entwickeln können, als wir von dem Anfangszustand ausgingen, bevor wir die folgenden Zustände des Systems betrachteten.

Wenn das System feste Punkte, Linien oder Oberflächen enthielte, so könnte man es als frei betrachten, indem man die Kräfte einführte, welche aus diesen Bedingungen hervorgehen; das obige Theorem würde jetzt noch gelten, doch müsste man auch auf die Kräfte Rücksicht nehmen, welche nicht gegeben sind, und erst bekannt werden, wenn die Bewegung bestimmt ist.

54. Es geht hieraus hervor, dass, wenn keine äussere Kraft auf das System wirkt, d. h. wenn alle die Kräfte X, Y, Z Null sind, die Bewegung des Schwerpunkts gradlinig und gleichförmig wird. Ihre Richtung ist die der Anfangsgeschwindigkeit und folglich übereinstimmend mit der Resultante der momentanen Kräfte, welche das System in Bewegung gesetzt haben, oder auch der momentanen Kräfte, welche ihm in jedem Augenblicke die Bewegung mittheilen würden, welche es befolgt.

Aber selbst wenn die Punkte des Systems gegenseitige gleiche und entgegengesetzte Wirkungen auf einander ausübten, sie mögen nun stetig oder augenblicklich sein, so würde die Bewegung des Schwerpunkts dadurch nicht beeinträchtigt werden, weil diese Kräfte, an den Schwerpunkt versetzt, sich zu zweien aufheben würden. Demnach können weder Stösse noch plötzliche zwischen mehreren Punkten des Systems hergestellte Verbindungen, noch innere Explosionen, welche nothwendig gleiche und entgegengesetzte Wirkungen erzeugen, die Bewegung des Schwerpunkts ändern. Hierin besteht das Princip der Erhaltung der Bewegung des Schwerpunkts.

Wesentlich ist noch die Bemerkung, dass alle genannten Sätze unabhängig von der Natur der Kräfte und den Gesetzen ihrer Wirkung sind.

Das Princip der Erhaltung der Momente.

55. Wir betrachten jetzt die drei letzten Gleichungen des Gleichgewichts, welche ausdrücken, dass die Momentesummen der

Kräfte $X - m\frac{d^2x}{dt^2}$, $Y - m\frac{d^2y}{dt^2}$, $Z - m\frac{d^2z}{dt^2}$, etc., in Bezug auf drei Achsen, Null sind. Die erwähnten Gleichungen lauten

$$\Sigma\left[y\left(Z - m\frac{d^2z}{dt^2}\right) - z\left(Y - m\frac{d^2y}{dt^2}\right)\right] = 0,$$

$$\Sigma\left[z\left(X - m\frac{d^2x}{dt^2}\right) - x\left(Z - m\frac{d^2z}{dt^2}\right)\right] = 0,$$

$$\Sigma\left[x\left(Y - m\frac{d^2y}{dt^2}\right) - y\left(X - m\frac{d^2x}{dt^2}\right)\right] = 0,$$

oder auch bei besserer Anordnung

$$1)\quad \begin{cases} \Sigma m\left(y\frac{d^2z}{dt^2} - z\frac{d^2y}{dt^2}\right) = \Sigma\,(yZ - zY), \\ \Sigma m\left(z\frac{d^2x}{dt^2} - x\frac{d^2z}{dt^2}\right) = \Sigma\,(zX - xZ), \\ \Sigma m\left(x\frac{d^2y}{dt^2} - y\frac{d^2x}{dt^2}\right) = \Sigma\,(xY - yX). \end{cases}$$

Diese Gleichungen finden in jedem Augenblicke der Bewegung statt; sie drücken aus, dass die Summen der Momente der gegebenen Kräfte, bezogen auf drei rechtwinklige Coordinatenachsen, den Momentensummen der Kräfte gleich sind, welche den freien Punkten die wirklich stattfindende Bewegung ertheilen würden.

Wir wollen uns besonders mit dem Falle beschäftigen, wo die rechten Seiten der Gleichungen 1) Null sind. Dieser Fall tritt zunächst ein, wenn die Kräfte X, Y, Z verschwinden, d. h. wenn das System, nachdem es in Bewegung gesetzt ist, sich selbst überlassen bleibt, ohne dass eine äussere Wirkung hinzukommt. Jener Fall findet weiter statt, wenn die Punkte Wirkungen unterworfen sind, welche an dem System im Gleichgewicht sein würden, falls es starr wäre; denn jene rechten Seiten sind die Momentesummen der Kräfte in Bezug auf die Achsen, und diese Summen sind Null, wenn die Kräfte sich aufheben. Diess gilt zugleich für alle wechselseitigen gleichen und entgegengesetzten Wirkungen, folglich auch für beliebige Stösse zwischen den verschiedenen Theilen des Systems. Endlich werden jene Summen zu Null, wenn alle an die verschiedenen Punkte des Systems angebrachten Kräfte durch einen und denselben Punkt gehen, der zum Anfang der Coordinaten gewählt ist.

Da nämlich die Componenten X, Y, Z irgend einer der Kräfte den Coordinaten des Angriffspunktes proportional sind, so wird

$$yZ - zY = 0, \quad zX - xZ = 0, \quad xY - yX = 0.$$

Der Fall, mit welchem wir uns beschäftigen wollen, besitzt demnach eine grosse Allgemeinheit.

Die Gleichungen 1) werden bei dieser Annahme

$$2) \quad \left\{ \begin{aligned} &\Sigma m \left(y \frac{d^2z}{dt^2} - z \frac{d^2y}{dt^2} \right) = 0, \quad \Sigma m \left(z \frac{d^2x}{dt^2} - x \frac{d^2z}{dt^2} \right) = 0, \\ &\qquad \Sigma m \left(x \frac{d^2y}{dt^2} - y \frac{d^2x}{dt^2} \right) = 0. \end{aligned} \right.$$

Integrirt man nach t und bezeichnet die drei Constanten mit c, c', c'', so erhält man

$$3) \quad \left\{ \begin{aligned} &\Sigma m \left(y \frac{dz}{dt} - z \frac{dy}{dt} \right) = c, \quad \Sigma m \left(z \frac{dx}{dt} - x \frac{dz}{dt} \right) = c', \\ &\qquad \Sigma m \left(x \frac{dy}{dt} - y \frac{dx}{dt} \right) = c''. \end{aligned} \right.$$

Die linken Seiten dieser Gleichungen sind die Momentesummen von Kräften, deren Componenten $m \frac{dx}{dt}$, $m \frac{dy}{dt}$, $m \frac{dz}{dt}$ wären, d. h. von momentanen Kräften, welche jedem freien Punkte von der Ruhelage aus die Bewegung mittheilen würden, welche er befolgt. Demzufolge enthalten die Gleichungen 3) den Satz:

Auf drei rechtwinklige Achsen bezogen, sind die Summen der Momente der in jedem Augenblicke vorhandenen Bewegungsquantitäten unabhängig von der Zeit. Diese Constanz der Momentesumme gilt auch für jede vierte Momentenachse.

Mit andern Worten, wenn man in jedem Augenblicke die momentanen Kräfte, welche jedem freien Punkte von der Ruhelage aus seine wirkliche Bewegung ertheilen würden, in drei andre nach den drei Coordinatenachsen gerichtete Kräfte und in drei Paare zerlegt, welche dieselben Richtungen zu den Achsen haben, so ist die Momentensumme der Paare für jede dieser Richtungen constant.

Der oben ausgesprochene Satz ist das sogen. *Princip der Erhaltung der Momente.* Es besteht solange, als alle in dem Systeme vorkommenden Veränderungen aus gegenseitigen Einwirkungen entspringen, also z. B. auch, wenn ein Theil des Systemes aus dem gasförmigen Zustande in den tropfbarflüssigen und zuletzt in den festen Zustand überginge, oder wenn sich in Folge von Temperaturänderungen die gegenseitigen Einwirkungen änderten u. s. w., wie dergleichen Fälle im Planetensysteme vorkommen.

Es bedarf wohl kaum der Bemerkung, dass, dem *d'Alembert*'schen Principe gemäss, die Momentensummen für ein System von momentanen Kräften, welche die nämliche Bewegung hervorbringen, auch dieselben sind.

55. Es folgt aus dem Vorhergehenden, dass, wenn man in irgend einem Augenblicke die Bewegungsquantitäten, welche in den verschiedenen Punkten des Systems auftreten, als Kräfte betrachtet, und sie so zusammensetzt, als wären sie an ein starres System angebracht, immer dieselbe Resultante und dasselbe resultirende Paar, bezüglich eines und desselben Coordinatenanfangs, zum Vorschein kommt.

Wendet man auf diese Kräfte die Sätze an, welche in der Statik für die Reduction irgend eines Systems von Kräften aufgestellt wurden, so kann man folgende Consequenzen ziehen:

Wird irgend ein freies System durch Kräfte getrieben, welche sich gegenseitig aufheben würden, wenn das System starr wäre, so ist erstens die Summe der durch die Quantitäten der Bewegung der verschiedenen Punkte dargestellten Kräfte, auf eine und dieselbe Richtung bezogen, constant, zweitens bewegt sich der Schwerpunkt des Systems parallel mit der Resultante der an einen und denselben Punkt versetzten Bewegungsquantitäten, drittens bleibt die Momentensumme der Bewegungsquantitäten constant für eine und dieselbe Gerade.

Betrachtet man diese Momente in Beziehung auf alle Geraden, welche durch einen und denselben Punkt des Raums gehen, so ist die Gerade, für welche jene Summe am grössten wird, unveränderlich; sie ist die Achse des Resultantenpaares der Quantitäten der Bewegung bezogen auf jenen Anfang. Diese Richtung, sowie der Werth des entsprechenden gesammten Momentes sind dieselben für alle Punkte der zur Resultante durch eben diesen Punkt gelegten Parallelen. Die Richtung kann, ohne dass das Moment dasselbe bleibt, nur in dem Falle dieselbe sein, wenn die durch die Quantitäten der Bewegung dargestellten Kräfte auf eine Einzelkraft reducirbar sind. Dann liefern alle Punkte der Ebene, welche durch diese Kraft und den betrachteten Punkt gelegt ist, eine und dieselbe Richtung für die Achse des grössten Momentes; aber das Moment ist an Grösse und Richtung nur für die Punkte einer und derselben zur Resultante parallel gehenden Geraden dasselbe.

Es giebt eine einzige sogenannte Centralachse, welche parallel zur Resultante liegt und die Eigenschaft hat, dass sie selbst für alle ihre Punkte die Richtung der Achse des grössten Momentes darstellt; dies Moment ist kleiner als das Maximum, welches sich auf jeden andern Punkt des Raums bezieht. Man kann sie leicht bestimmen, sobald man die Resultante und das resultirende Paar in Rücksicht auf einen gegebenen Anfang kennt. In dem Falle, wo das System der Kräfte, welche durch die Quantitäten der Bewegung dargestellt werden, sich auf eine Einzelkraft zurückführen lässt, ist die Gerade, nach welcher diese wirkt, die Centralachse selbst.

56. Die Erhaltung der Momente bei der relativen Bewegung. Wir betrachten jetzt den Fall, wo sich die Achsen, auf welche die Lage aller Punkte bezogen sind, parallel mit sich selbst fortbewegen; die relative Bewegung kommt dann, wie bereits gezeigt wurde, auf eine absolute Bewegung zurück, wenn man das System in beiden Fällen von derselben Anfangslage ausgehen lässt und an jedem Punkte die früher angegebenen fingirten Kräfte einführt. Im vorliegenden Falle, wo die beweglichen Achsen nur eine Verschiebung erleiden, reduciren sich die fingirten Kräfte an jedem Punkte auf eine beschleunigende Kraft gleich und antiparallel der Kraft, welche einem freien materiellen Punkte die nämliche Bewegung ertheilen würde, wie sie der Anfang des beweglichen Coordinatensystems besitzt. Wenn nun die letzteren Kräfte den gegebenen Kräften das Gleichgewicht halten oder mit ihnen zusammen eine Resultante geben, die jederzeit durch den Anfangspunkt des beweglichen Coordinatensystems geht, so erhellt unmittelbar, dass das Princip der Erhaltung der Momente auch für diese relative Bewegung gültig bleibt.

Wir wollen dabei voraussetzen, dass die gegebenen Kräfte unter sich an dem, als starr gedachten, Systeme im Gleichgewichte sein mögen; die fingirten Kräfte müssen dann gleichfalls einander aufheben, oder sie müssen eine durch den Anfang des beweglichen Coordinatensystemes gehende Resultante liefern. Da im vorliegenden Falle die fingirten Kräfte ein System paralleler Kräfte bilden, so besteht ihre Resultante aus einer im Schwerpunkte des Systemes angreifenden Kraft, welche antiparallel der beschleunigenden Kraft des beweglichen Coordinatensystems wirkt, und deren Intensität dem Produkte aus dieser beschleunigenden Kraft in die Masse des Systemes gleichkommt. Für die Anwendbarkeit des erwähnten Princips ist es nun erforderlich und genügend, dass die erhaltene Resultante entweder verschwindet oder fortwährend durch den Anfangspunkt des beweglichen Coordinatensystemes geht; die letztere Bedingung ist (wegen der Parallelbewegung des Systemes) erfüllt, wenn die Richtung der beschleunigenden Kraft des Coordinatenanfanges immer durch den Schwerpunkt geht. Wir gelangen damit zu folgendem Doppelsatze:

Das Princip der Flächen gilt auch für eine relative Bewegung, wobei die Achsen des beweglichen Systemes parallel zu sich selbst fortrücken, wenn erstens die auf das System wirkenden Kräfte im Gleichgewichte sind, und wenn zweitens die beschleunigende Kraft des Coordinatenanfanges entweder verschwindet (was eine geradlinige und gleichförmige Bewegung desselben geben würde) oder fortwährend durch den Schwerpunkt des Systemes geht.

57. In dem vorigen Satze bezieht sich das Princip der Flächen auf die Unveränderlichkeit der relativen Momente; man könnte aber fragen, ob sich nicht eine Bewegung angeben liesse, bei welcher die relativen Momente dieselben sind, als wenn der Coordinatenanfang des beweglichen Systemes in Ruhe bliebe. Die hierzu nöthige Bedingung ergiebt sich auf folgende Weise.

Irgend eine Lage der beweglichen Achsen nehmen wir zum absoluten (festen) Coordinatensysteme der x, y, z und nennen α, β, γ die zu irgend einer Epoche vorhandenen Coordinaten des beweglichen Coordinatenanfanges; die Momentensumme in Beziehung auf die Achse der x ist dann

$$X = \Sigma m \left(y \frac{dz}{dt} - z \frac{dy}{dt} \right),$$

und die Momentensumme, bezogen auf die gleichnamige parallele Achse des beweglichen Systemes

$$X' = \Sigma m \left[(y - \beta) \frac{d(z - \gamma)}{dt} - (z - \gamma) \frac{d(y - \beta)}{dt} \right].$$

Hieraus folgt

$$X - X' = (\Sigma mz - \gamma \Sigma m) \frac{d\beta}{dt} - (\Sigma my - \beta \Sigma m) \frac{d\gamma}{dt}$$

$$-\left(\beta \Sigma m \frac{dz}{dt} - \gamma \Sigma m \frac{dy}{dt}\right)$$

und durch Einführung der ganzen Masse M und der Schwerpunkts-coordinaten x_1, y_1, z_1

$$X - X' = (Mz_1 - M\gamma)\frac{d\beta}{dt} - (My_1 - M\beta)\frac{d\gamma}{dt}$$

$$-\left(\beta M \frac{dz_1}{dt} - \gamma M \frac{dy_1}{dt}\right)$$

$$= M\left(z_1 \frac{d\beta}{dt} - y_1 \frac{d\gamma}{dt}\right) + M\left(\gamma \frac{dy_1}{dt} - \beta \frac{dz_1}{dt}\right) + M\left(\beta \frac{d\gamma}{dt} - \gamma \frac{d\beta}{dt}\right).$$

Soll nun $X = X'$ werden, so muss die Bedingung erfüllt sein:

$$z_1 \frac{d\beta}{dt} - y_1 \frac{d\gamma}{dt} + \gamma \frac{dy_1}{dt} - \beta \frac{dz_1}{dt} + \beta \frac{d\gamma}{dt} - \gamma \frac{d\beta}{dt} = 0.$$

Unter den besondern Arten, auf welche derselben genügt werden kann, heben wir die folgende hervor

$$z_1 \frac{d\beta}{dt} - y_1 \frac{d\gamma}{dt} = 0,\ \gamma \frac{dy_1}{dt} - \beta \frac{dz_1}{dt} = 0,\ \beta \frac{d\gamma}{dt} - \gamma \frac{d\beta}{dt} = 0$$

oder

$$\beta : \gamma = y_1 : z_1 = d\beta : d\gamma = dy_1 : dz_1.$$

Verfährt man ebenso für die übrigen Momentensummen, so hat man die Proportion

$$\alpha : \beta : \gamma = x_1 : y_1 : z_1 = d\alpha : d\beta : d\gamma = dx_1 : dy_1 : dz_1,$$

welche sagt, dass sich der Coordinatenanfang und der Schwerpunkt des mobilen Systemes auf einer und derselben Geraden bewegen, die durch den Anfangspunkt des festen Coordinatensystems geht. Also:

Wenn sich der Anfangspunkt des mobilen Systemes irgendwie auf der Geraden bewegt, welche der Schwerpunkt dieses Systemes beschreibt, so sind die relativen Momentensummen die nämlichen, als wenn jener Anfangspunkt fest bliebe.

Hieraus folgt noch der speciellere Satz:

Wenn die Momentenachsen parallel zu sich selbst fortrücken und immer durch den Schwerpunkt des beweglichen Systemes gehen, so bleiben die relativen Momentensummen constant und zwar so, als wenn jene Achsen in irgend einer ihrer Lagen unbeweglich verharrten.

Das Princip der Erhaltung der Flächen.

58. Die Gleichungen 3) können noch unter einem andern Gesichtspunkt betrachtet werden und zeigen dann eine merkwürdige geometrische Eigenschaft der in Rede stehenden Bewegung. Um sie kennen zu lernen untersuchen wir die Flächen, welche die Projection des nach dem Punkte xyz gezogenen Vectors während der Bewegung beschreiben.

Sei ϑ der Winkel zwischen der Projection des Radius-vector auf die Ebene YZ und der Achse der positiven y; vorausgesetzt, dass diese Projection sich von der Achse der positiven y gegen die der positiven z dreht, was in Bezug auf die Achse der positiven x die directe Richtung ist, so hat man $tang\ \vartheta = \frac{z}{y}$, wobei die Zeichen aller Grössen in dem gewöhnlichen Sinne zu nehmen sind. Aus dieser Gleichung folgt

$$\frac{d\vartheta}{cos^2\ \vartheta} = \frac{ydz - zdy}{y^2}$$

und da $y = r\ cos\ \vartheta$, so wird ferner

$$r^2 d\vartheta = ydz - zdy.$$

Demnach bedeutet $ydz - zdy$ das doppelte Differential des von dem Radius-vector r beschriebenen Flächenraums; er besitzt dasselbe Zeichen wie $d\vartheta$, und ist folglich positiv bei der directen, und negativ bei der rückgängigen Bewegung. Bildet die unendlich kleine im Raum beschriebene Fläche einen spitzen Winkel mit der Achse der x, so hat die Projection des Radius-vector auf die Ebene YZ eine directe Bewegung, ist jener Winkel ein stumpfer, so ist die Bewegung eine rückgängige, mithin kommt $ydz - zdy$ an Grösse und Vorzeichen dem Producte aus der doppelten unendlich kleinen im Raume beschriebenen Fläche und dem Cosinus des Winkels gleich, welcher von der Achse dieser Fläche mit der Achse der positiven x gebildet wird. Wenn man hiernach mit λ, λ', λ'' die Summen der Flächen bezeichnet, welche von den Projectionen der Radien-vectoren auf die Coordinatenebenen beschrieben werden, nachdem jede Fläche mit der Masse des entsprechenden Punktes multiplicirt worden ist, so können die Gleichungen 3) unter folgender Form dargestellt werden:

$$\frac{d\lambda}{dt} = c, \quad \frac{d\lambda'}{dt} = c', \quad \frac{d\lambda''}{dt} = c'';$$

woraus

$$\lambda = ct, \quad \lambda' = c't, \quad \lambda'' = c''t$$

folgt, wenn man die Flächen von der Zeit $t = 0$ an rechnet. Diess giebt den Satz:

Wenn die Punkte eines freien Systems nur ihren gegenseitigen Wirkungen unterworfen sind, welche Voraussetzung auch Stösse zwischen den verschiedenen Punkten des Systems mit umfasst, oder allgemeiner, wenn sie Kräften unterworfen sind, welche an dem starr gewordenen Systeme im Gleichgewicht sein würden, oder überhaupt beliebigen Kräften, welche durch den Coordinatenanfang gehen, so ist die Summe der Projectionen der Flächen, welche von den Radien-vectoren aller Punkte beschrieben werden, multiplicirt mit den Massen der betreffenden Punkte, der Zeit proportional, wofern man als positiv die in directer Bewegung beschriebenen Flächen betrachtet, und als negativ diejenigen, welche in rückgängiger Bewegung beschrieben sind.

Hierin besteht das Princip der Erhaltung der Flächen, welches sich von dem Principe der Erhaltung der Momente nur formell unterscheidet.

59. Wären zwei Centra der Wirkung vorhanden, so würden die rechten Seiten der Gleichung 1) nicht mehr Null sein; doch würde der eine von ihnen verschwinden, wenn man zur Achse der z die Gerade nimmt, welche die beiden festen Centra verbindet; denn man hat in diesem Falle

$$X : Y = x : y, \text{ oder } xY - yX = 0.$$

Das genannte Princip gilt dann nur für die Projectionen auf eine Ebene, die normal gegen die der Verbindungslinie der beiden Centra liegt, und wenn die Paare, welche von den Quantitäten der Bewegung des Systems herrühren, nach den drei Achsen zerlegt werden, so geben sie ein in Beziehung auf die Achse, welche durch diese beiden Punkte geht, constantes Resultantenpaar.

60. Die unveränderliche Ebene. Will man die Ebene bestimmen, auf welcher die Summe der Projectionen der Flächen, multiplicirt in die Massen, am grössten wird, so findet man leicht, dass die Cosinus der Winkel p, q, r, welche die Richtung ihrer Achse mit den Coordinatenachsen bildet, folgende Werthe haben:

$$\cos p = \frac{\lambda}{\sqrt{\lambda^2 + \lambda'^2 + \lambda''^2}}, \quad \cos q = \frac{\lambda'}{\sqrt{\lambda^2 + \lambda'^2 + \lambda''^2}},$$

$$\cos r = \frac{\lambda''}{\sqrt{\lambda^2 + \lambda'^2 + \lambda''^2}},$$

oder

$$\cos p = \frac{c}{\sqrt{c^2 + c'^2 + c''^2}}, \quad \cos q = \frac{c'}{\sqrt{c^2 + c'^2 + c''^2}},$$

$$\cos r = \frac{c''}{\sqrt{c^2 + c'^2 + c''^2}}.$$

Die Lage dieser Ebene ist also unabhängig von der Zeit; *Laplace*, welcher diess zuerst bemerkte, hat ihr den Namen der unveränderlichen Ebene gegeben. Die Gleichungen 3) zeigen, dass man sie bestimmen kann, wenn für irgend einen Augenblick die Massen der verschiedenen Punkte des Systems, ihre Lagen und die Componenten ihrer Geschwindigkeiten bekannt sind. Die gegenseitigen Wirkungen dieser Punkte und die Stösse, welche zwischen ihnen auftreten können, ändern die Richtung der invariablen Ebene nicht, weil die rechten Seiten der Gleichungen immer $= 0$ bleiben. Ebenso verhält es sich, wenn es ein festes Centrum der Wirkung oder einen festen Punkt giebt, wofern man ihn zum Anfang nimmt.

Man sieht, dass diese Ebene nichts Andres ist, als die Ebene des resultirenden Paares der Quantitäten der Bewegung, und es müssen daher alle Sätze, welche für die letztere Ebene aufgestellt sind, identisch für die erste gelten. Wir wollen sie hier nicht in Erinnerung bringen.

61. Anwendung auf das Weltsystem. Betrachtet man die Sonne, die Planeten und die Trabanten als nur durch ihre gegenseitigen Wirkungen getrieben, so bewegt sich der Schwerpunkt dieses Systems gleichförmig in gerader Linie mit einer Geschwindigkeit, welche von denjenigen Geschwindigkeiten abhängt, die allen diesen Körpern ertheilt wurden, als sie noch sich selbst überlassen waren. Da wir keinen festen Punkt kennen, so müssen wir, wenn wir einen

Anfang der Flächen nehmen wollen, welcher für die Ebene des Maximums der Flächen eine unveränderliche Richtung giebt, einen Punkt wählen, welcher sich parallel zu der vom Schwerpunkte beschriebenen Geraden fortbewegt, und da diese Gerade nicht bekannt ist, so muss man den Schwerpunkt selbst nehmen. Die Ebene des resultirenden Paares der Quantitäten der Bewegung, oder, mit andern Worten, diejenige des Maximums der relativen Flächen kann für irgend einen Zeitpunkt bestimmt werden, und da sie immer dieselbe bleibt, wenn man auf sie alle Punkte des Systemes bezieht, so dient sie zur Vergleichung der astronomischen Beobachtungen verschiedener und namentlich sehr entfernter Epochen.

Wir bemerken noch, dass diese Ebene, weil sie unabhängig von der Grösse der gegenseitigen Wirkungen ist, sich selbst dann nicht ändern würde, wenn das Gesetz der Anziehung der Materie ein anderes würde; sie ist auch unabhängig von den Veränderungen, welche in der Gestalt der Himmelskörper vor sich gehen können, weil jene immer von Kräften herrühren, welche zu zweien gleich und entgegengesetzt sind. Die flüssigen oder gasförmigen Theile würden sich auf unveränderliche Weise mit dem festen Theile des Planeten verbinden können, die Planeten könnten sich unter einander verbinden oder in irgend welcher Weise stossen, sie könnten durch Explosionen zertrümmert werden, ohne dass diese Ebene verrückt würde. Sie bliebe auch dann noch dieselbe, wenn alle Körper des Systems von parallelen und ihren Massen proportionalen Kräften angegriffen würden; denn die Bewegungen, bezogen auf drei Achsen, welche durch den Schwerpunkt des Systems in constanten Richtungen gelegt sind, würden nicht verändert werden, und folglich würden die auf diese Ebenen projicirten Flächen dieselben bleiben.

Die Gleichung der lebendigen Kraft.

62. Wir wollen jetzt die allgemeine Bewegungsgleichung

$$\Sigma\left[\left(X - m\frac{d^2x}{dt^2}\right)\delta x + \left(Y - m\frac{d^2y}{dt^2}\right)\delta y + \left(Z - m\frac{d^2z}{dt^2}\right)\delta z\right] = 0$$

auf den Fall anwenden, wo an die Stelle der virtuellen Verrückungen δx, δy, δz diejenigen Aenderungen gesetzt werden, welche die Coordinaten x, y, z bei der wirklichen Bewegung des Systemes innerhalb der Zeit dt erleiden; mit anderen Worten wir nehmen

$$\delta x = dx, \quad \delta y = dy, \quad \delta z = dz.$$

Bevor wir aber diese Substitution ausführen, haben wir erst zu untersuchen, ob die erwähnte Annahme gestattet ist; zu diesem Zwecke bemerken wir Folgendes.

Es bezeichne $L=0$ eine der Bedingungsgleichungen, welcher die Coordinaten x, y, z, x', y', z', x'' etc. genügen müssen; diese Bedingungsgleichung enthält die genannten Coordinaten und daher auch implicite die Zeit, in so fern sich die Coordinaten mit der Zeit ändern; es wäre aber denkbar, dass L die Zeit noch ausserdem explicite enthielte, also von der Form $L = F(t, x, y, z, x', \ldots)$ wäre, und zwar entspräche diess dem Falle, wo die Bedingung L im Laufe der Zeit eine andere würde. Den ersten Fall vorausgesetzt, müssen die virtuellen Verrückungen immer der Bedingung

$$\frac{dL}{dx}\delta x + \frac{dL}{dy}\delta y + \frac{dL}{dz}\delta z + \frac{dL}{dx'}\delta x' + \ldots = 0$$

genügen; aber auch wenn die Gleichung $L=0$ die Zeit explicite enthielte, würde doch die vorstehende Bedingung ungeändert bleiben, weil sich alle virtuellen Verrückungen auf eine und dieselbe Epoche beziehen, mithin t hierbei als constant anzusehen ist. Andererseits muss die Gleichung $L=0$, da sie für alle Zeiten gilt, richtig bleiben, sobald $t, x, y, z, x', y', z', x''$ etc. um ihre wirklichen Incremente dt, dx, dy, dz, dx' etc. geändert werden; diess giebt, wenn man den allgemeinen Fall voraussetzt, dass L die Zeit explicite enthält,

$$\frac{dL}{dt}dt + \frac{dL}{dx}dx + \frac{dL}{dy}dy + \frac{dL}{dz}dz + \frac{dL}{dx'}dx' + \ldots = 0.$$

Wollte man nun $\delta x = dx$, $\delta y = dy$, $\delta z = dz$ nehmen, so würden sich die beiden Bedingungsgleichungen so lange widersprechen, als nicht für alle t

$$\frac{dL}{dt} = 0$$

ist. Ebenso verhält sich die Sache mit den übrigen etwa vorhandenen Bedingungen $L' = 0$, $L'' = 0$ etc., und man ersieht hieraus, dass die virtuellen Veränderungen $\delta x, \delta y, \delta z, \delta x'$ etc. nur in dem Falle mit den wirklichen Incrementen dx, dy, dz, dx' etc. identificirt werden dürfen, wo keine der Bedingungsgleichungen $L=0$, $L'=0$ etc. die Zeit t explicite enthält.

Unter dieser Voraussetzung wird die anfangs erwähnte allgemeine Bewegungsgleichung zur folgenden:

$$\Sigma\left[\left(X - m\frac{d^2x}{dt^2}\right)dx + \left(Y - m\frac{d^2y}{dt^2}\right)dy + \left(Z - m\frac{d^2z}{dt^2}\right)dz\right] = 0$$

oder

$$\Sigma\left[m\left(\frac{d^2x}{dt^2}dx + \frac{d^2y}{dt^2}dy + \frac{d^2z}{dt^2}dz\right)\right] = \Sigma\,(Xdx + Ydy + Zdz).$$

Die linke Seite ist die Hälfte des Differentials von

$$\Sigma m\left(\frac{dx^2}{dt^2} + \frac{dy^2}{dt^2} + \frac{dz^2}{dt^2}\right) \text{ oder von } \Sigma mv^2,$$

wo v die Geschwindigkeit des Punktes mit der Masse m bezeichnet; die vorige Gleichung wird daher

$$1)\quad \tfrac{1}{2}d\Sigma mv^2 = \Sigma(Xdx + Ydy + Zdz).$$

Diese Gleichung enthält folgenden Satz:

Der Zuwachs, welchen die halbe Summe der lebendigen Kräfte aller materiellen Punkte innerhalb eines unendlich kleinen Zeitraumes erhält, beträgt ebenso viel als die algebraische Summe aller der mechanischen Arbeiten, welche die gegebenen Kräfte in der nämlichen Zeit verrichtet haben.

63. Wenn $\Sigma\,(Xdx + Ydy + Zdz)$ das vollständige Differential einer Function $\varphi\,(x, y, z, x', y', z', x'', \ldots)$ ausmacht, worin die Coordinaten als unabhängige Variabele erscheinen, so lassen sich beide Seiten der Gleichung zwischen irgend zwei Epochen integriren; diess giebt

$$2)\quad \tfrac{1}{2}\Sigma mv^2 - \tfrac{1}{2}\Sigma mv_0^2 = \varphi\,(x, y, z, x', \ldots) - \varphi\,(x_0, y_0, z_0, x'_0, \ldots.)$$

In diesem Falle kann der Zuwachs der lebendigen Kraft bestimmt werden, sobald man nur die Lagen aller Punkte in den beiden betrachteten Augenblicken kennt, und jedesmal, wenn das System durch eine und dieselbe Lage wieder hindurch geht, wird die Summe der lebendigen Kräfte wieder dieselbe.

Für $X = Y = Z = 0$ verschwindet die rechte Seite der Gleichung 2) und die Summe der lebendigen Kräfte ist constant. Hierin besteht das Princip der Erhaltung der lebendigen Kräfte.

64. Wirkt nur die Schwere auf alle Punkte des Systems, ist also

$$X = 0,\ Y = 0,\ Z = -\,gdm,$$

indem man die Achse der positiven z in entgegengesetzter Richtung mit der Schwere nimmt, so liefert das Princip der lebendigen Kräfte die folgende Gleichung, worin z_1 das z des Schwerpunktes, und M die gesammte Masse des Systemes bezeichnet,

$$\tfrac{1}{2}\Sigma mv^2 - \tfrac{1}{2}\Sigma mv_0{}^2 = -gM(z_1 - z_0).$$

Die Summe der lebendigen Kräfte ist also nur von der Höhe des Schwerpunkts abhängig, und sie wird immer wieder dieselbe, sobald der Punkt durch dieselbe Horizontalebene geht.

64. Wenn das System eine Lage erhält, in welcher es im Gleichgewicht sein würde, sobald seine Punkte keine Geschwindigkeit hätten, so wird für alle virtuellen Verschiebungen

$$\Sigma m\,(X\delta x + Y\delta y + Z\delta z) = 0.$$

Andererseits darf man

$$\delta x = dx,\ \ \delta y = dy,\ \ \delta z = dz$$

nehmen, und erhält folglich

$$\Sigma\,(Xdx + Ydy + Zdz) = 0;$$

demnach ist der zweite Theil der Gleichung 2), da sein Differential verschwindet, im Allgemeinen ein Maximum oder Minimum rücksichtlich aller Werthe, durch welche er successive hindurchgeht, d. h. die Summe der lebendigen Kräfte des Systems erlangt ihre grössten oder kleinsten Werthe, wenn das System durch die Lagen hindurch geht, wo es im Gleichgewicht sein würde, wenn seine Punkte ohne Geschwindigkeit dahin gebracht wären.

64. Wir wollen jetzt beweisen, dass der Ausdruck

$$\Sigma\,(Xdx + Ydy + Zdz)$$

ein exactes Differential bildet, wenn die betrachteten Kräfte aus gegenseitigen Wirkungen zwischen den Punkten des Systems bestehen, welche den Massen dieser Punkte proportional sind und nur von den Entfernungen der letzteren abhängen.

Mit x, y, z, x', y', z', mögen die Coordinaten von zwei Punkten bezeichnet werden, deren Massen m, m' und deren Entfernung f ist; ihre gegenseitige Wirkung wird dann durch $mm'F$ ausgedrückt, wo F eine Function von f allein bezeichnet; die drei Componenten der von m' auf m ausgeübten Wirkung sind ferner, als eine anziehende Kraft betrachtet,

$$mm'F.\frac{x'-x}{f},\ mm'F.\frac{y'-y}{f},\ mm'F.\frac{z'-z}{f}.$$

In der Summe

$$\Sigma(Xdx + Ydy + Zdz)$$

entspricht jenen Componenten das Glied

$$mm' F . \frac{(x'-x)\,dx + (y'-y)\,dy + (z'-z)\,dz}{f},$$

die Componenten der Wirkung von m auf m' liefern den ähnlichen Bestandtheil

$$mm' F . \frac{(x-x')\,dx' + (y-y')\,dy' + (z-z')\,dz'}{f},$$

die Vereinigung beider Ausdrücke giebt

$$-mm' F . \frac{(x-x')(dx-dx') + (y-y')(dy-dy') + (z-z')(dz-dz')}{f},$$

was sich auf $-mm' F . df$ reducirt, wenn man die Gleichung

$$(x-x')^2 + (y-y')^2 + (z-z')^2 = f^2$$

berücksichtigt; dagegen würde man $+ mm' F . df$ gefunden haben, wenn die Wirkung eine abstossende wäre. Demnach sind alle Glieder, welche von den gegenseitigen Wirkungen der Punkte herrühren, exacte Differentiale, wenn diese Wirkungen nur von der Entfernung abhängen und den Massen proportional sind.

Wir haben früher bewiesen, dass es sich ebenso mit allen Kräften verhält, welche nach festen Mittelpunkten wirken und einer Function der Entfernung allein proportional sind.

Das obige Theorem findet nicht mehr statt, wenn ein widerstehendes Mittel oder Reibung vorhanden ist; die Kräfte X, Y, Z sind dann entweder von den Componenten der Geschwindigkeit oder von dem Drucke gegen Oberflächen oder Linien, welche Reibung hervorbringen, abhängig, und die Summe

$$\Sigma(Xdx + Ydy + Zdz)$$

ist nicht mehr ein exactes Differential. Man beachte noch, dass das Differential $-mm' F . df$, welches die gegenseitigen Anziehungen betrifft, negativ wird, wenn df positiv ist, und positiv bei negativen df; die gegenseitigen Anziehungen liefern daher einen Zuwachs in der Summe der lebendigen Kräfte, wenn die Punkte sich nähern, und eine Verminderung, wenn sie sich von einander entfernen. Ebenso würde bei abstossenden Kräften die Summe der lebendigen

Kräfte wachsen, wenn die Punkte sich entfernen, und abnehmen, wenn sie sich nähern.

66. Die Summe der lebendigen Kräfte wird durch einen gegenseitigen Stoss der Punkte des Systems nicht geändert, wenn die zusammentreffenden Körper nach der Compression wieder in dieselben Zustände zurückkehren, in welchen sie sich vorher befanden, und wenn die abstossende Kraft, welche sie auf einander ausüben, für dieselben Zustände dieselbe ist; denn man hat in diesem Falle gegenseitige Wirkungen, welche nur von den Entfernungen der Punkte abhängen, zwischen welchen sie stattfinden. Anders dagegen wird die Sache, wie wir gleich sehen werden, wenn die sich stossenden Körper jener Bedingung nicht mehr genügen, d. h. wenn sie nicht mehr vollkommen elastisch sind.

67. Verlust an lebendiger Kraft beim Stosse. Nehmen wir an, dass die sich stossenden Körper gar keine Elasticität besitzen, und bezeichnen wir mit a, b, c die Componenten der Geschwindigkeit des beliebigen Punktes m vor dem Stosse, und mit A, B, C ihre Werthe nach dem Stosse, welcher zwischen irgend welchen Theilen des Systems eintritt, so muss vermöge des d'Alembert'schen Princips, dessen Anwendbarkeit auf momentane Kräfte wir (No. 40) nachgewiesen haben, Gleichgewicht stattfinden zwischen den Stosskräften, welche zu zweien gleich und entgegengesetzt sind, und denjenigen, deren Componenten für jeden Punkt durch

$$-m\,\Delta\frac{dx}{dt},\quad -m\,\Delta\frac{dy}{dt},\quad -m\,\Delta\frac{dz}{dt}$$

oder, dem Vorigen zufolge, durch

$$m\,(a-A),\quad m\,(b-B),\quad m\,(c-C)$$

ausgedrückt werden. Mittelst des Princips der virtuellen Geschwindigkeiten erhält man nun eine, von den unbekannten Kräften, welche der Stoss erzeugt, unabhängige Gleichung, wenn man zur virtuellen Verrückung diejenige nimmt, welche nach Beendigung des Stosses in der That eintritt. Die Körper werden nämlich aufhören, auf einander zu wirken, sobald ihre Geschwindigkeit im Sinne der gemeinsamen Normale dieselbe ist, dann also sind die virtuellen Momente der beiden gleichen und entgegengesetzten Kräfte gleich und von verschiedenen Zeichen; es hat daher keinen Nutzen, auf sie in der Gesammtsumme Rücksicht zu nehmen, und man bekommt so die Gleichung

$$\Sigma m\,[(a-A)\,dx+(b-B)\,dy+(c-C)\,dz]=0.$$

Nun ist

$$dx=Adt,\ dy=Bdt,\ dz=Cdt,$$

also

$$\Sigma m\,(aA+bB+cC-A^2-B^2-C^2)=0.$$

Führen wir die Bezeichnungen ein

$$a^2+b^2+c^2=v^2, A^2+B^2+C^2=V^2, (a-A)^2+(b-B)^2+(c-C)^2=w^2,$$

woraus

$$aA+bB+cC=\frac{v^2+V^2-w^2}{2};$$

so wird die obige Gleichung

$$\Sigma m\,(v^2-V^2-w^2)=0 \text{ oder } \Sigma mv^2-\Sigma m V^2=\Sigma mw^2,$$

diess beweist, dass ein Verlust an lebendiger Kraft stattfindet, gleich der Summe der lebendigen Kräfte, welche sich auf die verlorenen Geschwindigkeiten beziehen. Dieser Satz ist bekannt unter dem Namen des Carnot'schen Theorems.

Man hat dasselbe auch auf den Fall ausgedehnt, wo die sich stossenden Körper einen beliebigen Grad von Elasticität besitzen; die Schwierigkeit jedoch, diesen Grad genau zu bestimmen, macht jene Anwendung bei dem gegenwärtigen Zustande der Wissenschaft fast unmöglich. Um mit einiger Sicherheit Gebrauch davon machen zu können, müssten erst zahlreiche Versuche angestellt werden, mit denen man sich noch nicht beschäftigt hat.

Da der Verlust an lebendiger Kraft im Falle der unelastischen Körper $=\Sigma mw^2$ ist, wenn man das System unmittelbar vor und nach dem Stosse betrachtet, so haben die Punkte ihre Lage noch nicht merklich geändert. Bezeichnet man also die Coordinaten dieser Punkte in dem Augenblicke, wo die Körper zur Berührung kommen, mit $x, y, z, x', \ldots$, so wird die Gleichung 1) mit Rücksicht auf den augenblicklichen Verlust an lebendiger Kraft:

$$2)\ \begin{cases}\frac{1}{2}\Sigma mv^2-\frac{1}{2}\Sigma mv_0^2=\varphi\,(x, y, z, x'_1\ldots)-\varphi\,(x_0, y_0, z_0, x_0', \ldots)\\ \qquad -\frac{1}{2}\Sigma mw^2.\end{cases}$$

Wir werden später den Gebrauch sehen, welchen man von den Gleichungen 1) und 2) bei der Berechnung der Wirkung von Maschinen macht.

68. Die Gleichung 1) nimmt eine bemerkenswerthe Form an, wenn man die Geschwindigkeiten der Punkte in Bezug auf den Schwerpunkt des Systems in dieselbe einführt. Sind nämlich x, y, z die Coordinaten irgend eines Punktes in Beziehung auf feste Achsen, ξ, η, ζ die Coordinaten desselben Punktes in Bezug auf den Schwerpunkt, so hat man

$$x = x_1 + \xi, \; y = y_1 + \eta, \; z = z_1 + \zeta,$$

und folglich

$$3) \quad \begin{cases} v^2 = \frac{dx_1^2}{dt^2} + \frac{dy_1^2}{dt^2} + \frac{dz_1^2}{dt^2} + \frac{d\xi^2}{dt^2} + \frac{d\eta^2}{dt^2} + \frac{d\zeta^2}{dt^2} \\ \qquad + 2\left(\frac{dx_1}{dt}\frac{d\xi}{dt} + \frac{dy_1}{dt}\frac{d\eta}{dt} + \frac{dz_1}{dt}\frac{d\zeta}{dt}\right). \end{cases}$$

Bezeichnet man mit v die Geschwindigkeit des Schwerpunkts, mit V die Geschwindigkeiten in der Bewegung rücksichtlich des Schwerpunkts, beachtet man ferner die Gleichungen

$$\Sigma m \frac{d\xi}{dt} = 0, \quad \Sigma m \frac{d\eta}{dt} = 0, \quad \Sigma m \frac{d\zeta}{dt} = 0,$$

und nennt M die gesammte Masse des Systems, so gelangt man zu der Gleichung

$$4) \qquad \Sigma m v^2 = \Sigma m V^2 + M v^2;$$

die Gleichung 1) giebt also

$$\tfrac{1}{2}\Sigma m V^2 - \tfrac{1}{2}\Sigma m V_0^2 = \frac{M}{2}(v_0^2 - v^2) + \varphi(x, y, z, x', ..)$$
$$- \varphi(x_0, y_0, z_0, x'_0, \ldots)$$

69. Rücksichtlich des Schwerpunkts ist noch folgende Bemerkung nicht überflüssig. Da die Bewegung dieses Punktes dieselbe ist, als wenn die ganze Masse in ihm vereinigt wäre und alle Kräfte parallel mit sich selbst dahin verlegt wären, so kann man Eigenschaften der Bewegung des Schwerpunkts aus den Eigenschaften der Bewegung eines von beliebigen gegebenen Kräften getriebenen materiellen Punktes herleiten. Betrachtet man insbesondere die Gleichung, welche sich auf die lebendige Kraft eines materiellen Punk-

tes bezieht, und wendet dieselben Beziehungen wie oben an, so erhält man

$$5)\quad \tfrac{1}{2}d\,(Mv^2) = dx_1\,\Sigma X + dy_1\,\Sigma Y + dz_1\,\Sigma Z,$$

welche Gleichung in vielen Fällen dazu dienen kann, unmittelbar den Ausdruck für die Geschwindigkeit v des Schwerpunkts eines Systems zu liefern. Wir wollen hier eine Anwendung davon machen, um eine merkwürdige Eigenschaft des Schwerpunkts eines Systems zu beweisen.

Die Gleichung 1) giebt, wenn man in ihr Σmv^2 durch seinen Werth aus der Gleichung 4) ersetzt,

$$\tfrac{1}{2}d\Sigma mV^2 + \tfrac{1}{2}d\,(Mv^2) = \Sigma\,(Xdx + Ydy + Zdz);$$

bezeichnen nun ξ, η, ζ die Coordinaten in Bezug auf Achsen, welche denen der x, y, z parallel sind und durch den Schwerpunkt des Systems gehen, so gelten die Beziehungen

$$x = x_1 + \xi,\ y = y_1 + \eta,\ z = z_1 + \zeta,$$

$$dx = dx_1 + d\xi,\ dy = dy_1 + d\eta,\ dz = dz_1 + d\zeta,$$

und die vorige Gleichung wird mit Anwendung von Gleichung 5) zur folgenden

$$\tfrac{1}{2}d\,(\Sigma mV^2) = \Sigma\,(Xd\xi + Yd\eta + Zd\zeta),$$

d. h. die Gleichung der lebendigen Kräfte findet in Bezug auf den Schwerpunkt ebenso statt, als wenn er ein fester Punkt wäre.

70. **Die Gleichung der lebendigen Kräfte bei relativer Bewegung.** Wie früher gezeigt wurde, kann die relative Bewegung jedes Punktes als eine absolute Bewegung angesehen werden, wenn man zwei fingirte Kräfte einführt. Letztere sind die Reaction des betreffenden Punktes und eine auf der relativen Geschwindigkeit senkrecht stehenden Kraft; die Arbeit des letzteren ist, ihrer Richtung zufolge, gleich Null. Wendet man nun den Satz von der lebendigen Kraft auf jene absolute Bewegung an, die mit der relativen Bewegung identisch ist, und berücksichtigt die vorige Bemerkung, so erkennt man augenblicklich, dass die Gleichung der lebendigen Kraft auch für die relative Bewegung des Systems gültig bleibt, sobald erstens die Verbindungsgleichungen nicht explicite die Zeit enthalten und wenn zweitens zu den gegebenen Kräften noch die Reactionen der einzelnen Punkte hinzugefügt werden.

Bei der absoluten Bewegung, welche mit der relativen Bewegung identisch ist, sind selbstverständlich die Bedingungsgleichungen aus ihrer ersten, in relativen Coordinaten gegebenen Form in die neue Form umzusetzen, welche nur die absoluten Coordinaten enthält; der Anfangszustand ist für beide Bewegungen derselbe; endlich sind auch alle Kräfte, sowohl die gegebenen als die hinzugekommenen, auf absolute Coordinaten zu beziehen.

Fünfzehntes Capitel.

Anwendung der vorigen Sätze auf den Stoss sphärischer Körper.

Gerader Stoss.

71. Wir denken uns zwei aus homogenen Schichten zusammengesetzte Kugeln, deren Mittelpunkte gleichförmige Bewegungen nach einer und derselben Geraden befolgen; bei dem Zusammentreffen dieser Körper werden sich die Geschwindigkeiten ändern, die Mittelpunkte aber werden nach wie vor in der einen oder andern Richtung auf derselben Geraden fortgehen; wir stellen uns nun die Aufgabe, die Geschwindigkeiten nach dem Stosse aus den ursprünglichen Geschwindigkeiten zu berechnen.

Dabei betrachten wir nur die Grenzfälle, wenn die beiden Körper entweder vollkommen weich oder vollkommen elastisch sind, und um alle Schwierigkeiten zu vermeiden, welche aus der Form der Körper nach dem Stosse oder aus etwaigen im Innern auftretenden Bewegungen entstehen könnten, denken wir uns die Kugeln auf zwei materielle Punkte zurückgeführt. Wir nehmen ferner an, dass bei grosser Annäherung zwischen den Körpern eine abstossende Kraft auftritt, welche für vollkommen elastische Körper nur eine Function der Entfernung ist, und für weiche Körper nach einem gewissen Grade der Annäherung Null wird.

Zur Abscissenachse wählen wir die Gerade, auf der sich die Punkte bewegen und nennen x, x' die Abscissen dieser Punkte, m, m' ihre Massen, v, v' ihre Geschwindigkeiten vor dem Stosse, V, V' ihre Geschwindigkeiten nach dem Stosse, und betrachten diese Grössen als positiv oder negativ, je nachdem die Bewegung im Sinne der positiven oder negativen x vor sich geht. Wenn wir hiernach mit x_1 die Abscisse des Schwerpunkts der beiden Punkte bezeichnen, so ist beständig

$$mx + m'x' = (m + m')\, x_1;$$

mithin durch Differentiation

$$m\frac{dx}{dt} + m'\frac{dx'}{dt} = (m+m')\frac{dx_1}{dt}.$$

Zufolge des Princips der Erhaltung des Schwerpunkts bleibt $\frac{dx_1}{dt}$ constant, und hat denselben Werth vor und nach dem Stosse. Der erste Theil behält daher gleichfalls denselben Werth vor und nach dem Stosse, was zuerst folgende Relation giebt

$$1)\qquad mv + m'v' = mV + m'V',$$

welches auch die Zeichen der Grössen v, v', V, V' sein mögen, und gleichviel, ob die Körper weich oder elastisch sind.

Wir unterscheiden jetzt die beiden genannten Fälle.

a. Sind die Körper vollkommen unelastisch, so hört die gegenseitige Wirkung auf, sobald ihre Geschwindigkeiten gleich werden und in demselben Sinne gerichtet; es ist dann $V' = V$, und die Gleichung 1) giebt

$$V = \frac{mv + m'v'}{m + m'}.$$

Man sieht, dass beide Körper nach dem Stosse in Ruhe bleiben, wenn die Bedingung

$$mv + m'v' = 0$$

erfüllt ist, d. h. wenn die Quantitäten der Bewegung gleich und die Geschwindigkeiten in entgegengesetztem Sinne gerichtet sind.

Man würde leicht nachweisen können, dass die Summe der lebendigen Kräfte nach dem Stosse geringer als vorher ist, und dass der Unterschied die Summe der lebendigen Kräfte ausmacht, welche den verlorenen Geschwindigkeiten entsprechen.

b. Bei vollkommen elastischen Körpern wird die Summe der lebendigen Kräfte nach dem Stosse nicht geändert, und man erhält folglich

$$2)\qquad mv^2 + m'v'^2 = mV^2 + m'V'^2.$$

Die Gleichungen 1) und 2) bestimmen V und V' mittelst v und v'. Bringt man sie auf die Form

$$m(V - v) = m'(v' - V')$$

$$m(V^2 - v^2) = m'(v'^2 - V'^2)$$

so findet man durch Division beider Gleichungen

$$3)\qquad V + v = V' + v' \text{ oder } V - V' = -(v - v');$$

was anzeigt, dass die relativen Geschwindigkeiten vor und nach dem Stosse gleich und entgegengesetzt sind.

Die Gleichungen 1) und 3) geben

$$4)\quad \begin{cases} V = \dfrac{(m - m')\,v + 2m'v'}{m + m'}, \\[2ex] V' = \dfrac{(m' - m)\,v' + 2\,mv}{m + m'}. \end{cases}$$

Sind die Massen beider Körper gleich, so folgt aus diesen Formeln

$$V = v' \text{ und } V' = v,$$

d. h. die beiden Körper vertauschen ihre Geschwindigkeiten.

Befindet sich die eine Masse, etwa m', in Ruhe, so wird

$$V = \frac{(m - m')\,v}{m + m'}, \quad V' = \frac{2mv}{m + m'},$$

d. h. der bewegte Körper prallt zurück, wenn er eine geringere Masse als der andre besitzt, oder er setzt seine Bewegung in demselben Sinne fort, wenn seine Masse die grössere ist; in dem einen wie in dem andern Falle wird seine relative Geschwindigkeit $= -v$, wie aus der Gleichung 3) hervorgeht.

Wäre ausserdem noch $m = m'$, so ergiebt sich

$$V = 0, \quad V' = v.$$

Der gestossene Körper, welcher die Geschwindigkeit des stossenden aufgenommen hat, kommt also seinerseits wieder in Ruhe sobald er auf einen anderen ruhenden elastischen Körper von gleicher Masse trifft u. s. f.; dieses Resultat bestätigt sich durch ein sehr bekanntes Experiment.

Schiefer Stoss.

72. Wir betrachten jetzt den allgemeineren Fall, wo die Mittelpunkte der beiden kugelförmigen Massen m und m' sich nicht längs derselben Geraden bewegen. Für den Augenblick der Berührung nennen wir O und O' die Orte der Mittelpunkte, und zerlegen die Geschwindigkeit jeder Kugel in eine normale Componente längs der gemeinschaftlichen Centrale OO' und in eine tangentiale Componente, welche in die gemeinschaftliche Berührungsebene fällt. Diese Componenten mögen N und T heissen für die Masse m, N' und T' für die Masse m'.

Nach den früheren Auseinandersetzungen über die Wirkung momentaner Kräfte können wir zuerst die Geschwindigkeiten berechnen, welche die beiden Kugeln erhalten würden wenn nur die normalen Geschwindigkeiten N und N' vorhanden wären; setzen wir nachher die so berechneten Geschwindigkeiten mit den tangentialen Geschwindigkeiten T und T' zusammen, so erhalten wir die Grössen und Richtungen der beiden nach dem Stosse vorhandenen Geschwindigkeiten.

Demgemäss betrachten wir die Kugeln erst so als ob sie sich längs der Geraden OO' bewegten und mit den Geschwindigkeiten N, N' zusammenträfen. Hieraus ergiebt sich bei unelastischen Körpern die gemeinsame Geschwindigkeit

$$v = \frac{mN + m'N'}{m + m'},$$

welche in die Richtung der Geraden OO' fällt; dabei sind N, N' und v positiv im Sinne von OO' und negativ im entgegengesetzten Sinne $O'O$. Ausser der gemeinsamen Geschwindigkeit v hat die eine Kugel noch die Geschwindigkeit T, die andere die Geschwindigkeit T'. Durch Zusammensetzung von v mit T, sowie von v mit T' ergeben sich die Geschwindigkeiten nach dem Stosse.

Bei vollkommen elastischen Körpern liefern N und N' die neuen Geschwindigkeiten

$$5) \quad \begin{cases} v = \dfrac{(m - m')\,N + 2m'N'}{m + m'}, \\[2ex] v' = \dfrac{(m' - m)\,N' + 2mN}{m + m'}, \end{cases}$$

von denen die erste mit T, die zweite mit T' zusammenzusetzen ist.

Für $m = m'$ geben diese Formeln

$$v = N', \quad v' = N,$$

die Kugeln tauschen also ihre primitiven normalen Geschwindigkeiten gegenseitig ebenso aus wie beim geraden Stosse.

Wenn die Masse m' sich ursprünglich in Ruhe befindet, also $N' = 0$ ist, so folgt aus den obigen Formeln

$$v = \frac{m - m'}{m + m'}N, \quad v' = \frac{2m}{m + m'}N;$$

bei unendlich wachsenden m' nähert sich hier v' der Grenze 0, v der Grenze $-N$. Durch Zusammensetzung dieser Grenzgeschwindigkeit $-N$ und der tangentialen Geschwindigkeit T ergiebt sich folgender Satz:

Wenn eine vollkommen elastische Kugel auf einen unerschütterlichen und vollkommen elastischen Körper stösst, so wird sie so zurückgeworfen, dass die Geschwindigkeit ihres Mittelpunktes ungeändert bleibt und der Abprallwinkel dem Anprallwinkel gleich ist.

Dieses Reflexionsgesetz, welches dem Gesetze für die Zurückwerfung der Lichtstrahlen von spiegelnden Flächen analog ist, kann auch leicht direkt bewiesen werden.

Wenn die zurückwerfende Fläche, statt absolut fest zu sein, eine Bewegung besitzt, die von der auftreffenden Kugel nicht geändert werden kann, so hat man in den Formeln 5) nur $m' = \infty$ zu setzen; diess giebt

$$v = -N + 2N' = -(N - 2N'), \quad v' = N'.$$

Die Normalcomponente der Geschwindigkeit nach dem Stosse ist jetzt nicht mehr dieselbe wie vorhin, sondern um die doppelte Normalgeschwindigkeit der reflectirenden Fläche kleiner. Für $N = 2N'$ wird hier $v = 0$; die auftreffende Kugel bleibt dann nach dem Stosse in der Berührungsebene der Fläche.

Sechzehntes Capitel.

Die Trägheitsmomente.

Allgemeine Formeln.

73. Wie sich im nächsten Capitel zeigen wird, sind bei der Untersuchung über die Bewegung eines festen Körpers gewisse Integrale erforderlich, die sich auf den ganzen Körper beziehen, und deren Eigenschaften man genauer kennen muss. Um den späteren Vortrag nicht zu unterbrechen, schicken wir die Betrachtung dieser Integrale voraus. Dabei denken wir uns den Körper als continuirlich mit Masse erfüllt, was vielleicht mit der wahren Constitution der Körper nicht völlig übereinstimmt, aber wenigstens in allen Fällen, wo es sich nur um äussere und nicht um Molecularkräfte handelt, als eine Voraussetzung erkannt worden ist, deren Ergebnisse um keine angebbare Grösse von den Thatsachen der Beobachtung abweichen.

Man nennt Trägheitsmoment eines Körpers in Bezug auf eine Gerade die Summe der Produkte aus den Massen aller seiner Elemente in die Quadrate ihrer Abstände von dieser Geraden. Nimmt man letztere zur Achse der z so wird das Trägheitsmoment durch den Ausdruck

$$\int (x^2 + y^2)\, dm$$

dargestellt, worin dm die Masse des Elements bezeichnet, dessen Coordinaten x, y, z sind, und das Integral sich auf die ganze Masse erstreckt. Ebenso sind die Momente der Trägheit in Bezug auf die Achsen der y und der x

$$\int (x^2 + z^2)\, dm, \quad \int (y^2 + z^2)\, dm.$$

74. Kennt man das Trägheitsmoment eines Körpers in Beziehung auf eine Gerade, so ist es leicht, dasselbe in Bezug auf jede andere parallele Gerade zu erhalten. Nehmen wir die erste Gerade zur Achse der z, legen wir ferner die Ebene der zx durch die zweite Gerade, und bezeichnen mit a den Abstand beider Ge-

raden, mit M die Masse des Körpers und mit Mk^2 sein Trägheitsmoment in Bezug auf die Achse der z, so gilt für das auf die Parallele bezogene Trägheitsmoment der Ausdruck

$$\int [(x-a)^2 + y^2]\, dm = \int (x^2 + y^2)\, dm - 2a \int x dm + Ma^2,$$

oder wenn man mit x_1 die Coordinate des Schwerpunkts bezeichnet,

$$M(k^2 + a^2) - 2aMx_1.$$

75. Liegt der Schwerpunkt auf der Achse der z, so wird $x_1 = 0$, und der vorhergehende Ausdruck reducirt sich auf

$$M(k^2 + a^2);$$

man sieht, dass er nicht von der absoluten Lage der zweiten Geraden, sondern bloss von ihrem Abstande von der ersten Geraden abhängt; demnach bleibt das Trägheitsmoment eines Körpers dasselbe in Bezug auf alle Erzeugungslinien eines beliebigen geraden Cylinders mit kreisförmiger Basis, dessen Achse durch den Schwerpunkt des Körpers geht. Für die Trägheitsmomente in Bezug auf irgend zwei parallele Gerade folgt hieraus, dass ihr Unterschied gleich ist der Masse des Körpers multiplicirt mit der Differenz der Quadrate ihrer Entfernungen vom Schwerpunkte dieses Körpers.

Denkt man sich ferner die Trägheitsmomente für alle einer gegebenen Richtung parallelen Geraden aufgesucht, so entspricht das kleinste jener Trägheitsmomente des Körpers der durch den Schwerpunkt gehenden Geraden.

76. Wir suchen jetzt das Trägheitsmoment eines Körpers in Bezug auf irgend eine Gerade AS, welche durch den Anfangspunkt der Coordinaten geht, und mit den Coordinatenachsen die Winkel α, β, γ einschliesst. Daraus wird man leicht das Trägheitsmoment in Bezug auf eine dieser Geraden parallele d. h. in Bezug auf eine beliebige Gerade im Raume ableiten.

(Fig. 9.)

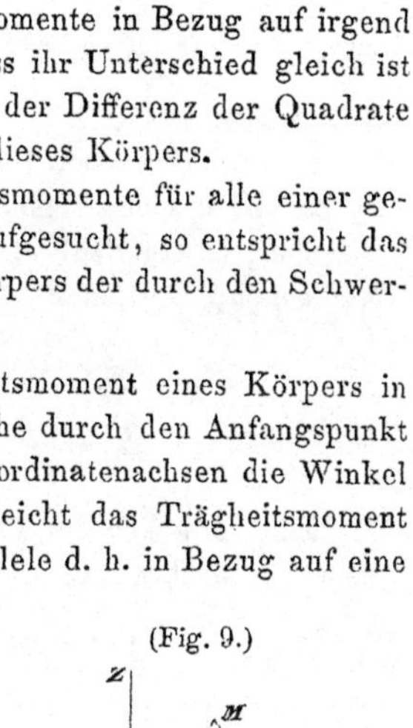

Nennen wir x, y, z (Fig. 9) die Coordinaten des Punktes M des Körpers, dm die Masse des Elements, zu welchem der Punkt gehört, und fällen ein Perpendikel MP auf AS, so haben wir

$$\overline{MP}^2 = \overline{AM}^2 - \overline{AP}^2 = x^2 + y^2 + z^2$$
$$- (x \cos\alpha + y \cos\beta + z \cos\gamma)^2,$$

oder

$$\overline{MP^2} = x^2 \sin^2\alpha + y^2 \sin^2\beta + z^2 \sin^2\gamma - 2yz \cos\beta \cos\gamma$$
$$- 2xz \cos\alpha \cos\gamma - 2xy \cos\alpha \cos\beta.$$

Wir bezeichnen jetzt mit μ das Trägheitsmoment des Körpers in Bezug auf AS ($\mu = \int \overline{MP^2}\, dm$) und setzen zur Abkürzung

$$\int x^2 dm = a, \int y^2 dm = b, \int z^2 dm = c,$$
$$\int yz dm = d, \int xz dm = e, \int xy dm = f,$$

es ist dann

$$\mu = a \sin^2\alpha + b \sin^2\beta + c \sin^2\gamma$$
$$- 2d \cos\beta \cos\gamma - 2e \cos\alpha \cos\gamma - 2f \cos\alpha \cos\beta;$$

dabei bestimmen sich die Constanten a, b, c, d, e, f durch die Natur des Systems und durch seine Lage in Bezug auf die Achsen. Schneidet man auf AS eine Länge $AN = \frac{1}{\sqrt{\mu}}$ ab und wiederholt dieselbe Construction für alle Richtungen, welche AS um den Punkt A annehmen kann, so ist der Ort der Punkte N eine geschlossene Oberfläche, da AN immer einen reellen nnd endlichen Werth hat. Um ihre Gleichung zu erhalten, wird man mit x, y, z die Coordinaten von N bezeichnen, es ist dann

$$\cos\alpha = x\sqrt{\mu}, \cos\beta = y\sqrt{\mu}, \cos\gamma = z\sqrt{\mu},$$
$$\frac{1}{\mu} = x^2 + y^2 + z^2.$$

Die vorhergehende Gleichung, welche den Werth von μ giebt, wenn man $\alpha, \beta, \gamma, \mu$ eliminirt, wird nun zur folgenden

$$1)\quad (b+c)\,x^2 + (a+c)\,y^2 + (a+b)\,z^2 - 2dyz - 2exz - 2fxy = 1.$$

Der Ort ist also eine Oberfläche zweiten Grades, deren Mittelpunkt im Coordinatenanfang liegt, und zwar ist er ein Ellipsoid, weil kein Durchmesser unendlich werden kann. Poinsot nennt es das Centralellipsoid. Gestalt und Lage dieses Ellipsoids hängen durchaus nicht von der Wahl der Coordinatenachsen ab, aber seine Gleichung würde einfacher werden, wenn man diese Achsen in der Richtung der Achsen des Ellipsoids annähme, welche ein einziges System bilden, wenn die Grössen dieser Achsen ungleich sind, wie dies im Allgemeinen der Fall ist.

Nehmen wir an, dass man dieses System gewählt habe, so hängen die Werthe der Constanten a, b, c, d, e, f von dieser Wahl ab, und zwar so, dass die Produkte der Variabeln in der Gleichung des Ellipsoids nicht vorkommen; man erhält folglich

$$d = 0, \; e = 0, \; f = 0,$$

oder

$$\int yz dm = 0, \; \int xz dm = 0, \; \int xy dm = 0.$$

Also giebt es immer ein solches Achsensystem, dass diese drei Integrale verschwinden, welches auch die Gestalt des Körpers sein möge, statt dessen man sogar eine beliebige Anzahl getrennter Körper nehmen darf. Dies System der Achsen des Ellipsoids ist ein einziges, wenn diese Achsen ungleich sind. Werden zwei von ihnen gleich, so ist die darauf senkrechte Achse unveränderlich, aber die beiden andern Achsen können zwei beliebige rechtwinklige Gerade sein, welche in der Ebene dieser Achsen liegen. Wenn endlich alle drei Achsen gleich sind, so hat jedes rechtwinklige Achsensystem, welches durch denselben Punkt geht, dieselbe Eigenschaft. Man hat diesen besonderen Richtungen den Namen Hauptachsen der Trägheit des Körpers gegeben.

Nennen wir A, B, C die Trägheitsmomente des Körpers in Bezug auf seine Hauptachsen oder ihre Hauptträgheitsmomente, so gelten für sie die Gleichungen

$$b + c = A, \; a + c = B, \; a + b = C,$$

und die Gleichung 1) des Centralellipsoids wird

$$Ax^2 + By^2 + Cz^2 = 1.$$

77. Das Trägheitsmoment μ in Bezug auf eine beliebige Achse, welche durch den Anfang geht und mit den Hauptachsen die Winkel α, β, γ bildet, findet sich durch die Bemerkung, dass der entsprechende Radius des Ellipsoids gleich $\frac{1}{\sqrt{\mu}}$ ist, also für die Coordinaten seines Endpunktes x, y, z die Gleichungen bestehen

$$x = \frac{\cos\alpha}{\sqrt{\mu}}, \; y = \frac{\cos\beta}{\sqrt{\mu}}, \; z = \frac{\cos\gamma}{\sqrt{\mu}};$$

substituirt man diese Werthe in die Gleichung des Ellipsoids, so erhält man

$$\mu = A\cos^2\alpha + B\cos^2\beta + C\cos^2\gamma.$$

Der zweite Theil ist offenbar grösser als die kleinste von den Grössen A, B, C, und kleiner als die grösste. Daraus schliesst man, dass das kleinste und das grösste der Hauptmomente der Trägheit auch das kleinste und grösste der Momente sind, welche sich auf alle Geraden beziehen, welche durch denselben Punkt gehen; dieses Resultat kann man auch sonst unmittelbar aus der geometrischen Vergleichung der Radien des Ellipsoids mit seinen Achsen ableiten.

In dem Specialfalle $A = B$ wird

$$\mu = A\,(cos^2\alpha + cos^2\beta) + C\,cos^2\gamma,$$

oder

$$\mu = A + (C - A)\,cos^2\gamma;$$

woraus man ersieht, dass die Trägheitsmomente dieselben sind für alle Geraden, welche immer durch denselben Punkt gehen und mit der ungleichen Achse gleiche Winkel bilden. Diese Bemerkung kann man auch unmittelbar aus der Betrachtung des Centralellipsoids ableiten, welches dann ein Rotationsellipsoid um die Achse der z ist.

Wäre gleichzeitig nur

$$\int xzdm = 0 \text{ und } \int yzdm = 0,$$

so würde die Gleichung des Ellipsoids das Produkt xy, nicht aber xz und yz enthalten; die Achse der z würde also eine seiner Hauptachsen sein und folglich eine der Hauptträgheitsachsen in Bezug auf den Coordinatenanfang.

78. Wir wollen jetzt untersuchen, ob es solche Punkte giebt, dass die drei sich darauf beziehenden Hauptträgheitsmomente und folglich auch alle andern gleich sind. Das auf diesen Punkt bezogene Centralellipsoid wird dann zu einer Kugel, und alle durch diesen Punkt gehen Geraden werden Hauptachsen. Wir wollen der Einfachheit wegen annehmen, dass man zu Coordinatenachsen diejenigen Hauptachsen genommen habe, welche sich auf den Schwerpunkt des Körpers beziehen, und mit x', y', z' die Coordinaten des gesuchten Punktes bezeichnen. Denkt man sich durch diesen Punkt Parallelen zu den drei Achsen der x, y, z gelegt, so müssen diese Geraden in Rücksicht auf diesen Punkt Hauptachsen sein und es ist folglich:

$$\int (y - y')\,(z - z')\,dm = 0, \quad \int (z - z')\,(x - x')\,dm = 0,$$

$$\int (x-x')\,(y-y')\,dm = 0,$$

nun hat man der Voraussetzung nach

$$\int yz dm = 0, \int xz dm = 0, \int xy dm = 0,$$

$$\int x dm = 0, \int y dm = 0, \int z dm = 0.$$

Die vorigen Gleichungen werden also, wenn man mit M die gesammte Masse des Systems bezeichnet,

$$My'z' = 0, \; Mx'z' = 0, \; Mx'y' = 0;$$

was erfordert, dass zwei der Grössen x', y', z' verschwinden. Sei $x' = 0$ und $y' = 0$, so sind die Momente in Bezug auf die neuen Achsen

$$A + Mz'^2, \; B + Mz'^2, \; C.$$

Es bleibt nur noch auszudrücken übrig, dass diese drei Werthe gleich sind, wozu die Bedingung

$$A = B, \; A + Mz'^2 = C$$

gehört. Demnach müssen zwei der Hauptmomente in Bezug auf den Schwerpunkt gleich sein und die gesuchten Punkte, wenn es solche giebt, auf der Achse liegen, welche dem dritten Moment entspricht. Damit aber z' reell ausfalle; ist $C > A$ erforderlich; man erhält also als letzte Bedingung, dass dieses dritte Moment das grösste sein muss. Sind alle diese Bedingungen erfüllt, so erhält man zwei Punkte, welche der Frage genügen; sie liegen auf der Achse des grössten Moments zu beiden Seiten des Schwerpunkts und in der Entfernung $\sqrt{\frac{C-A}{M}}$ von diesem Punkte.

79. Die Hauptachsen der Trägheit, welche sich auf den Schwerpunkt beziehen, besitzen die merkwürdige Eigenschaft, Hauptachsen in Bezug auf irgend einen ihrer Punkte zu sein und zu conjugirten Achsen diejenigen Linien zu haben, welche den auf den Schwerpunkt bezüglichen Achsen parallel gehen. Betrachten wir z. B. die Achse der z, und verlegen den Anfang in irgend einen ihrer Punkte, dessen z gleich h sei, so genügt es

$$z = z' + h$$

zu setzen. Nun hat man der Voraussetzung zufolge

$$\int yz\,dm = 0, \quad \int xz\,dm = 0, \quad \int xy\,dm = 0;$$

und ferner

$$\int yz\,dm = \int yz'\,dm + h\int y\,dm = \int yz'\,dm;$$

also

$$\int yz'\,dm = 0 \text{ und ebenso} \int xz'\,dm = 0;$$

die drei Linien, welche den auf den Schwerpunkt sich beziehenden Hauptachsen parallel durch irgend einen ihrer Punkte gehen, sind demnach Hauptachsen für diesen Punkt.

Beispiele.

80. Trägheitsmoment eines rechtwinkligen Parallelepipedes. Legt man durch den Mittelpunkt eines homogenen Parallelepipedes drei zu seinen Kanten parallele Gerade, so bilden sie die drei Hauptachsen in Rücksicht auf den Schwerpunkt. Wir wollen die Längen der Kanten mit a, b, c und die Masse des Parallelepipedes mit M bezeichnen; die Trägheitsmomente in Bezug auf die ihnen parallelen Achsen sind dann

$$\tfrac{1}{12}(b^2 + c^2)M, \quad \tfrac{1}{12}(a^2 + c^2)M, \quad \tfrac{1}{12}(a^2 + b^2)M.$$

Das Trägheitsmoment in Bezug auf eine Gerade, welche die Winkel α, β, γ mit den Kanten a, b, c einschliesst und in einer Entfernung d vom Mittelpunkt des Parallelepipedes liegt, wäre demzufolge

$$\frac{M}{12}\left[(b^2 + c^2)\cos^2\alpha + (a^2 + c^2)\cos^2\beta + (a^2 + b^2)\cos^2\gamma\right] + Md^2.$$

Nimmt man nach einander die drei Kanten des Parallelepipedes zu Momentenachsen, so sind die entsprechenden Trägheitsmomente

$$\tfrac{1}{3}(b^2 + c^2)M, \quad \tfrac{1}{3}(a^2 + c^2)M, \quad \tfrac{1}{3}(a^2 + b^2)M.$$

81. Trägheitsmoment eines homogenen Ellipsoids. Die Gleichung der Oberfläche sei

$$\frac{x^2}{a^2} + \frac{y^2}{b^2} + \frac{z^2}{c^2} = 1,$$

und die Aufgabe gestellt, das Trägheitsmoment in Bezug auf die Achse der z zu bestimmen. Der über dem Rechteck $dxdy$ stehende Theil des Volumens ist

$$2c dx\, dy \sqrt{1 - \frac{x^2}{a^2} - \frac{y^2}{b^2}},$$

und folglich ist, wenn D die Dichtigkeit der Substanz bezeichnet, das Trägheitsmoment des Körpers

$$2cD \int\int (x^2 + y^2) \sqrt{1 - \frac{x^2}{a^2} - \frac{y^2}{b^2}}\, dx\, dy,$$

welchen Ausdruck man folgendermassen zerlegen kann:

$$2cD \int\int x^2 \sqrt{1 - \frac{x^2}{a^2} - \frac{y^2}{b^2}}\, dx\, dy,$$

$$+ 2cD \int\int y^2 \sqrt{1 - \frac{x^2}{a^2} - \frac{y^2}{b^2}}\, dx\, dy.$$

wir wollen zunächst den ersten Theil behandeln und nach y zwischen den Grenzen

$$-b\sqrt{1-\frac{x^2}{a^2}} \text{ und } + b\sqrt{1-\frac{x^2}{a^2}}$$

integriren. Das Integral

$$\int dy \sqrt{b^2\left(1 - \frac{x^2}{a^2}\right) - y^2},$$

zwischen diesen Grenzen genommen, ist nichts Andres als der Flächeninhalt eines mit dem Radius $b\sqrt{1 - \frac{x^2}{a^2}}$ beschriebenen Halbkreises; sein Werth ist also $\frac{1}{2}\pi b^2 \sqrt{1 - \frac{x^2}{a^2}}$; und man muss jetzt den Ausdruck

$$\pi bcDx^2\left(1 - \frac{x^2}{a^2}\right) dx,$$

von $x = - a$ bis $x = + a$ integriren; diess giebt

$$\frac{4}{15}\pi bca^3 D \text{ oder } \frac{Ma^2}{5}$$

wo M die Masse des Ellipsoids bezeichnet.

Der zweite Ausdruck, der noch zu integriren wäre, unterscheidet sich von dem ersten nur durch Vertauschung von x mit y und a mit b, er führt also zu $\frac{Mb^2}{5}$; das Trägheitsmoment in Bezug auf die Achse der z ist folglich

$$\tfrac{1}{5}(a^2 + b^2)M,$$

und für die beiden andern Achsen würde man finden

$$\tfrac{1}{5}(a^2 + c^2)M, \quad \tfrac{1}{5}(b^2 + c^2)M.$$

In dem Falle $a = b = c$ erhält man das Trägheitsmoment einer Kugel in Beziehung auf irgend einen Durchmesser; sein Werth ist

$$\tfrac{2}{5}a^2 M \text{ oder } \tfrac{8}{15}\pi D a^5.$$

Lässt man den Radius a dieser Kugel um da zunehmen, so wächst ihr Trägheitsmoment um $\frac{8}{3}\pi D a^4 da$, welcher Ausdruck das Trägheitsmoment einer kugelförmigen Schicht von dem Radius a, der Dicke da und der Dichtigkeit D angiebt. Denkt man sich D als eine gegebene Function von a und integrirt den obigen Ausdruck zwischen R und R', so erhält man das Trägheitsmoment einer hohlen nicht homogenen Kugel, deren Dichtigkeit nur von der Entfernung vom Mittelpunkte abhängt.

82. Trägheitsmomente homogener Rotationskörper. In der xy-Ebene denken wir uns eine Fläche, begränzt durch zwei Curven, deren Gleichungen

$$y_0 = f(x) \text{ und } Y = F(x)$$

sein mögen und durch zwei Gerade, welche in den Entfernungen x_0 und X parallel zur y-Achse gezogen sind; bei der Drehung um die x-Achse erzeugt diese Fläche einen Rotationskörper, dessen Trägheitsmomente in Beziehung auf irgend eine durch den Coordinatenanfang gehende Momentenachse allgemein mittelst einfacher Integrale dargestellt werden kann. Man hat nämlich zunächst, wenn x, y, z die Coordinaten eines Körperpunktes M sind und p seinen Abstand von der Momentenachse AS bezeichnet, für das Trägheitsmoment die Formel

$$\mu = D \int\int\int p^2\, dx\, dy\, dz,$$

$$p^2 = x^2 \sin^2\alpha + y^2 \sin^2\beta + z^2 \sin^2\gamma$$
$$- 2yz \cos\beta \cos\gamma - 2xz \cos\alpha \cos\gamma - 2xy \cos\alpha \cos\beta.$$

Statt des bisherigen rechtwinkligen Coordinatensystems bedient man sich hier mit Vortheil eines gemischten Systems, welches in der Ebene yz polar, längs der x-Achse aber rechtwinklig ist, d. h. man setzt

$$y = r \cos \omega, \quad z = r \sin \omega, \quad dy\, dz = r\, d\omega\, dr.$$

Darin bedeutet r die Entfernung des Punktes M von der x-Achse und ω den Neigungswinkel von r gegen die Ebene xy; die Grenzen für ω sind 0 und 2π, r geht von y_0 bis Y, x von x_0 bis X; hiernach ist

$$\mu = D \int_{x_0}^{X} \int_{y_0}^{Y} \int_{0}^{2\pi} p^2 r\, dx\, dr\, d\omega,$$

$$\begin{aligned} p^2 = x^2 \sin^2 \alpha + r^2 \cos^2 \omega \sin^2 \beta + r^2 \sin^2 \omega \sin^2 \gamma \\ - 2r^2 \cos \omega \sin \omega \cos \beta \cos \gamma - 2xr \sin \omega \cos \alpha \cos \gamma \\ - 2xr \cos \omega \cos \alpha \cos \beta. \end{aligned}$$

Nach Substitution des Werthes von p^2 wird μ durch sechs dreifache Integrale ausgedrückt, die leicht auf einfache Integrale zurückführbar sind; es ist nämlich

$$\int_{x_0}^{X} \int_{y_0}^{Y} \int_{0}^{2\pi} x^2 r\, dx\, dr\, d\omega = \pi \int_{X_0}^{X} x^2 (Y^2 - y_0^2)\, dx,$$

$$\begin{aligned} \int_{x_0}^{X} \int_{y_0}^{Y} \int_{0}^{2\pi} r^3 \cos^2 \omega\, dx\, dr\, d\omega = \int_{x_0}^{X} \int_{y_0}^{Y} \int_{0}^{2\pi} r^3 \sin^2 \omega\, dx\, dr\, d\omega \\ = \tfrac{1}{4}\pi \int_{x_0}^{X} (Y^4 - y_0^4)\, dx; \end{aligned}$$

die letzten drei Integrale verschwinden. Für das gesuchte Trägheitsmoment ergiebt sich demnach

$$\mu = D\pi \left\{ \sin^2 \alpha \int_{x_0}^{X} x^2 (Y^2 - y_0^2)\, dx \right. \\ \left. + \tfrac{1}{4} (\sin^2 \beta + \sin^2 \gamma) \int_{x_0}^{X} (Y^4 - y_0^4)\, dx \right\}.$$

Noch einfacher wird diese Formel in folgenden zwei Fällen:

a) Die Momentenachse falle mit der geometrischen Achse zusammen; es ist dann $\alpha = 0$, $\beta = \gamma = 90^0$ mithin

$$\mu = \tfrac{1}{2} D\pi \int_{x_0}^{X} (Y^4 - y_0^{\,4})\, dx$$

Beispielweis hat man für einen abgestumpften Kegel, dessen Halbmesser a und b, und dessen Höhe h sein möge,

$$Y_0 = 0,\ Y = b + \frac{a-b}{h} x,\ x_0 = 0,\ X = h,$$

folglich

$$\mu = \tfrac{1}{2} D\pi \int_0^h \left(b + \frac{a-b}{h} x\right)^4 dx$$

$$= \tfrac{1}{10} D\pi \,(a^4 + a^3 b + a^2 b^2 + ab^3 + b^4)\, h$$

oder wenn M die Masse des abgestumpften Kegels bezeichnet,

$$\mu = \tfrac{3}{10} \frac{a^5 - b^5}{a^3 - b^3} M.$$

Für die Kugel ist zu nehmen

$$y_0 = 0,\ Y^2 = a^2 - x^2,\ x_0 = -a,\ X = +a;$$

man findet damit das frühere Resultat wieder.

b) Die Momentenachse stehe senkrecht auf der geometrischen Achse und möge in diesem Falle zur Achse der y genommen werden; es ist dann $\alpha = 90^0$, $\beta = 0$, $\gamma = 90^0$, folglich

$$\mu = D\pi \left\{ \int_{x_0}^{X} x^2 (Y^2 - y_0^{\,2})\, dx + \tfrac{1}{4} \int_{x_0}^{X} (Y^4 - y_0^{\,4})\, dx \right\}.$$

Für einen Vollkegel, dessen Radius a, dessen Höhe h ist, und bei welchem die Momentenachse durch die Spitze geht, hat man

$$y_0 = 0,\ Y = \frac{a}{h} x,\ x_0 = 0,\ X = h,$$

mithin

$$\mu = \tfrac{1}{5} D\pi \,(h^2 + \tfrac{1}{4} a^2)\, a^2 h = \tfrac{3}{5} (\tfrac{1}{4} a^2 + h^2)\, M,$$

wo M die Masse des Kegels bezeichnet.

Für eine Kugel, deren Radius a ist und deren Mittelpunkt um c vom Coordinatenanfang oder von der Momentenachse absteht, gelten die Substitutionen

$$y_0 = 0, \quad Y^2 = a^2 - (x - c)^2, \quad x_0 = c - a, \quad X = c + a;$$

man findet mittelst derselben

$$\mu = \tfrac{4}{3} D\pi \left(c^2 + \tfrac{2}{5} a^2\right) a^3 = \left(\tfrac{2}{5} a^2 + c^2\right) M$$

wo M die Masse der Kugel bedeutet.

Siebzehntes Capitel.

Bewegung eines starren Körpers um eine feste Achse.

Allgemeine Formeln.

83. Wir betrachten einen festen Körper, dessen Gestalt und Dichtigkeit gegeben sind, und der auf unveränderliche Weise mit einer festen Achse verbunden ist, um welche er sich frei drehen kann. Alle seine Punkte oder bloss eine endliche Anzahl von ihnen werden durch gegebene Kräfte getrieben, und es handelt sich darum, die Bewegung dieses Körpers zu bestimmen, wenn etweder die Anfangsgeschwindigkeiten seiner Punkte gegeben sind, oder wenn man bloss die momentanen Kräfte kennt, wodurch sie hervorgebracht wurden.

Liegen die gegebenen Kräfte nicht in den auf der Drehungsachse senkrechten Ebenen, so kann man jede Kraft in zwei Componenten zerlegen, von denen die eine dieser Achse parallel ist und die andre in einer auf ihr senkrechten Ebene wirkt; die erste wird durch den Widerstand der Achse aufgehoben, und man kann also bei der Untersuchung der Bewegung von ihr abstehen. Wir setzen daher voraus, dass alle gegebenen Kräften in Ebenen wirken, welche auf der festen Achse senkrecht stehen.

Dem d'Alembertschen Princip zufolge besteht Gleichgewicht zwischen den gegebenen und zwischen den Kräften, die denjenigen gleich und entgegengesetzt sind, welche jedem Punkte, diesen als frei gedacht, die Bewegung ertheilen würden, der er wirklich folgt. Die letzteren Kräfte sind

$$\frac{d^2x}{dt^2}\,dm,\ \frac{d^2y}{dt^2}\,dm,\ \frac{d^2z}{dt^2}\,dm$$

für das Element, dessen Masse dm und dessen Coordinaten x, y, z sind; im vorliegenden Falle jedoch ist es besser, die tangentiale und normale Componente zu betrachten; die erste bewirkt den Zuwachs an Geschwindigkeit, die zweite ist die Centripetalkraft und wird durch den Widerstand der Achse aufgehoben, weil jeder Punkt einen Kreisbogen beschreibt, dessen Mittelpunkt auf der Achse liegt. Man kann sich daher auf die Betrachtung der Tangentialkraft beschränken, welche durch $\frac{dv}{dt}\,dm$ dargestellt wird, wenn man mit v die Geschwindigkeit dieses Punktes bezeichnet. Heisst ferner r der Abstand dieses Punktes von der Achse und ϑ der Winkel, der von zwei durch die Achse gehenden Ebenen gebildet wird, von denen die eine fest und die andre mit dem Körper beweglich ist, so hat man auch

$$v = r\,\frac{d\vartheta}{dt} \text{ und folglich } \frac{dv}{dt} = r\,\frac{d^2\vartheta}{dt^2}.$$

Die Geschwindigkeit gilt dann als positiv, wenn der Winkel ϑ wächst, und die Kraft wird als positiv angesehen, wenn sie diesen Winkel zu vergrössern strebt. Nun besteht die Gleichgewichtsbedingung bei einem festen Körper, der sich um eine Achse drehen kann, darin, dass die algebraische Summe der Momente der Kräfte in Beziehung auf diese Achse verschwindet, indem man die Momente der Paare als positiv oder als negativ betrachtet, je nachdem sie den Winkel ϑ zu vergrössern oder zu verkleinern streben. Bezeichnet also P irgend eine der gegebenen Kräfte und p ihren Abstand von der Achse, so gilt vermöge des Gleichgewichts zwischen den Kräften P und $-r\,\frac{d^2\vartheta}{dt^2}$ die folgende Gleichung:

$$\Sigma Pp - \Sigma r^2\,\frac{d^2\vartheta}{dt^2}\,dm = 0,$$

wo die Summen sich auf alle Punkte des Körpers beziehen. Im zweiten Gliede der linken Seite dieser Gleichung kann der Factor $\frac{d^2\vartheta}{dt^2}$ vor das Summenzeichen treten, und dann wird dies Glied $= \frac{d^2\vartheta}{dt^2}\,\Sigma r^2 dm$. Bezeichnen wir mit Mk^2 das Trägheitsmoment, welches sich auf eine durch den Schwerpunkt zur Achse parallel gehende Gerade bezieht, mit M die Masse des Körpers und mit l die Entfernung des Schwerpunkts von der Achse, so ist

$$\Sigma r^2 dm = \int r^2 dm = M\,(k^2 + l^2)$$

und die vorige Gleichung wird daher zur folgenden

$$\frac{d^2\vartheta}{dt^2} = \frac{\Sigma Pp}{M(k^2 + l^2)}. \tag{1}$$

Im Allgemeinen ändern sich die Kräfte mit der Lage des Körpers; sind sie von der Zeit unabhängig, so sind ihre Momente bekannte Functionen von ϑ, und indem man die Gleichung 1) integrirt, erhält man ϑ als Function von t und zwei willkürliche Constanten. Diese Constanten und folglich auch die Bewegung aller Punkte des Körpers lassen sich bestimmen, wenn man die Werthe von ϑ und $\frac{d\vartheta}{dt}$ für $t = 0$ kennt, d. h. wenn die Lage und die Winkelgeschwindigkeit im Anfange der Bewegung bekannt sind.

Um die Integration der Gleichung 1) auszuführen, wollen wir ihre rechte Seite mit $\varphi(\vartheta)$ bezeichnen; multipliciren wir die nunmehrige Gleichung

$$\frac{d^2\vartheta}{dt^2} = \varphi(\vartheta)$$

auf beiden Seiten mit $2d\vartheta$ und integriren von dem Anfangswerthe $\vartheta = \vartheta_0$ an, so erhalten wir

$$\left(\frac{d\vartheta}{dt}\right)^2 = 2\int_{\vartheta_0}^{\vartheta} \varphi(\vartheta)\, d\vartheta + \omega^2, \tag{2}$$

wo ω die anfängliche Winkelgeschwindigkeit bezeichnet; daraus wird ferner

$$dt = \frac{d\vartheta}{\sqrt{\left\{2\int_{\vartheta_0}^{\vartheta} \varphi(\vartheta)\, d\vartheta + \omega^2\right\}}}.$$

Die Ausführung dieser Quadratur liefert t als Function von ϑ; die willkürliche Constante bestimmt sich dadurch, dass gleichzeitig $t = 0$ und $\vartheta = \vartheta_0$ sein muss.

Sind die gegebenen Kräfte so beschaffen, dass für sie die Gleichung der lebendigen Kräfte besteht, so führt diese unmittelbar zur Gleichung 2), weil die Geschwindigkeit eines Punktes, welcher in der Entfernung r von der Achse liegt, $= r\frac{d\vartheta}{dt}$ ist und mithin die Summe Σmv^2 gleich wird

$$\Sigma mr^2 = \frac{d\vartheta^2}{dt^2} = \frac{d\vartheta^2}{dt^2}\Sigma mr^2.$$

Drückt man dann den zweiten Theil der Gleichung der lebendigen Kräfte als Function der Variabeln ϑ allein aus, was immer möglich ist, so findet man $\left(\frac{d\vartheta}{dt}\right)^2$ als Function von ϑ und gelangt so zur Gleichung 2).

84. Wir wollen insbesondere einen schweren Körper betrachten, welcher sich um eine horizontale Achse drehen kann; wir nehmen diese zur y-Achse und die der Schwere entgegengesetzte Richtung zur Achse der z; ϑ möge der Winkel sein, welchen die durch die feste Achse und den Schwerpunkt des Körpers gehende Ebene mit der Verticalebene YZ bildet, endlich wollen wir voraussetzen, dass dieser Winkel von der Achse des positiven z gegen die Achse der positiven x hin wachse, also im Sinne der directen Bewegung. Das Moment in Bezug auf das Element dm ist $gxdm$, und es strebt den Winkel ϑ zu vergrössern, wenn x positiv ist, und zu vermindern bei negativen x; die Gleichung 1) wird also

$$\frac{d^2\vartheta}{dt^2} = \frac{g\Sigma xdm}{M(k^2 + l^2)},$$

oder wenn man mit x_1 die Abscisse des Schwerpunktes bezeichnet,

$$\frac{d^2\vartheta}{dt^2} = \frac{g x_1}{k^2 + l^2}.$$

Nun ist $x_1 = l \sin \vartheta$ mithin

3) $$\frac{d^2\vartheta}{dt^2} = \frac{gl}{k^2 + l^2} \sin \vartheta$$

Diese Gleichung hat dieselbe Form wie jene, welche die Bewegung eines materiellen Punktes um den Anfang in der Ebene XZ bestimmen würde. Bezeichnet man mit R den Abstand dieses bewegten Punktes vom Anfang, oder die Länge dieses einfachen Pendels, so erhält man als Gleichung seiner Bewegung

$$\frac{d^2\vartheta}{dt^2} = \frac{g}{R} \sin \vartheta.$$

Diese Gleichung lässt sich aus No. 3) ableiten, wenn man annimmt, dass die ganze Masse des Körpers in einem um R von der Achse entfernten Punkte concentrirt sei; sie wird mit der vorigen identisch für

$$R = \frac{k^2 + l^2}{l} = l + \frac{k^2}{l}.$$

Sind für $t = 0$ die Werthe von ϑ und $\frac{d\vartheta}{dt}$ in beiden Fällen dieselben, so ist auch die Bewegung beider Körper stets dieselbe. Die Bewegung eines schweren Körpers um eine feste Achse kommt somit auf die Bewegung des einfachen Pendels zurück, und wir brauchen deshalb nur auf die Discussion der letzteren zu verweisen,

85. Wir erwähnen für diesen besondern Fall noch die Anwendung, welche sich allgemein von dem Princip der lebendigen Kräfte machen lässt. Hier sind nämlich $X = 0$, $Y = 0$, $Z = -g\,dm$ die Componenten der an ein beliebiges Massenelement dm angebrachten Kraft; die Gleichung der lebendigen Kräfte wird daher

$$\left(\frac{d\vartheta}{dt}\right)^2 \Sigma mr^2 = -2\Sigma\int g\,dm\,dz = -2g\,\Sigma z\,dm + C,$$

wo C eine willkürliche Constante bezeichnet. Nennt man z_1 das z des Schwerpunkts des Körpers, so hat man

$$\Sigma z dm = Mz_1 = Ml \cos\vartheta.$$

Bestimmt man ferner die Constante durch die Bedingung, dass die Anfangswerthe von ϑ und $\frac{d\vartheta}{dt}$ seien ϑ_0 und ω, so geht die vorige Gleichung, wenn wie früher

$$\Sigma mr^2 = M(k^2 + l^2)$$

gesetzt wird, in die folgende über

$$\left(\frac{d\vartheta}{dt}\right)^2 = -\frac{2gl}{k^2 + l^2}(\cos\vartheta - \cos\vartheta_0) + \omega^2,$$

die nichts Andres als das erste Integral der Gleichung 3) ist. Die weitere Rechnung würde denselben Verlauf wie der Theorie des einfachen Pendels haben.

Ist die feste Achse gegen den Horizont geneigt, so reicht eine blosse Zerlegung der Schwerkraft hin, um diesen Fall auf den vorigen zurückzuführen.

Rotation eines Körpers in Folge einer momentanen Kraft.

86. Wir haben die Bewegung eines Körpers um eine Achse unter der Voraussetzung bestimmt, dass seine Anfangslage und seine anfängliche Winkelgeschwindigkeit bekannt seien; wenn aber statt dieser Geschwindigkeit nur die momentane Kraft, welche sie her-

vorbringt, gegeben ist, so hat man erst zu bestimmen, welche Geschwindigkeit der Körper annimmt, wenn er während einer sehr kurzen Zeit der Wirkung einer Kraft unterworfen ist, welche einem freien Punkte eine bekannte Quantität der Bewegung mitgetheilt haben würde. Zerlegt man diese Kraft in zwei andere, von denen die eine parallel zur Achse und die andere in einer darauf senkrechten Ebene liegt, so bringt letztere allein die Bewegung hervor. Wir wollen mit P ihren Werth und mit p ihren Abstand von der Achse bezeichnen; das d'Alembert'sche Princip liefert dann die Gleichung

$$\omega \Sigma r^2 dm = Pp,$$

worin ω die Winkelgeschwindigkeit bezeichnet; unter Anwendung der bisherigen Bezeichnungen erhält man daraus

$$\omega = \frac{Pp}{M(k^2 + l^2)}.$$

Da somit die durch den Stoss erzeugte Winkelgeschwindigkeit bekannt ist, so lässt sich die Bewegung wie vorher bestimmen, und wenn keine Kraft auf den Körper wirkt, so giebt die Gleichung 1)

$$\frac{d^2\vartheta}{dt^2} = 0,$$

und die Winkelgeschwindigkeit bleibt constant.

87. Wir wollen annehmen, dass der Impuls durch den Stoss eines materiellen Punktes erzeugt sei, der die Masse μ besitzt und sich mit einer Geschwindigkeit v bewegt, deren Richtung in einer zur Achse senkrechten Ebene und um die Grösse f von der Achse entfernt liegt; überdies setzen wir voraus, dass diese Masse mit dem Körper in dem Punkte vereinigt bleibe, in welchem sie auf ihn trifft, und dessen Entfernung von der Achse mit h bezeichnet werden möge.

Zerlegt man die Geschwindigkeit v nach der Normalen und nach der Tangente des Kreises, welchen der Punkt beschreibt, wo der Stoss stattfand, so wird die erste Componente aufgehoben und der Werth der zweiten ist $\frac{vf}{h}$. Bezeichnen wir mit ω die Winkelgeschwindigkeit des Systems nach dem Stosse, so hat die Masse μ die Geschwindigkeit $\frac{vf}{h} - h\omega$ verloren, und die Quantität der Bewegung, welche die Rückwirkung des Körpers ihn hat verlieren lassen, ist $\mu\left(\frac{vf}{h} - h\omega\right)$; dies also ist dass Maass der momentanen Kraft, welche auf die Masse μ ausgeübt wird, und da Wirkung und Gegenwirkung gleich sind, so ist dies auch das Maass der momentanen Kraft, welche auf den gegebenen Körper gewirkt hat. Man kommt so auf den vorigen Fall zurück und erhält

$$\mu h\left(\frac{vf}{h} - h\omega\right) = \omega \Sigma r^2 dm, \text{ woraus } \omega = \frac{\mu v f}{\mu h^2 + \Sigma r^2 dm}.$$

Der Nenner ist das Trägheitsmoment des ganzen aus dem gegebenen Körper und der Masse, welche sich mit ihm vereinigt hat, zusammengesetzten Systems. Bezieht man die Summe Σ auf die Gesammtheit beider Massen, so ist einfacher

$$\omega = \frac{\mu v f}{\Sigma r^2 dm}.$$

Geschieht der Stoss gleichzeitig von mehreren Körpern, deren Massen μ, μ', μ'' etc., deren Geschwindigkeiten v, v', v'' etc., und bei welchen die Entfernungen der Richtungen der Geschwindigkeiten von der Achse f, f', f'', etc. sind, so ist entsprechend

$$\omega = \frac{\mu v f + \mu' v' f' + \mu'' v'' f'' + \text{etc.}}{\Sigma r^2 dm}$$

wo das Trägheitsmoment $\Sigma r^2 dm$ sich auf die Vereinigung aller Körper bezieht.

Verschiedene Eigenschaften der Rotation um eine feste Achse.

88. Ein fester Körper, welcher um eine horizontale Achse schwingt, heisst ein zusammengesetztes Pendel; unter der Länge desselben versteht man die Länge des einfachen Pendels, welches dieselbe Bewegung hat. Die Länge des zusammengesetzten Pendels ist demnach $= l + \frac{k^2}{l}$; sie wird nicht geändert, wenn man dem Körper eine beliebige andere Lage giebt, indem man ihn um eine Achse dreht, welche der durch den Schwerpunkt gehenden Achse parallel wäre; denn l und k würden dieselben Werthe beibehalten.

Man nennt Schwingungsmittelpunkt eines zusammengesetzten Pendels jeden Punkt dieses Körpers oder jeden fest mit diesem Körper verbundenen Punkt, dessen Bewegung dieselbe ist als wenn er isolirt und gezwungen wäre, sich durch die Einwirkung der Schwere um dieselbe Achse zu bewegen. Hiernach sind alle Punkte derjenigen Geraden, welche in der Entfernung $l + \frac{k^2}{l}$ parallel zur Achse gezogen ist und in der durch Achse und Schwerpunkt gehenden Ebene liegt, Schwingungsmittelpunkte; sie liegen um die Grösse $\frac{k^2}{l}$ unterhalb des Schwerpunktes. Einige Schriftsteller nennen specieller Schwingungsmittelpunkt denjenigen dieser Punkte, welcher auf der Verticalen durch den Schwerpunkt liegt.

Da die Abstände des Schwerpunktes von der Achse und von der Linie der Schwingungsmittelpunkte zum Producte k^2 geben, so folgt daraus, dass, wenn man letztere als feste Achse nimmt, die erste zur Linie der Schwingungsmittelpunkte wird. Die Länge des Pendels ist dann dieselbe wie vorhin und seine Bewegung identisch mit jener. Ebenso verhält es sich, wenn man zur Achse der Aufhängung jede andre parallele Gerade nimmt, welche in derselben Entfernung vom Schwerpunkte liegt, weil l und k^2 sich bei dieser Voraussetzung nicht ändern.

Ueberhaupt ist die Bewegung dieselbe um alle Achsen, welche dem Pendel dieselbe Länge geben. Bezeichnet man mit l die Entfernung irgend einer Achse vom Schwerpunkte, mit α, β, γ die Winkel, welche ihre Richtung mit den Hauptachsen in Bezug auf diesen Punkt bildet, und mit A, B, C die Trägheitsmomente in Beziehung auf diese Achsen, so ist jederzeit

$$Mk^2 = A \cos^2\alpha + B \cos^2\beta + C \cos^2\gamma,$$

und die Länge $l + \frac{k^2}{l}$ des Pendels wird

$$l + \frac{A \cos^2\alpha + B \cos^2\beta + C \cos^2\gamma}{Ml}.$$

Diese Länge kann also für eine unendliche Menge verschiedener Geraden dieselbe bleiben, weil α, β, γ, l unbestimmt sind.

89. Kennt man die Werthe, welche diese unbestimmten Grössen haben müssen, damit der vorige Ausdruck ein Minimum werde, so weiss man auch, um welche Achse die Bewegung stattfinden muss, damit die Schwingung in der kleinstmöglichen Zeit vor sich gehe.

Von allen Achsen nun, für welche k^2 constant ist, entspricht diejenige, welche das Minimum für die Länge $l + \frac{k^2}{l}$ giebt, dem

Werthe $l = k$; und die Länge des Pendels ist dann gleich $2k$. Sie wird demnach am kleinsten, sobald k seinen kleinsten Werth erreicht. Die Schwingung ist daher die kürzeste, wenn die Drehungsachse parallel liegt zur Achse des kleinsten Trägheitsmoments in Bezug auf den Schwerpunkt; ihre Entfernung k von dieser Achse ist gleich der Quadratwurzel des Verhältnisses dieses Trägheitsmoments zur Masse des Körpers.

90. Stoss gegen die Achse. Die momentane Kraft, welche den Körper in Bewegung setzt, übt auf die feste Achse einen Stoss aus, der von Kräften herrührt, welche sich mittelst ihrer Festigkeit das Gleichgewicht halten. Nehmen wir diese Achse zur Achse der z, und zur Ebene der x und y die durch den Angriffspunkt der Kraft gelegte senkrechte Ebene, zerlegen wir ferner diese Kraft in zwei andere, von denen die eine, Z, der festen Achse parallel, und die andere, P, in der Ebene XY liegt und zu Componenten X, Y hat, so muss Gleichgewicht herrschen zwischen den Kräften $-X$, $-Y$, $-Z$, und denjenigen, welche durch die Bewegungsquantitäten $m\frac{dx}{dt}$, $m\frac{dy}{dt}$, $m\frac{dz}{dt}$ in Bezug auf alle Elemente des Körpers gemessen werden; dabei ist $\frac{dz}{dt} = 0$, weil die Bewegung um die Achse der z stattfindet. Bezeichnen x, y, z die Coordinaten des Elementes dm, r seinen Abstand von der Achse, ϑ den Winkel, welcher von der Achse der x mit der Projection des von diesem Elemente auf die Achse gefällten Perpendikels gebildet wird, und ω die hervorgebrachte Winkelgeschwindigkeit, so gelten die Gleichungen

$$x = r\cos\vartheta,\ y = r\sin\vartheta,\ \frac{d\vartheta}{dt} = \omega;$$

durch Differentiation wird aus ihnen

$$\frac{dx}{dt} = -r\sin\vartheta\frac{d\vartheta}{dt},\ \frac{dy}{dt} = r\cos\vartheta\frac{d\vartheta}{dt},\ \text{oder}\ \frac{dx}{dt} = -\omega y,\ \frac{dy}{dt} = \omega x,$$

und die Componenten der an das Element dm angebrachten Kraft, parallel zur Achse der x und y, sind $-\omega y dm$ und $+\omega x dm$. Wenn man jetzt das System dieser Kräfte in Verbindung mit $-X$, $-Y$, $-Z$ in drei nach den Achsen der x, y, z gerichtete Kräfte und in drei Paare, deren Achsen eben diese Richtungen haben, zerlegt, so haben jene Kräfte die Werthe

$$-X - \omega M y_1,\ -Y + \omega M x_1,\ -Z,$$

wo x_1, y_1 die Coordinaten des Schwerpunkts des Körpers bezeichnen; die drei Paare sind

$$bZ + \omega \Sigma xz\,dm, \ -aZ + \omega \Sigma yz\,dm, \ aY - bY - \omega \Sigma r^2 dm,$$

wo a und b die Coordinaten des Angriffspunktes der Kraft bedeuten. Nun ist das letzte Paar vermöge des um die Achse herum vorhandenen Gleichgewichts von selbst Null, und die auf die Achse ausgeübten Wirkungen rühren nur von den beiden andern Paaren und von den nach drei Achsen gerichteten Kräften her.

91. Mittelpunkt des Stosses. Wir wollen jetzt die Bedingungen aufsuchen, unter welchen die feste Achse keinen Stoss erleidet. Dazu ist nöthig, dass unabhängig von dieser Achse Gleichgewicht bestehe, und dass folglich die nach den Achsen gerichteten Kräfte sowie die in den Coordinatenebenen liegenden Paare einzeln verschwinden. Nehmen wir der Einfachheit wegen an, dass die Ebene der x und z durch den Schwerpunkt gehe, dass folglich $y_1 = 0$ sei, so erhalten wir folgende Bedingungen:

$$Z = 0, \ X = 0, \ Y = \omega M x_1,$$

$$\Sigma xz\,dm = 0, \ \Sigma yz\,dm = 0, \ aY - \omega \Sigma r^2 dm = 0.$$

Die letzte Gleichung liefert die Winkelgeschwindigkeit; die beiden vorhergehenden zeigen an, dass die Achse der z eine der Hauptachsen ist, welche sich im Coordinatenanfang schneiden. Die erste lehrt, dass die Kraft in einer auf der festen Achse senkrechten Ebene liegen muss, und die zweite beweist, dass sie senkrecht auf der durch die Achse und den Schwerpunkt des Körpers gehenden Ebene steht.

Um die Entfernung a der momentanen Kraft von der Achse als Function der gegebenen Grössen kennen zu lernen, hat man in die letzte Gleichung für ω seinen aus der dritten Gleichung hervorgehenden Werth zu substituiren und findet so

$$a = \frac{\Sigma r^2 dm}{M x_1};$$

bezeichnet Mk^2 das Trägheitsmoment des Körpers in Bezug auf eine durch den Schwerpunkt zur Achse gelegte Parallele, so wird diese Gleichung

$$a = x_1 + \frac{k^2}{x_1};$$

und folglich ist a gleich der Entfernung der festen Achse vom Schwingungsmittelpunkte des Körpers in Bezug auf diese Achse. Soll demnach die Achse keinen Stoss erleiden, so ist es nothwendig und genügend:

1^0. dass die Kraft senkrecht gegen die Ebene gerichtet sei, welche durch die Achse und den Schwerpunkt des Körpers geht,

2^0. dass diese Achse eine der Hauptachsen des Körpers in Bezug auf den Punkt sei, in welchem sie von derjenigen Ebene getroffen wird, welche auf ihr senkrecht steht und den Stoss enthält;

3^0. dass der Abstand der Kraft von der Achse derselbe sei, wie derjenige des Mittelpunkts der Schwingung des Körpers um diese Achse.

Die letzte Bedingung zeigt, dass die vorliegende Aufgabe unmöglich ist, wenn der Schwerpunkt auf der Achse selbst liegt; dann würde nämlich die Kraft sich in einer unendlichen Entfernung befinden müssen.

Der Punkt, in welchem die Kraft angebracht werden muss, die also in der durch die Achse und den Schwerpunkt gehenden Ebene liegt, heisst der Mittelpunkt des Stosses; er liegt auf der Geraden, welche die Schwingungsmittelpunkte enthält.

Wenn umgekehrt der Körper um diese Achse in Bewegung wäre, so würde man denselben plötzlich mittelst einer an den Mittelpunkt des Stosses angebrachten Kraft anhalten können, ohne dass dadurch eine Wirkung auf die Achse hervorgebracht werden könnte, wenn nämlich alle Umstände, so wie wir sie angegeben haben, stattfinden.

In dem Falle, wo nur

$$\Sigma xzdm = 0,\ \Sigma yzdm = 0,\ Z = 0$$

wäre, würde der auf die Achse ausgeübte Stoss sich auf eine Kraft reduciren, welche durch den Anfang geht, und folglich aufgehoben würde, wenn dieser fest ist. Die momentane Kraft bringt dann eine anfängliche Bewegung um die Achse der z hervor, als wenn diese fest wäre. Dasselbe würde eintreten, wenn statt einer einzigen Kraft eine beliebige Anzahl von Kräften in derselben Ebene vorhanden wäre, denn mittelst des festen Punktes werden sie immer auf eine einzige Kraft zurückgeführt werden können.

92. Der auf die Achse während der Bewegung ausgeübte Druck. Das Gleichgewicht, welches nach dem d'Alembert'schen Princip stattfindet, erzeugt in jedem Augenblicke auf die feste Achse einen Druck, welchen man wie bei einer momentanen

Kraft berechnen kann. Sind Xdm, Ydm, Zdm die Componenten der an das Element dm angebrachten Kraft, so findet Gleichgewicht statt zwischen den Kräften

$$+ Xdm, \; + Ydm, \; + Zdm,$$

und den Kräften

$$-\frac{d^2x}{dt^2}dm, \; -\frac{d^2y}{dt^2}dm, \; -\frac{d^2z}{dt^2}dm,$$

von denen die dritte Null ist, da die Bewegung um die Achse der z vor sich gehen soll. Nennt man ϑ den Winkel, welcher von der Achse der x mit der Projection des von irgend einem Punkte des Körpers auf die Achse der z gefällten Perpendikels gebildet wird, und ω die Winkelgeschwindigkeit, so hat man die Beziehungen

$$x = r \cos \vartheta, \quad y = r \sin \vartheta, \quad \frac{d\vartheta}{dt} = \omega;$$

woraus

$$\frac{d^2x}{dt^2} = -\omega^2 x - y\frac{d\omega}{dt}, \quad \frac{d^2y}{dt^2} = -\omega^2 y + x\frac{d\omega}{dt}.$$

Wenn man ferner das System aller Kräfte in drei nach den Achsen gerichtete Einzelkräfte und drei in den Coordinatenebenen liegende Paare zerlegt, so haben jene drei Kräfte die Werthe

$$\Sigma Xdm + \omega^2 Mx_1 + My_1\frac{d\omega}{dt},$$

$$\Sigma Ydm + \omega^2 My_1 - Mx_1\frac{d\omega}{dt},$$

$$\Sigma Zdm.$$

Die Momente der Paare, deren Achsen nach den Achsen der x, y, z gerichtet sind, werden ausgedrückt durch

$$\Sigma\,(yZ - zY)\,dm - \omega^2 \Sigma yzdm + \frac{d\omega}{dt}\Sigma xzdm,$$

$$\Sigma\,(zX - xZ)\,dm + \omega^2 \Sigma xzdm + \frac{d\omega}{dt}\Sigma yzdm,$$

$$\Sigma\,(xY - yX)\,dm - \frac{d\omega}{dt}\Sigma r^2 dm.$$

Das letzte Moment ist wegen der Bedingung des Gleichgewichts Null, und der Druck, welcher in jedem Augenblicke auf die Achse ausgeübt wird, rührt von den beiden andern Paaren und den drei in dem Anfange angebrachten Kräften her.

93. Permanente Drehungsachsen. Wir wollen annehmen, dass der Körper statt einer festen Achse nur einen festen Punkt besitze, den wir zum Anfang wählen wollen; ferner setzen wir voraus, dass keine äussere Kraft den Körper angreife, endlich stellen wir uns die Aufgabe, die Bedingungen zu bestimmen, unter welchen die Bewegung, wenn sie um die Achse der z begonnen hat, so fortfährt, als wäre diese Achse unveränderlich fest.

Hierzu genügt offenbar, dass alle Kräfte mittelst des festen Punktes mit einander im Gleichgewicht sind. Nun hebt dieser Punkt die drei in ihm angebrachten Componenten auf, es genügt also, dass die drei Paare verschwinden, was folgende Bedingungen giebt:

$$\frac{d\omega}{dt} = 0, \quad \Sigma xz dm = 0, \quad \Sigma yz dm = 0.$$

Es ist also nothwendig und genügend, dass die Achse der z eine der Hauptträgheitsachsen sei, welche sich in dem festen Punkte schneiden. Demnach besitzt jeder mit dem festen Körper verbundene Punkt die Eigenschaft, dass, wenn man ihn fest macht, und der Körper sich um eine seiner Hauptachsen der Trägheit in Bezug auf diesen Punkt zu drehen beginnt und keine äusseren Kräfte einwirken, er sich gleichförmig um diese Achse zu drehen ebenso fortfährt, als wenn letztere fest wäre. Unter diesem Gesichtspunkte betrachtet heissen jene drei Achsen die permanenten Drehungsachsen in Bezug auf diesen Punkt. Läge der Anfang im Schwerpunkte des Körpers, wäre also $x_1 = 0$ und $y_1 = 0$, so würden die daran angebrachten Kräfte von selbst verschwinden, und es wäre nicht mehr nöthig, dass dieser Punkt fest sei; d. h.

Wenn ein ganz freier Körper sich um eine seiner durch den Schwerpunkt gehenden Hauptachsen zu drehen anfängt, und keine neue Kraft an ihn angebracht wird, so setzt er seine Bewegung gleichförmig um die Achse fort.

Diese drei Achsen heissen natürliche Drehungsachsen oder permanente Drehungsachsen in Bezug auf den Schwerpunkt.

Der obige Satz bleibt in der Hauptsache auch dann noch richtig, wenn die in der Ebene xy wirkenden Kräfte auf ein Paar zurückkommen; nur ändert sich dann die Winkelgeschwindigkeit.

Anfängliche Bewegung eines festen Körpers, welcher sich um einen festen Punkt dreht und der Einwirkung momentaner Kräfte unterworfen ist.

94. Alle an einem festen Körper angebrachten Kräfte lassen sich bekanntlich auf eine durch einen Punkt gehende Einzelkraft und auf ein Paar zurückführen. Da jener Punkt, als fester Punkt genommen, einzig und allein die Einzelkraft aufhebt, so wird die Bewegung nur noch durch das Paar hervorgebracht. Dieses Paar wollen wir in drei Paare zerlegen, deren Achsen die Richtungen der Hauptachsen des Körpers in Bezug auf den festen Punkt haben; zugleich wollen wir dieselben zu Coordinatenachsen nehmen und L, M, N die Momente dieser Paare nennen.

Wir wissen, dass die Geschwindigkeit eines jeden Punktes dadurch gefunden wird, dass man die einzelnen von jedem Paare hervorgebrachten Geschwindigkeiten zusammensetzt. Nun ist das mit dem Momente L versehene Paar in der Ebene enthalten, welche senkrecht auf einer Achse steht, die in Bezug auf ihren Schnittpunkt mit dieser Ebene Hauptachse ist; sie bringt also eine Bewegung um diese Achse hervor, und die erzeugte Winkelgeschwindigkeit ist $= \frac{L}{A}$, wenn A das Trägheitsmoment des Körpers in Beziehung auf diejenige Achse bezeichnet, längs welcher man die x zählt. (Vgl. No. 86.)

Nennt man ebenso B und C die Trägheitsmomente in Bezug auf die Achsen der y und z, so bewirken die beiden andern Paare Drehungen um eben diese Achsen mit den Winkelgeschwindigkeiten $\frac{M}{B}$ und $\frac{N}{C}$; man hat also, wenn diese Winkelgeschwindigkeiten mit ω, ω', ω'' bezeichnet werden,

$$\omega = \frac{L}{A}, \quad \omega' = \frac{M}{B}, \quad \omega'' = \frac{N}{C}.$$

Wie wir früher gezeigt haben, lassen sich diese drei Bewegungen nach den Regeln über geometrische Bewegungen zusammensetzen und es geht aus ihnen eine rotirende Bewegung hervor, deren Grösse gleich $\sqrt{\omega^2 + \omega'^2 + \omega''^2}$ ist, und die um eine Achse stattfindet, die mit den Coordinatenachsen die Winkel α, β, γ bildet, deren Cosinus den Grössen ω, ω', ω'' proportional sind.

Betrachtet man jetzt das Centralellipsoid, dessen Gleichung

$$Ax^2 + By^2 + Cz^2 = 1$$

ist, so weiss man, dass $\frac{L}{A}$, $\frac{M}{B}$, $\frac{N}{C}$ den Cosinus der Winkel proportional sind, welche der conjugirte Durchmesser der Ebene

$$Lx + My + Nz = 0$$

mit den Achsen einschliesst; also ist die augenblickliche Drehungsachse der conjugirte Durchmesser dieser Ebene. Das Perpendikel auf diese Ebene bildet mit den Achsen Winkel, deren Cosinus den Momenten L, M, N proportional sind; diese Normale ist daher nichts Anderes als die Achse des Paares des Impulses; daraus geht nachstehender Satz hervor:

Die Achse der Drehung, welche durch ein Paar an einem festen mit einem festen Punkte versehenen Körper hervorgebracht wird, ist der conjugirte Durchmesser der Ebene des Paares in dem Centralellipsoid.

Achtzehntes Capitel.

Drehung eines starren Körpers um einen festen Punkt.

Allgemeine Formeln.

95. Bei der folgenden Untersuchung denken wir uns ein starres Punktesystem oder einen starren Körper mit einem festen Punkte verbunden und von beliebig gegebenen Kräften afficirt; unter der Voraussetzung, dass der Anfangszustand des Systemes gleichfalls bekannt ist, soll für jede beliebige Epoche der Ort und die Geschwindigkeit jedes einzelnen Punktes bestimmt werden.

Denken wir uns zu diesem Zwecke drei durch den festen Punkt gehende und mit dem Körper verbundene rechtwinklige Coordinatenachsen, so kommt es nur darauf an, die Bewegung dieses Coordinatensystemes zu ermitteln und zwar kann jede augenblickliche Lage desselben entweder durch die neun Winkel bestimmt werden, welche die beweglichen Achsen mit drei absolut festen Achsen bilden, oder durch die drei Winkel, von denen bei der Transformation rechtwinkliger Coordinaten Gebrauch gemacht wird. (S. Anhang zum ersten Bande.)

Um nun zu den Bewegungsgleichungen zu gelangen, benutzen wir wieder das *d'Alembert*'sche Princip, wonach in jedem Augenblicke Gleichgewicht stattfinden muss zwischen den gegebenen Kräften und jenen Kräften, welche den wirksamen beschleunigenden Kräften gleich und entgegengesetzt sind oder, kürzer ausgedrückt, zwischen den gegebenen Kräften und der Reaction des Systemes. Hieraus entspringen drei Bewegungsgleichungen von schon bekannter Form und bezogen auf irgend ein zu Grunde gelegtes Coordinatensystem; letzteres braucht übrigens nicht absolut fest zu sein, denn jene Bewegungsgleichungen gelten für irgend eine beliebig aus der Zeit herausgegriffene Epoche und für irgend ein in diesem Augenblicke gerade vorhandenes Coordinatensystem, es ist daher auch ganz gleichgültig, welche Lage dieses Coordinatensystem hat. Am zweckmässigsten wählt man dazu das mit dem Körper verbundene und mit ihm bewegliche Coordinatensystem und transformirt nachher die erhaltenen Gleichungen, indem man die auf das bewegliche System bezogenen Coordinaten durch die Coordinaten eines absolut festen Achsensystemes ausdrückt. Diesen Gedankengang wollen wir nun ausführen.

96. Die Componenten der beschleunigenden Kraft. In dem beweglichen Achsensystem mögen x_1, y_1, z_1 die Coordinaten eines materiellen, die Masse dm enthaltenden Punktes bezeichnen und u, v, w seine Seitengeschwindigkeiten parallel den Achsen der x_1, y_1, z_1; nach der Zeit dt gehen diese Seitengeschwindigkeiten über in $u + du$, $v + dv$, $w + dw$, sind aber nicht mehr parallel den Achsen der x_1, y_1, z_1, sondern vielmehr den Lagen, welche die genannten Achsen zur Zeit $t + dt$ haben; diese neuen Richtungen mögen x_2, y_2, z_2 heissen. Was nun die Werthe von u, v, w betrifft, so kennt man sie aus den früheren phoronomischen Untersuchungen (S. 269 des ersten Bdes.), nämlich

$$1) \qquad u = qz_1 - ry_1, \quad v = rx_1 - pz_1, \quad w = py_1 - qx_1;$$

die Zunahmen derselben sind, weil x_1, y_1, z_1 nicht von der Zeit abhängen,

$$2) \quad du = z_1\, dq - y_1 dr, \quad dv = x_1\, dr - z_1 dp, \quad dw = y_1\, dp - x_1 dq;$$

man hat daher auch die Werthe von $u + du$, $v + dv$, $w + dw$.

Um nun die Componenten der beschleunigenden Kraft zu finden, darf man nicht etwa du, dv, dw schlechthin durch dt dividiren, denn der Satz, dass die Zunahme der Seitengeschwindigkeiten, dividirt durch die Zunahme der Zeit, die Componenten der beschleunigenden Kraft liefern, gilt nur unter der Bedingung, dass die Incremente der Seitengeschwindigkeiten auf dieselben Coordinatenachsen bezogen sind, wie die Seitengeschwindigkeiten selber. Hier ist diess nicht der Fall, daher müssen die Seitengeschwindigkeiten $u + du$, $v + dv$, $w + dw$, welche den Richtungen x_2, y_2, z_2 entsprechen, erst auf die Achsen der x_1, y_1, z_1 projicirt werden; von den erhaltenen Projectionen sind dann u, v, w abzuziehen und die Reste durch dt zu dividiren.

Bezeichnen wir mit x, y, z die Coordinaten des Punktes dm, bezogen auf ein absolut festes Coordinatensystem, so sind die Cosinus der Winkel, welche x_1 mit den absoluten Achsen bildet, der Reihe nach

$$a,\ a',\ a'';$$

mithin sind die Cosinus der Winkel zwischen X_2 und denselben festen Achsen

$$a + da,\ a' + da',\ a'' + da''.$$

Aehnliche Ausdrücke gelten für die Cosinus der Winkel, welche Y_1 und Y_2 sowie Z_1 und Z_2 mit den festen Achsen bilden; es ist daher leicht genug, die Cosinus aller neun Winkel zwischen X_1, Y_1, Z_1 einerseits und X_2, Y_2, Z_2 andererseits zu berechnen. So hat man zunächst

$$\begin{aligned} \cos X_2 X_1 &= (a + da)\, a + (a' + da')\, a' + (a'' + da'')\, a'' \\ &= a^2 + a'^2 + a''^2 + a\cdot da + a'\, da' + a''\, da'' \end{aligned}$$

d. i. wenn man die Gleichung $a^2 + a'^2 + a''^2 = 1$ berücksichtigt und die unendlich kleinen Grössen gegen die Einheit vernachlässigt,

3) $\cos X_2 X_1 = 1$, ebenso $\cos Y_2\, Y_1 = 1$, $\cos Z_2\, Z_1 = 1$.

Ferner ist z. B. für den Winkel zwischen Y_2 und Z_1

$$\begin{aligned} \cos Y_2\, Z_1 &= (b + db)\, c + (b' + db')\, c' + (b'' + db'')\, c'' \\ &= bc + b'c' + b''c'' + c\, db + c'\, db' + c''\, db''; \end{aligned}$$

wegen $bc + b'c' + b''c'' = 0$ wird hieraus

$$\cos Y_2\, Z_1 = c\, db + c'\, db' + c''\, db'' = p\, dt.$$

Auf gleiche Weise erhält man

$$\cos Z_2\, Y_1 = b\, dc + b'\, dc' + b''\, dc'' = -\, p\, dt,$$

also überhaupt folgende Beziehungen

4)*) $$\begin{cases} \cos Y_2\, Z_1 = -\cos Z_2\, Y_1 = p\, dt, \\ \cos Z_2\, X_1 = -\cos X_2\, Z_1 = q\, dt, \\ \cos X_2\, Y_1 = -\cos Y_2\, X_1 = r\, dt. \end{cases}$$

Die zur Zeit $t + dt$ längs der Achse der X_1 stattfindende Seitengeschwindigkeit ist hiernach

*) Man ersieht aus den obigen Formeln, dass die Grössen $p\, dt$, $q\, dt$, $r\, dt$, welche die momentane Drehungsachse und die Componenten der Winkelgeschwindigkeit bestimmen, eine geometrische Bedeutung haben; jede von ihnen ist nämlich der Cosinus des Winkels zwischen einer Achse in ihrer ersten Lage und einer der auf ihr senkrechten Achsen, letztere in der zweiten, durch eine unendlich kleine Drehung hervorgerufenen Lage genommen.

$$(u + du) \cos X_2 X_1 + (v + dv) \cos Y_2 X_1 + (w + dw) \cos Z_2 X_1$$
$$= u + du - (v + dv)\, r\, dt + (w + dw)\, q\, dt;$$

zieht man hiervon u ab und dividirt den Rest durch dt, so erhält man für die Componente der beschleunigenden Kraft längs der nämlichen Achse:

$$\frac{du}{dt} - (v + dv)\, r + (w + dw)\, q.$$

Es bedarf nur der Substitution der Werthe von v, dv, w, dw, um die fragliche Componente, welche u heissen möge, vollständig entwickelt zu haben. Selbstverständlich fallen dabei die unendlich kleinen Grössen gegen endliche Grössen weg und so ergeben sich für die Componenten der beschleunigenden Kraft schliesslich die Werthe

$$5)\quad \begin{cases} u' = z_1 \dfrac{dq}{dt} - y_1 \dfrac{dr}{dt} + q\,(p y_1 - q x_1) - r\,(r x_1 - p z_1), \\ v' = x_1 \dfrac{dr}{dt} - z_1 \dfrac{dp}{dt} + r\,(q z_1 - r y_1) - p\,(p y_1 - q x_1), \\ w' = y_1 \dfrac{dp}{dt} - x_1 \dfrac{dq}{dt} + p\,(r x_1 - p z_1) - q\,(q z_1 - r y_1). \end{cases}$$

97. Die Gleichungen der Bewegung. Bezeichnen X_1, Y_1, Z_1 die drei, den beweglichen Achsen parallelen Componenten der am Punkte x_1, y_1, z_1 angebrachten bewegenden Kraft, so führt das *d'Alembert*'sche Princip zu folgenden drei Gleichungen

$$\Sigma\,(y_1 w' - z_1 v')\, dm = \Sigma\,(y_1 Z_1 - z_1 Y_1),$$
$$\Sigma\,(z_1 u' - x_1 w')\, dm = \Sigma\,(z_1 X_1 - x_1 Z_1),$$
$$\Sigma\,(x_1 v' - y_1 u')\, dm = \Sigma\,(x_1 Y_1 - y_1 X_1).$$

Die auf der linken Seite angedeuteten Summen beziehen sich auf die ganze Masse, die Summen rechter Hand auf die äusseren Kräfte, welche sowohl an alle Punkte des Körpers als an gewisse besondere und der Anzahl nach begrenzte Punkte angebracht sein können. Die letzteren Summen lassen sich durch die Elemente ausdrücken, welche die Lage des Körpers in jedem Augenblicke bestimmen, sie sind also bekannte Functionen der Winkel φ, ψ, ϑ und vielleicht von t, letzteres in dem Falle, wenn die Kräfte von der Zeit abhängen.

Die linken Seiten der obigen Gleichungen vereinfachen sich sehr, wenn man die Hauptträgheitsachsen des Körpers zu den

Achsen x_1, y_1, z_1 nimmt; dann verschwinden die Summen $\Sigma y_1 z_1 dm$, $\Sigma z_1 x_1 dm$, $\Sigma x_1 y_1 dm$, und wenn man mit A, B, C die Trägheitsmomente des Körpers in Bezug auf die Achsen der x_1, y_1, z_1 und mit L, M, N die Summen rechter Hand bezeichnet, so gelangt man zu folgenden Gleichungen:

$$6)\quad \begin{cases} A\dfrac{dp}{dt} = (B - C)\,qr + L, \\ B\dfrac{dq}{dt} = (C - A)\,rp + M, \\ C\dfrac{dr}{dt} = (A - B)\,pq + N. \end{cases}$$

Diese Gleichungen sind noch mit den bekannten früheren Formeln

$$pdt = c\,db + c'db' + c''db'',$$

$$qdt = a\,dc + a'dc' + a''dc'',$$

$$rdt = b\,da + b'da' + b''da''$$

zu verbinden, welche letzteren gleichfalls durch die Winkel ϑ, φ und ψ ausgedrückt werden können; setzt man nämlich für a, a', a'' $b \ldots c''$ ihre Werthe (Bd. I. S. 422), so findet man leicht

$$7)\quad \begin{cases} pdt = \cos\varphi\, d\vartheta + \sin\varphi \sin\vartheta\, d\psi, \\ qdt = -\sin\varphi\, d\vartheta + \cos\varphi \sin\vartheta\, d\psi, \\ rdt = d\varphi + \cos\vartheta\, d\psi. \end{cases}$$

Die Gleichungen 6) und 7) bilden zusammen ein System von sechs Differentialgleichungen erster Ordnung mit den sechs Unbekannten p, q, r, φ, ψ, ϑ; letztere können daher mittelst jener Gleichungen als Funktionen der Zeit t ausgedrückt werden. Die Werthe der bei den Integrationen auftretenden sechs willkürlichen Constanten bestimmen sich durch die anfänglichen Lagen und Geschwindigkeiten.

Verschiedene Eigenschaften dieser Bewegung, falls keine äusseren Kräfte existiren.

98. Anwendung des Princips der Flächen. Wenn ein fester Körper sich um einen festen Punkt bewegt, so könnte die Geschwindigkeiten, welche alle seine Punkte in einem beliebigen Zeitpunkte besitzen, in diesem Augenblicke durch momentan

Kräfte hervorgebracht werden, welche auf den Körper wirkten, wenn er in dieser Lage in Ruhe wäre; in Folge des festen Punktes würden dann alle Kräfte auf ein Paar zurückführbar sein. Dieses Paar ist identisch mit demjenigen, welches aus den Quantitäten der Bewegung hervorgeht, denen die verschiedenen Punkte des Körpers unterworfen sind; zerlegt man daher beide Paare in drei andere, deren Achsen nach drei festen rechtwinkligen Geraden gerichtet sind, so müssen die componirenden Paare dieselben sein. Nun lehrt das Princip der Flächen, dass, wenn keine äusseren Kräfte existiren, die Summen der Momente der Bewegungsquantitäten in Beziehung auf drei feste Achsen constant bleiben, und mithin ein und dasselbe Moment geben, dessen Achse eine unveränderliche Richtung hat. Die momentanen Kräfte, welche in jedem Augenblicke dem in Ruhe gedachten Körper in derjenigen Lage, die er gerade einnimmt, die wirklich stattfindenden Geschwindigkeiten ertheilen würden, sind also auf ein Paar reducirbar, welches immer dieselbe Achse und dasselbe Moment besitzt. Wir wollen die Achse und dieses Moment aufsuchen.

Betrachten wir zu diesem Zwecke die Bewegungsquantitäten, welche in irgend einem Augenblicke nach den Hauptachsen der Trägheit, auf welchen die x_1, y_1, z_1 gezählt werden, zerlegt sind, so haben die Momente der von ihnen hervorgebrachten Paare folgende Werthe

$$\Sigma\,(y_1\,w - z_1\,v)\,dm,\quad \Sigma\,(z_1\,u - x_1\,w)\,dm,\quad \Sigma\,(x_1\,v - y_1\,u)\,dm;$$

und indem man für u, v, w ihre durch die Gleichungen 5) gegebenen Werthe substituirt, findet sich

$$8)\qquad \begin{cases} \Sigma\,(y_1\,w - z_1\,v)\,dm = Ap, \\ \Sigma\,(z_1\,u - x_1\,w)\,dm = Bq, \\ \Sigma\,(x_1\,v - y_1\,u)\,dm = Cr. \end{cases}$$

Diese Grössen sind nicht constant, weil die Achsen der x_1, y_1, z_1 nicht fest sind, dagegen bleibt die Summe ihrer Quadrate unveränderlich, weil das resultirende Moment constant ist; man hat daher, wenn dieses Moment mit k bezeichnet wird,

$$9)\qquad A^2p^2 + B^2q^2 + C^2r^2 = k^2.$$

Kennt man den Anfangszustand des Körpers d. h. seine anfängliche Lage so wie die Anfangsgeschwindigkeiten oder die momentanen Kräfte, welche sie erzeugt haben, so sind die Anfangswerthe von Ap, Bq, Cr und folglich auch die von p, q, r bekannt.

Nennen wir ferner OK die Richtung der Achse des resultirenden Paares der Bewegungsquantitäten, so erhalten wir zur Bestimmung dieser Richtung in Bezug auf die beweglichen Achsen folgende Gleichungen

$$10)\qquad \cos KOX_1 = \frac{Ap}{k},\quad \cos KOY_1 = \frac{Bq}{k},\quad \cos KOZ_1 = \frac{Cr}{k},$$

und in Bezug auf die festen Achsen:

$$11)\qquad \begin{cases} \cos KOX = \dfrac{Aap + Bbq + Ccr}{k}, \\ \cos KOY = \dfrac{Aa'p + Bb'q + Cc'r}{k}, \\ \cos KOZ = \dfrac{Aa''p + Bb''q + Cc''r}{k}. \end{cases}$$

Die Zähler dieser Ausdrücke sind constant wegen der Unveränderlichkeit der Richtung OK.

Die Formeln 7) beweisen den schon bekannten Satz, dass die Cosinus der Winkel, welche die momentane Achse mit X_1, Y_1, Z_1 bildet, dieselben Zeichen wie die Grössen p, q, r besitzen. Die Componenten der momentanen Drehung nach den Richtungen der Hauptträgheitsachsen sind nämlich Drehungen, welche die componirenden Paare Ap, Bq, Cr hervorbringen würden; sie haben also dieselben Zeichen wie diese Paare und folglich wie p, q, r.

99. Anwendung des Princips der lebendigen Kräfte. Man weiss, dass die Gültigkeit des Princips der lebendigen Kräfte nicht aufhört, wenn Punkte eines Systems mit festen Punkten verbunden sind, und dass die von diesen letzten Punkten herrührenden Kräfte keinen Einfluss auf das Resultat ausüben. Im vorliegenden Falle, wo die äusseren Kräfte Null sind, muss die Summe der lebendigen Kräfte constant bleiben. Wir wollen ihren Werth mit h bezeichnen; diese Constante bestimmt sich aus dem Anfangszustande des Körpers; um sie zu berechnen bemerken wir, dass das Quadrat der Geschwindigkeit des Punktes (x_1, y_1, z_1) folgendes ist:

$$u^2 + v^2 + w^2 = p^2(y_1^2 + z_1^2) + q^2(z_1^2 + x_1^2) + r^2(x_1^2 + y_1^2)$$
$$- 2qry_1z_1 - 2rpz_1x_1 - 2pqx_1y_1.$$

Durch Multiplication mit dm und Integration über die ganze Ausdehnung der Masse erhält man die Summe h der lebendigen Kräfte für einen beliebigen Augenblick; sie ist

1) $$Ap^2 + Bq^2 + Cr^2 = h.$$

Fügt man zu den Gleichungen 8) und 11) die Bedingung hinzu, dass die Winkelgeschwindigkeit $\sqrt{p^2 + q^2 + r^2}$ constant bleiben soll, so erhält man zwischen p, q, r drei Gleichungen, welche p, q, r bestimmen, wenn A, B, C ungleich sind; die Drehungsachse ist in diesem Falle unbeweglich. Die Gleichungen 6) erfordern dann, dass zwei der Grössen p, q, r verschwinden, weil dp, dq, dr, L, M, N sämmtlich Null sind. Die Bewegung geschieht also um eine der Hauptachsen der Trägheit, wie es leicht vorauszusehen war.

100. Winkel zwischen der momentanen Achse und der Achse des resultirenden Paares. Für den Winkel ε zwischen diesen beiden Achsen findet man aus den Werthen der Cosinus der Winkel, welche sie mit X_1, Y_1, Z_1 bilden, folgende Bestimmung:

$$\cos\varepsilon = \frac{Ap^2 + Bq^2 + Cr^2}{k\sqrt{p^2 + q^2 + r^2}} = \frac{h}{k\omega}.$$

Diese Gleichung giebt

$$\omega\cos\varepsilon = \frac{h}{k},$$

und beweist folgende merkwürdige Eigenschaft: die augenblickliche Winkelgeschwindigkeit liefert eine in Bezug auf die Achse des resultirenden Paares constante Componente, welches Paar das des Maximums der Flächen oder der invariabelen Ebene ist.

101. Lage der momentanen Achse in Bezug auf das Centralellipsoid. Die Gleichung des Centralellipsoids war

$$Ax_1^2 + By_1^2 + Cz_1^2 = 1;$$

die Cosinus der Winkel, welche die Normale in einem beliebigen Punkte x_1, y_1, z_1 mit den beweglichen Achsen einschliesst, sind daher den Grössen Ax_1, By_1, Cz_1 proportional; ferner sind die Cosinus, welche sich auf das resultirende Paar beziehen, den Grössen Ap, Bq, Cr proportional. Beide Gerade werden identisch für

$$\frac{x_1}{p} = \frac{y_1}{q} = \frac{z_1}{r},$$

d. h. wenn der zum Punkte x_1, y_1, z_1 gehörende Radius-vector des Ellipsoids mit der momentanen Drehungsachse zusammenfällt; daraus folgt der von *Poinsot* gefundene Satz:

Wenn man an das Centralellipsoid eine Tangentenebene legt, welche der Ebene des resultirenden Paares parallel liegt, so stellt der nach dem Berührungspunkte gezogene Radius-vector die momentane Drehungsachse dar.

102. Die Winkelgeschwindigkeit als Function des Radius-vector des Ellipsoids. Da die Coordinaten des Pols der Drehung auf dem Centralellipsoid d. h. desjenigen Punktes, in welchem diese Oberfläche von der momentanen Achse getroffen wird, den Grössen p, q, r proportional sind, so gelten folgende Gleichungen, in denen R die Länge des Radius-vector des Ellipsoids und P das Perpendikel bezeichnet, welches von dem Mittelpunkte auf die berührende Ebene gefällt ist:

$$\frac{x_1}{p} = \frac{y_1}{q} = \frac{z_1}{r}$$

$$= \frac{\sqrt{x_1^2 + y_1^2 + z_1^2}}{\sqrt{p^2 + q^2 + r^2}} = \frac{\sqrt{Ax_1^2 + By_1^2 + Cz_1^2}}{\sqrt{Ap^2 + Bq^2 + Cr^2}}$$

$$= \frac{\sqrt{A^2x_1^2 + B^2y_1^2 + C^2z_1^2}}{\sqrt{A^2p^2 + B^2q^2 + C^2r^2}}.$$

Die drei letzten Glieder liefern die Beziehungen

$$\frac{R}{\omega} = \frac{1}{\sqrt{h}} = \frac{1}{Pk}, \quad \omega = R\sqrt{h}, \quad P = \frac{\sqrt{h}}{k}.$$

Hieraus folgen mehrere wichtige Sätze, welche zuerst von *Poinsot* aufgestellt sind.

Die Gleichung $\omega = R\sqrt{h}$ liefert zuerst das Theorem:

Die Winkelgeschwindigkeit ist demjenigen Radius-vector des Ellipsoids proportional, um welchen die augenblickliche Drehung stattfindet.

Die Gleichung $P = \frac{\sqrt{h}}{k}$ beweist, dass das Perpendikel, welches von dem festen Punkte auf die Ebene gefällt ist, welche das Ellipsoid im Pole der Drehung berührt, constant bleibt. Nun ist diese Ebene auch der festen Ebene des resultirenden Paares parallel, mithin ihre Lage unveränderlich d. h.

Das Centralellipsoid berührt immer die Ebene, welche parallel zur Ebene des resultirenden Paares in der Entfernung $\frac{\sqrt{h}}{k}$ construirt wird. Ihr Berührungspunkt ist der Pol der Drehung, und folglich findet keine gleitende Bewegung auf der festen Ebene statt.

Diese Eigenschaft liefert eine sehr elegante geometrische geometrische Darstellung des von dem Körper befolgten Ganges.

103. Die Poloide. Lässt man eine Ebene sich so bewegen, dass sie sowohl das Centralellipsoid als eine concentrische mit dem Radius $\frac{\sqrt{h}}{k}$ beschriebene Kugel fortwährend berührt, so bilden ihre Berührungspunkte mit dem Ellipsoid eine stetige Curve, den geometrischen Ort der Pole. Diese sogenannte Poloide liegt symmetrisch gegen zwei Hauptebenen; auf die Hauptachsen des Körpers bezogen, wird sie durch folgende zwei Gleichungen bestimmt:

$$Ax_1^2 + By_1^2 + Cz_1^2 = 1,$$

$$A^2x_1^2 + B^2y_1^2 + C^2z_1^2 = \frac{k^2}{h}.$$

woraus man ableitet:

12) $$A(k^2 - Ah)x_1^2 + B(k^2 - Bh)y_1^2 + C(k^2 - Ch)z_1^2 = 0;$$

dieser Gleichung entspricht ein Kegel zweiten Grades, dessen Hauptachsen in derselben Richtung wie die des Ellipsoids liegen, und welcher der Ort der momentanen Achsen in Bezug auf den Körper ist. Um die Lage seiner Mantelfläche zu finden, sei A das grösste Trägheitsmoment und C das kleinste; man erhält dann

13) $$\begin{cases} k^2 - Ah = B(B - A)q^2 + C(C - A)r^2, \\ k^2 - Bh = C(C - B)r^2 + A(A - B)p^2, \\ k^2 - Ch = A(A - C)p^2 + B(B - C)q^2, \end{cases}$$

und hieraus ergiebt sich weiter

$$k^2 - Ah < 0 \text{ und } k^2 - Ch > 0.$$

Diese beiden Ungleichungen kann man auch unmittelbar durch die Bemerkung erhalten, dass $\frac{h}{k^2}$ das Quadrat des Abstandes des Mittelpunkts von der Ebene ist, welche das Ellipsoid in dem Punkte x_1, y_1, z_1 berührt; daraus folgt

$$\frac{h}{k^2} > \frac{1}{A}, \; \frac{h}{k^2} < \frac{1}{C};$$

die elliptischen Schnitte des Kegels stehen daher senkrecht auf der Achse der x_1 wenn

$$k^2 - Bh > 0,$$

und senkrecht auf der Achse der z_1 wenn

$$k^2 - Bh < 0.$$

Dies sind die Achsen des kleinsten und grössten Trägheitsmoments des Körpers.

Für $B = C$ wird der Kegel zu einem Umdrehungskegel um die Achse der x_1, für $B = A$ ist er es um die Achse der z_1, für $A = B = C$ sind p, q, r constant, und die Bewegung geschieht um eine feste Achse.

Wenn k^2 einer der Grössen Ah, Bh, Ch gleich wird, so reducirt sich der Kegel auf eine Ebene; wenn aber A, B, C nicht alle drei gleich sind, so hat man nothwendig:

$$k^2 - Ah < 0 \text{ und } k^2 - Ch > 0;$$

Also kann nur $k^2 - Bh$ verschwinden, und in diesem Falle ist die Gleichung des Orts der momentanen Achsen:

$$\text{14)} \qquad \frac{x_1^2}{z_1^2} = \frac{C\,(k^2 - Ch)}{A\,(Ah - k^2)} = \frac{C\,(B - C)}{A\,(A - B)}$$

Diese Gleichung stellt zwei Ebenen dar, welche durch die Achse der y_1 gehen, die zugleich die Achse des mittleren Trägheitsmomentes ist; sie schneiden das Ellipsoid in zwei Ellipsen, welche die Oerter der Pole sind und folglich die Eigenschaft besitzen, dass die Entfernung des Mittelpunkts von der Ebene, welche das Ellipsoid in einem beliebigen Punkte dieser Ellipsen berührt, constant bleibt; diese Entfernung ist offenbar die Länge der mittleren Halbachse des Ellipsoids.

Bei positivem $k^2 - Bh$ umgiebt der Kegel die Achse der x_1, und die Gleichung 12) liefert:

$$\frac{x_1^2}{z_1^2} > \frac{C\,(k^2 - Ch)}{A\,(Ah - k^2)} > \frac{C\,(B - C)}{A\,(A - B)}$$

also liegen alle Erzeugenden auf der Seite der positiven z_1 unterhalb der beiden erwähnten Ellipsen; bei negativem $k^2 - Bh$ liegen sie oberhalb. Diese beiden Ellipsen theilen das Ellipsoid in vier solche Fächer, dass, wenn die augenblickliche Achse zu irgend einer Zeit sich in dem Innern des einen von ihnen befindet, sie immer darin bleibt und sich um die Hauptachse dreht, welche in eben demselben Fache liegt; liegt sie in einer der trennenden Ebenen, so bleibt sie auch beständig in dieser.

Wenn zwei fast gleiche Achsen vorhanden sind, so wird das eine der Fächer sehr eng, und dann geht die Polcurve, obgleich sie eine grosse Ausdehnung in diesem Fache hat, sehr nahe bei dem Endpunkte der grossen oder kleinen Achse vorbei; es findet also nicht immer Stabilität für die momentane Achse statt, wenn sie anfänglich der Hauptachse des kleinsten oder grössten Trägheitsmoments sehr nahe ist; giebt es dagegen nicht zwei beinahe gleiche Achsen, und liegt die augenblickliche Achse nahe der Achse des kleinsten oder grössten Trägheitsmomentes, so wird sie sich während des ganzen Verlaufs der Bewegung nur sehr wenig von diesen entfernen. Ist die anfängliche Drehungsachse nahe bei der Achse des mittleren Trägheitsmomentes, so entfernt sich die Poloide immer beträchtlich von dem Endpunkte dieser Achse und die Stabilität ist nicht mehr sicher. Hierzu wäre nöthig, dass der Pol nicht die ganze Curve durchliefe, und dieser Umstand erfordert eine Untersuchung.

Kennt man die Polcurve und die anfängliche Geschwindigkeit der Drehung sowie die momentane Achse, um welche letztere stattfindet, so kann man sich leicht die weitere Bewegung des Körpers darstellen. Nach einer unendlich kleinen Zeit hat sich nämlich der Körper um einen bestimmten Winkel gedreht; man kann also auch den Punkt der Polcurve bestimmen, welcher der Berührungspunkt mit der festen Ebene ist; man kennt dann den Radius des Ellipsoids und folglich den neuen Werth der Drehungsgeschwindigkeit; auf gleiche Weise erfährt man die Lage und die Geschwindigkeit nach einem zweiten unendlich kleinen Zeitraume u. s. w. Man sieht leicht, wie man die Curve bestimmen könnte, welche von den successiven Lagen des Poles auf der festen Ebene gebildet wird. Wir wollen jedoch nicht weiter auf diese Einzelheiten eingehen.

104. Zweite geometrische Darstellung der Bewegung des Körpers. Die momentane Drehungsachse beschreibt

im Raume eine conische Oberfläche, welche den festen Punkt zum Mittelpunkt und zur Basis diejenige Curve hat, welche von dem Pole auf der festen Ebene beschrieben wird. Nehmen wir sie als bekannt an, so erhellt leicht, dass sie immer eine Kegelfläche berührt, welche mit dem Körper verbunden und der Ort der successiven Lagen der momentanen Drehungsachse im Körper ist. Da sich die momentane Achse in jedem Augenblicke auf beiden Oberflächen befinden muss, so haben letztere immer eine gemeinsame Erzeugende. Nach Verlauf einer unendlich kleinen Zeit fällt die unendlich nahe Erzeugende, welche zu dem beweglichen Kegel gehört, mit einer Erzeugenden des festen Kegels zusammen, und da sie sich bei dieser Bewegung nur um unendlich kleine Grössen zweiter Ordnung verschiebt, so folgt daraus, dass, wenn man auf beiden Kegeln, von einer gemeinsamen Kante ausgehend, zwei entsprechende Kanten nimmt, welche von der ersten um unendlich kleine Grössen erster Ordnung abstehen, dieselben von einander um Grössen zweiter Ordnung entfernt sind, d. h. dass beide Kegel sich berühren. Ausserdem gleitet der bewegliche Kegel nicht auf dem andern, weil die Berührungskante die momentane Drehungsachse ist. Die Drehung des Körpers um einen festen Punkt kann demnach mittelst zweier Kegelflächen construirt werden; der eine Kegel ist vom zweiten Grade und mit dem Körper so verbunden, dass er sich nur mit diesem bewegen kann. Dieser Kegel rollt ohne Gleitung auf einem absolut festen Kegel, welcher um die Achse des resultirenden Paares herumliegt. Der letztere Kegel ist transcendenter Art, hat aber Aehnlichkeit mit einem geraden Kreiskegel, dessen Mantel wellenförmig gefurcht ist.*)

---

*) Den geometrischen Ort der Punkte, welche in der Tangentialebene die successiven Pole darstellen, nennt *Poinsot* die Serpoloide. Sie ist die Basis des festen Kegels und hat die in beistehender Figur angegebene Form.

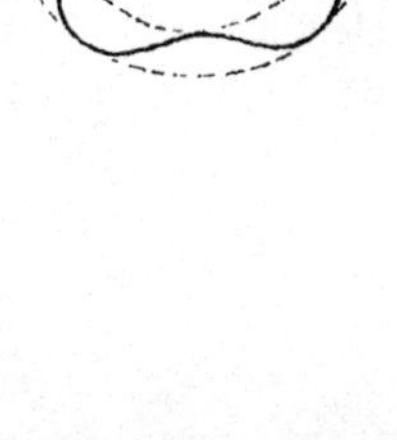

Man vergleiche überhaupt mit dem Obigen die äusserst elegante Abhandlung *Poinsot's*, wovon eine deutsche Uebersetzung existirt unter dem Titel; Neue Theorie der Drehung der Körper, von *Poinsot*. Uebersetzt von H. Schellbach. Berlin, Verlag von Hayn. 1851.

105. Der Ort der aufeinanderfolgenden Lagen, welche die Achse des resultirenden Paares im Innern des Körpers einnimmt. Bezeichnen x_1, y_1, z_1 die Coordinaten eines beliebigen Punktes der Achse dieses Paares in Bezug auf die beweglichen Achsen, so gelten die Beziehungen

$$15)\qquad \frac{x_1}{z_1} = \frac{Ap}{Cr},\quad \frac{y_1}{z_1} = \frac{Bq}{Cr}.$$

Die Gleichungen 12) und 15) geben ferner

$$16)\qquad A\,(k^2 - Ah)\,p^2 + B\,(k^2 - Bh)\,q^2 + C\,(k^2 - Ch)\,r^2 = 0.$$

Durch Elimination von $\frac{p}{r}$, $\frac{q}{r}$ aus diesen drei Gleichungen erhält man die Gleichung der gesuchten Fläche, nämlich:

$$17)\qquad \left(\frac{k^2}{A} - h\right) x_1{}^2 + \left(\frac{k^2}{B} - h\right) y_1{}^2 + \left(\frac{k^2}{C} - h\right) z_1{}^2 = 0.$$

Dies ist ein Kegel zweiten Grades, dessen senkrechte Schnitte auf die Achse des kleinsten oder auch des grössten Trägheitsmomentes Ellipsen sind.

Für $B = C$ ist der Kegel durch Umdrehung um die Achse der x_1 entstanden, für $A = B$ ist er es um die Achse der z_1.

Wenn $A = B = C$, so hat man $k^2 = Ah$; die Gleichungen 16) und 17) werden identisch, und die Gleichung, welche man aus denselben gezogen hatte, lehrt nichts mehr; aber die beiden Gleichungen in (15) werden

$$\frac{x_1}{z_1} = \frac{p}{r},\quad \frac{y_1}{z_1} = \frac{q}{r},$$

was beweist, dass die Achse des resultirenden Paares mit der momentanen Drehungsachse zusammenfällt. Dasselbe Resultat hätte man auch aus der Formel ableiten können, welche den Winkel zwischen beiden Richtungen giebt. Dieser Fall findet statt, wenn die Bewegung um eine unveränderliche Achse vor sich geht.

106. Verschiedene Formeln. Man erhält noch einige brauchbare Relationen, wenn man die zweiten Theile der Gleichungen 4) mit den Summen der Projectionen von u, v, w auf x, y, z identificirt. Setzt man die Coëfficienten von x_1, y_1, z_1 auf beiden Seiten gleich, so erhält man folgende neue Beziehungen:

$$18)\quad \begin{cases} \frac{da}{dt} = br - cq, & \frac{da'}{dt} = b'r - c'q, & \frac{da''}{dt} = b''r - c''q, \\ \frac{db}{dt} = cp - ar, & \frac{db'}{dt} = c'p - a'r, & \frac{db''}{dt} = c''p - a''r, \\ \frac{dc}{dt} = aq - bp, & \frac{dc'}{dt} = a'q - b'p, & \frac{dc''}{dt} = a''q - b''p. \end{cases}$$

Man zieht aus diesen Gleichungen noch die drei folgenden:

$$pda + qdb + rdc = 0,$$
$$pda' + qdb' + rdc' = 0,$$
$$pda'' + qdb'' + rdc'' = 0.$$

Berechnung des speciellen Falles, wenn der Körper von keiner äusseren Kraft getrieben wird.

107. Wenn keine äussere Kraft existirt, so hat man

$$L = 0,\ M = 0,\ N = 0,$$

und die Gleichungen (6) reduciren sich auf

$$19)\quad \begin{cases} A\frac{dp}{dt} = (B - C)\,qr, \\ B\frac{dq}{dt} = (C - A)\,rp, \\ C\frac{dr}{dt} = (A - B)\,pq, \end{cases}$$

Multiplicirt man die erste mit p, die zweite mit q, die dritte mit r und addirt die Producte, so folgt

$$Ap\frac{dp}{dt} + Bq\frac{dq}{dt} + Cr\frac{dr}{dt} = 0;$$

die Integration dieser Gleichung giebt

$$20)\quad Ap^2 + Bq^2 + Cr^2 = h,$$

wo h eine willkürliche Constante bezeichnet, welche nach dem oben Gefundenen die Summe der lebendigen Kräfte des Systems ist.

Man erhält ein zweites Integral, wenn man die Gleichungen 19) mit Ap, Bq, Cr multiplicirt und nachher addirt; man findet zuerst

$$A^2p\frac{dp}{dt} + B^2q\frac{dq}{dt} + C^2r\frac{dr}{dt} = 0,$$

woraus

$$21)\qquad A^2p^2 + B^2q^2 + C^2r^2 = k^2,$$

wo k eine neue willkürliche Constante bezeichnet, welche, wie wir gesehen haben, das Moment des resultirenden Paares der Bewegungsquantitäten des Systems ist. Diese beiden Constanten h und k, sowie die Anfangswerthe von p, q, r sind leicht aus den gegebenen Anfangswerthen herzuleiten. Die Achsenrichtung des resultirenden Paares und sein Moment sind nämlich bekannt, entweder durch die momentanen Kräfte, welche die Anfangsgeschwindigkeiten erzeugen, oder vermöge dieser anfänglichen Geschwindigkeiten selbst. Demnach kennt man zunächst k, ebenso seine componirenden Paare in Bezug auf die Achsen x_1, y_1, z_1, deren anfängliche Lagen gegeben sind; aus ihren Momenten Ap, Bq, Cr, folgt, dass p, q, r nach Grösse und Zeichen im Anfange der Bewegung bekannt sind. Die Constante h bestimmt sich daher von selbst nach No. 24.

Wenn man aus den Gleichungen 20) und 21) die Werthe von p und q durch r ausdrückt und sie in die dritte Gleichung (19) einsetzt, so entsteht eine Gleichung, welche t als Function von r mittelst einer Quadratur ergiebt. Man findet zunächst

$$22)\qquad p^2 = \frac{k^2 - Bh + C(B-C)r^2}{A(A-B)},\quad q^2 = \frac{k^2 - Ah + C(A-C)r^2}{B(B-A)}.$$

Die Zeichen, welche man für p, q, r nehmen muss, sind im Anfangszustande durch die Lage der Achse des resultirenden Paares in Beziehung auf die Hauptachsen gegeben, weil die letzteren für diesen Augenblick bekannt sind. Da die Cosinus der Winkel, welche die Achse dieses Paares mit den drei Richtungen einschliesst, $\frac{Ap}{k}$, $\frac{Bq}{k}$, $\frac{Cr}{k}$ sind, so kennt man die Werthe und Zeichen von p, q, r für diesen Zeitpunkt. Die Gleichungen 19) geben die Differentialquotienten von p, q, r als Functionen dieser Grössen; sie behalten immer ihr erstes Zeichen, so lange p, q, r das ihrige bewahren, und folglich ändern sich die letzten Grössen immer in demselben Sinne, so lange keine von ihnen verschwindet. Wenn p durch Null hindurchgeht, so lehrt die erste der Gleichungen 19), welche den Werth von $\frac{dp}{dt}$ in diesem Augenblicke giebt, welches das Zeichen von p unmittelbar nachher sein wird; in gleicher Weise verfährt man immer, wenn eine der drei Grössen Null wird und ist daher nie in Ungewissheit über die Zeichen von p, q, r.

Substituirt man die Werthe von p und q, welche durch die Gleichung 22) gegeben sind, in die dritte der Gleichungen 19), und nimmt, um einen bestimmten Fall vor Augen zu haben, für p und q dasselbe Zeichen, so ergiebt sich die Gleichung:

$$23)\quad dt = \frac{C\sqrt{AB}\,dr}{\sqrt{k^2 - Bh + C(B-C)r^2}\,\sqrt{Ah - k^2 + C(C-A)r^2}}$$

Das Integral der rechten Seite ist im Allgemeinen ein elliptisches, aber durch die gewöhnlichen Functionen ausdrückbar, wenn zwei der Grössen A, B, C gleich sind, oder wenn k^2 einer von den drei Grössen Ah, Bh, Ch gleich kommt, was dem früheren zufolge nur bei der mittleren möglich ist. Die Integration der Gleichung (23) giebt t als Function von r, und die Constante wird durch den Anfangswerth von r bestimmt; durch Umkehrung der Gleichung kann man r als Function von t ausdrücken, ebenso p und q mit Anwendung der Gleichungen (22).

Um die vollkommene Lösung des Problems zu erhalten, hat man noch die Winkel φ, ϑ, ψ aus p, q, r zu berechnen; und zu diesem Zwecke dienen die schon früher erwähnten Gleichungen:

$$24)\quad \begin{cases} p = \cos\varphi\,\dfrac{d\vartheta}{dt} + \sin\varphi\,\sin\vartheta\,\dfrac{d\psi}{dt}, \\[2ex] q = -\sin\varphi\,\dfrac{d\vartheta}{dt} + \cos\varphi\,\sin\vartheta\,\dfrac{d\psi}{dt}, \\[2ex] r = \cos\vartheta\,\dfrac{d\psi}{dt} + \dfrac{d\varphi}{dt}. \end{cases}$$

Man kann sich in derselben Absicht auch der Formeln 9) bedienen, von denen immer die eine in den beiden andern enthalten ist. Der Einfachheit wegen wird man aber die Achse des resultirenden Paares zu einer der Coordinatenachsen z. B. zur Achse der z nehmen.

Die linken Seiten der Gleichungen 9) sind nichts Anderes als die Grössen a'', b'', c'' und nach den Werthen dieser letzten, welche in der Einleitung als Functionen von φ, ψ, ϑ gegeben sind, werden diese Gleichungen:

$$25)\quad \frac{Ap}{k} = \sin\vartheta\,\sin\varphi,\quad \frac{Bq}{k} = \sin\vartheta\,\cos\varphi,\quad \frac{Cr}{k} = \cos\vartheta.$$

Hieraus ergeben sich $\cos\vartheta$ und $\tang\varphi$ als Functionen von p, q, r und folglich von t. Da diese trigonometrischen Linien in jedem Augenblicke bekannt sind, ohne dass ein Zweifel über ihre Vorzeichen herrscht, so sind auch die Winkel selbst, welche sich in stetiger Weise ändern, vollständig bestimmt. Um endlich den Winkel ψ zu finden, macht man von den Gleichungen 24) Gebrauch. Durch Elimination von $\frac{d\vartheta}{dt}$ aus den beiden ersten Gleichungen erhält man

$$p \sin\varphi + q \cos\varphi = \sin\vartheta \frac{d\psi}{dt},$$

oder

$$\frac{Ap^2 + Bq^2}{k \sin\vartheta} = \sin\vartheta \frac{d\psi}{dt},$$

woraus

$$Ap^2 + Bq^2 = k \sin^2\vartheta \frac{d\psi}{dt} = k\left(1 - \frac{C^2r^2}{k^2}\right)\frac{d\psi}{dt} = h - Cr^2;$$

mithin schliesslich:

26)
$$d\psi = \frac{k\,(h - Cr^2)}{k^2 - C^2r^2}\,dt.$$

Substituirt man jetzt für dt seinen durch die Gleichung 23) gegebenen Werth, so erhält man ohne Ungewissheit über die Zeichen den Werth von $d\psi$ als Function von r und dr. Der Winkel ψ findet sich nun als Function von r und mithin von t durch eine Integration, welche auf elliptische Functionen reducirt und genau in denselben Fällen ausgeführt werden kann wie die auf dt bezügliche. Die Constante bestimmt sich durch die Anfangswerthe von ψ und r.

Wir betrachten zunächst die erwähnten besonderen Fälle.

Der Specialfall $A = B$.

108. In diesem Falle reduciren sich die Gleichungen 19) auf

$$\frac{dr}{dt} = 0, \text{ mithin } r = n,$$

wo n eine durch den Anfangszustand bestimmte Constante bezeichnet, und

α)
$$\frac{dp}{dt} = \frac{A - C}{A} nq,$$

$$\beta)\qquad \frac{dq}{dt} = \frac{C - A}{A}\,np,$$

woraus

$$p\,\frac{dp}{dt} + q\,\frac{dq}{dt} = 0$$

und folglich

$$p^2 + q^2 = m^2,$$

wo m^2 eine willkürliche Constante bezeichnet.

Man sieht also, dass die Winkelgeschwindigkeit constant bleibt, obgleich p und q es nicht sind; ihr Werth ist

$$\omega = \sqrt{m^2 + n^2}.$$

Die Gleichungen 20) und 21) würden dieselben Resultate geliefert haben. Um p als Function von t zu erhalten, hat man q aus den Gleichungen α) und β) zu eliminiren, indem man die erste differentiirt und dann für $\frac{dq}{dt}$ seinen aus der zweiten Gleichung gezogenen Werth nimmt; man findet so, wenn $\frac{A - C}{A} = \mu$ gesetzt wird,

$$\frac{d^2p}{dt^2} + \mu^2 n^2 p = 0$$

folglich

$$p = M \sin(\mu nt + \varepsilon),$$

wo M und ε willkürliche Constanten bezeichnen; man erhält demnach

$$q = \frac{1}{\mu n} \cdot \frac{dp}{dt} = M \cos(\mu nt + \varepsilon),$$

und da $p^2 + q^2 = m^2$, so wird noch

$$M = \pm m.$$

Lässt man also die Constante m ein beliebiges Zeichen annehmen, so ergeben sich für p, q folgende Werthe:

$$\gamma)\quad p = m \sin(\mu nt + \varepsilon),\; q = m \cos(\mu nt + \varepsilon).$$

Um die Constanten m, ε zu bestimmen, seien p_0 und q_0 die Anfangswerthe von p und q; es ist dann

$$p_0 = m \sin\varepsilon,\; q_0 = m\cos\varepsilon,\; m = \pm\sqrt{p_0^2 + q_0^2}.$$

Der Winkel ε ist bestimmt, wenn man das Zeichen von m gegewählt hat, weil man dann seinen Sinus und Cosinus kennt. Die

Aenderung des Zeichens von m würde ε bloss um 180^0 ändern, man hat daher die freie Wahl zwischen beiden Zeichen. Beispielsweise nehmen wir

$$m = + \sqrt{p_0^2 + q_0^2}$$

und suchen die Winkel φ, ψ, ϑ.

Die Gleichungen 25) geben

$$cos\,\vartheta = \frac{Cn}{k},\ tang\,\varphi = \frac{p}{q} = tang\,(\mu nt + \varepsilon).$$

Zwei Bögen, welche dieselbe Tangente besitzen, können sich nur durch eine ganze Zahl von Halbkreisen unterscheiden, mithin differiren φ und $\mu nt + \varepsilon$ nur um ein Vielfaches von π, dass man beliebig wählen kann. Führen wir vorzugsweise den Anfangswerth φ_0 von φ ein, so wird offenbar

$$\varphi = \varphi_0 + \mu nt.$$

Die Gleichung 26) geht nun in die folgende über

$$d\psi = \frac{k\,(h - Cn^2)}{k^2 - C^2n^2}\,dt,$$

und giebt

$$\psi = \frac{k\,(h - Cn^2)}{k^2 - C^2n^2}\,t + \psi_0,$$

wo ψ_0 der bekannte Anfangswerth von ψ ist.

Der constante Werth von $cos\,\vartheta$ lehrt, dass der Schnitt des Aequators dieses Ellipsoids mit der festen Ebene des resultirenden Paares sich gleichförmig bewegt, und dass folglich die Drehungsachse sich ebenfalls gleichförmig auf ihrer conischen Oberfläche bewegt. Der Werth von φ zeigt, dass irgend ein beliebiger aber bestimmter Radius des Aequators sich gleichförmig in Bezug auf den variablen Schnitt des Aequators mit der Ebene des resultirenden Paares bewegt. Uebrigens darf die Winkelgeschwindigkeit μn dieser Bewegung nicht mit der Winkelgeschwindigkeit des Körpers, welche $\sqrt{m^2 + n^2}$ ist, verwechselt werden.

Endlich macht die momentane Achse mit der Achse der z_1 einen constanten Winkel, weil sein Cosinus $= \frac{n}{\sqrt{m^2 + n^2}}$ ist; sie beschreibt also einen Kreis auf dem Umdrehungsellipsoid.

Man wird ferner noch bemerken, dass die momentane

Achse, die Umdrehungsachse des Ellipsoids und die Achse des resultirenden Paares in einer und derselben Ebene liegen. Dazu genügt der Nachweis, dass die Cosinus der Winkel, welche die momentane Achse und die Achse des resultirenden Paares mit den Achsen der x_1 und y_1 bilden, einander proportional sind; denn sie liegen dann in einer Ebene, die durch die Achse der z_1 geht, welche die Achse der Figur ist. Das Verhältniss der beiden ersten Cosinus ist $\frac{p}{q}$; das Verhältniss der beiden andern ist $\frac{a''}{b''}$, und nach den Gleichungen 25) ist es gleich $\frac{Ap}{Bq}$ oder $\frac{p}{q}$, was zu beweisen war.

Der Specialfall $k^2 = Bh$.

109. Wir haben für diesen Fall gesehen, dass der Ort der momentanen Achsen nur eine der beiden Ellipsen sein kann, deren Ebenen durch die Gleichung

$$\frac{x_1^2}{z_1^2} = \frac{C(B-C)}{A(A-B)}$$

dargestellt werden. Zieht man aus den Gleichungen 20), 21) die Werthe von p und r als Function von q, so findet man

$$p^2 = \frac{(C-B)(k^2-B^2q^2)}{BA(C-A)}, \quad r^2 = \frac{(B-A)(k^2-B^2q^2)}{BC(C-A)};$$

welche Gleichungen zeigen, dass immer

$$k^2 - B^2q^2 > 0 \text{ oder } q^2 < \frac{k^2}{B^2}$$

sein muss. Daraus schliesst man

$$B\frac{dq}{dt} = \frac{1}{B}\sqrt{\frac{(C-B)(B-A)}{AC}}\,(k^2 - B^2q^2),$$

mithin, indem man dq positiv nimmt,

$$dt = \frac{B^2\sqrt{AC}}{\sqrt{(C-B)(B-A)}} \cdot \frac{dq}{k^2 - B^2p^2}.$$

Setzt man zur Abkürzung

$$\frac{k}{B} = m, \quad \frac{2k\sqrt{(C-B)(B-A)}}{B\sqrt{AC}} = \mu,$$

so findet man, wenn α eine willkürliche Constante bezeichnet,

$$\mu t = l\,\frac{m + q}{\alpha\,(m - q)} \text{ folglich } q = m\,\frac{\alpha e^{\mu t} - 1}{\alpha e^{\mu t} + 1}.$$

Heisst q_0 der Anfangswerth von q, so erhält man

$$q_0 = \frac{m\,(\alpha - 1)}{\alpha + 1} \text{ woraus } \alpha = \frac{m + q_0}{m - q_0},$$

und folglich

$$q = m\,\frac{(m + q_0)\,e^{\mu t} + q_0 - m}{(m + q_0)\,e^{\mu t} + m - q_0}.$$

Mittelst dieses Werthes von q kennt man p und r als Functionen von t.

Die Gleichungen 21) liefern also ϑ und φ mittelst t. Die Gleichung 26) giebt, indem man für r seinen durch q ausgedrückten Werth setzt,

$$d\psi = Bm\,\frac{(C - B)\,m^2 + (B - A)\,q^2}{A\,(C - B)\,m^2 + C\,(B - A)\,q^2}\,dt,$$

was sich ohne Mühe integriren lässt, wenn man den Werth von q in t substituirt. Für unendlich wachsende t nähert sich q der Grenze m oder $\frac{k}{B}$, und folglich p sowohl als r der Grenze Null. Die momentane Drehungsachse nähert sich also der Verlängerung der mittleren Achse des Ellipsoids, auf welcher man die positiven y_1 zählt. Man hat hier, wie Poinsot zuerst bemerkte, den merkwürdigen Fall, dass die momentane Achse, wenn sie anfangs sehr nahe bei der Achse des mittleren Momentes angenommen ist, sich immer nur sehr wenig von ihr entfernt und sich ihr unendlich nähert.

Von Gewicht ist noch folgende Bemerkung. Der Grenzwerth von q ist $+\frac{k}{B}$, wenn dq wie vorhin positiv genommen wird; dies erfordert, dass p und r für $C > A$ Anfangswerthe desselben Zeichens besitzen, dann ändern sich diese Zeichen nicht, weil p oder r nur Null werden können, wenn q^2 gleich m^2 wird, was nur für $t = \infty$ stattfinden kann. Haben dagegen p und r im Anfangszustande verschiedene Zeichen, so ist dq mit entgegengesetztem Zeichen zu nehmen, was darauf hinauskommt, in dem Resultate μ in $-\mu$ zu verwandeln. Dann ergiebt sich $-m$ als Grenze von q, so dass die momentane Drehungsachse nach der einen oder der andern der beiden Richtungen, welche der mittleren Achse des Ellipsoids entgegengesetzt sind, fortschreitet, je nachdem p und r in der Anfangslage mit denselben oder mit entgegengesetzten Zeichen versehen sind, d. h. je nachdem die momentane Drehungsachse mit den Achsen der positiven x_1 und z_1 zugleich spitze oder stumpfe, oder mit der einen spitze und mit der andern stumpfe Winkel bildet.

Die allgemeine Auflösung.

110. Um das auf S. 153 unter Nr. 23 vorkommende Integral

$$t = \int \frac{C\sqrt{AB}\, dr}{\sqrt{k^2 - Bh + C(B-C)r^2}\;\sqrt{Ah - k^2 + C(C-A)r^2}}$$

auf die Normalform der elliptischen Integrale zurückzuführen, nehmen wir B als das mittlere Trägheitsmoment, setzen zur Abkürzung

a) $$\varkappa = \sqrt{\frac{(A-B)(k^2-Ch)}{(B-C)(Ah-k^2)}},\quad \lambda = \sqrt{\frac{Ah-k^2}{C(A-C)}},$$

und substituiren für r den Ausdruck

$$r = \lambda\sqrt{1-\varkappa^2 s^2};$$

wir erhalten so nach gehöriger Reduction

$$dr = -\varkappa^2\lambda \frac{s\, ds}{\sqrt{1-\varkappa^2 s^2}}$$

$$\sqrt{k^2 - Bh + C(B-C)r^2} = \sqrt{\frac{(A-B)(k^2-Ch)}{A-C}}\sqrt{1-s^2}$$

$$\sqrt{Ah-k^2+C(C-A)r^2} = \sqrt{\frac{(A-B)(k^2-Ch)}{B-C}}\, s$$

mithin

b) $$t = -\varkappa^2\lambda \frac{C\sqrt{AB(A-C)(B-C)}}{(A-B)(k^2-Ch)} \int \frac{ds}{\sqrt{(1-s^2)(1-\varkappa^2 s^2)}}$$

oder vermöge der Werthe von $\varkappa$ und λ

$$= -\sqrt{\frac{ABC}{(B-C)(Ah-k^2)}} \int \frac{ds}{\sqrt{(1-s^2)(1-\varkappa^2 s^2)}}$$

$$= -\frac{1}{\mu} \int \frac{ds}{\sqrt{(1-s^2 (1-\varkappa^2 s^2)}}$$

wobei zur Abkürzung

$$\text{c)} \qquad \mu = \sqrt{\frac{(B-C)(Ah-k^2)}{ABC}}$$

gesetzt worden ist.

Was ferner den Werth von ψ in Formel 26) S. 154 betrifft, so hat man zunächst

$$\psi = \frac{k}{C} \int \left\{ 1 - \frac{k^2 - Ch}{k^2 - C^2 r^2} \right\} dt$$

und nach Substitution der für r und dt angegebenen Ausdrücke

$$\psi = -\frac{k}{C\mu} \int \left\{ 1 - \frac{k^2 - Ch}{k^2 - C^2\lambda^2 + C^2\lambda^2\varkappa^2 s^2} \right\} \frac{ds}{\sqrt{(1-s^2)(1-\varkappa^2 s^2)}}$$

$$= -\frac{k}{C\mu} \int \frac{ds}{\sqrt{(1-s^2)(1-\varkappa^2 s^2)}}$$

$$+ \frac{k(k^2 - Ch)}{C\mu} \int \frac{ds}{(k^2 - C^2\lambda^2 + C^2\varkappa^2\lambda^2 s^2)\sqrt{(1-s^2)(1-\varkappa^2 s^2)}}$$

Giebt man dem zweiten Integrale die Form

$$\frac{k(k^2 - Ch)}{C\mu(k^2 - C^2\lambda^2)} \int \frac{ds}{\left(1 + \frac{C^2\varkappa^2\lambda^2}{k^2 - C^2\lambda^2} s^2\right)\sqrt{(1-s^2)(1-\varkappa^2 s^2)}}$$

und setzt zur Abkürzung

$$\text{d)} \qquad \frac{k^2 - Ch}{\mu(k^2 - C^2\lambda^2)} = \frac{1}{\mu'}, \quad \frac{C^2\varkappa^2\lambda^2}{k^2 - C^2\lambda^2} = \lambda,$$

so ergiebt sich für ψ die Gleichung

$$\text{e)} \qquad \psi = -\frac{k}{C\mu} \int \frac{ds}{\sqrt{(1-s^2)(1-\varkappa^2 s^2)}}$$

$$+ \frac{k}{C\mu'} \int \frac{ds}{(1 + \lambda' s^2)\sqrt{(1-s^2)(1-\varkappa^2 s^2)}}.$$

Mittelst der Formeln b) und e) sind t und ψ auf elliptische Integrale zurückgeführt und zwar t auf ein Integral erster Art, ψ auf zwei Integrale von erster und dritter Gattung. Aus der Gleichung b) erhellt zugleich die Möglichkeit alle veränderlichen Grössen durch die Zeit auszudrücken; verschwindet nämlich s für irgend eine Zeit $t = t_0$, so geht jene Gleichung b) in die folgende über

$$t - t_0 = -\frac{1}{\mu}\int_0^s \frac{ds}{\sqrt{(1-s^2)(1-\varkappa^2 s^2)}}$$

und man erhält aus ihr s durch t ausgedrückt, indem man von den elliptischen Functionen Jacobi's Gebrauch macht; dies giebt — $s = \mu \sin am [\mu(t-t_0)]$ und vermöge der zwischen r und s bestehenden Gleichung findet man r, nachher p und q als Functionen der Zeit und kann mittelst der Gleichungen 25) auf S. 162 auch ϑ und φ, sowie mit Hülfe von No. e) endlich ψ durch die Zeit ausdrücken. Die erste Ausführung dieses Gedankens, den wir hier nur andeuten können, lieferte A. S. Rueb in seinem „Specimen inaugurale de motu gyratorio corporis rigidi etc.“ (Trajecti ad Rhenum 1834), nachher ist aber Jacobi noch weiter gegangen und hat die neun Coëfficienten $a, a', \ldots c''$, welche zur Orientirung des beweglichen gegen das feste Achsensystem dienen, unmittelbar als Functionen der Zeit dargestellt, womit dem Probleme der Rotation eine neue Lösung von seltener Eleganz zu Theil wurde. Man findet dieselbe vollständig entwickelt im zweiten Bande von Jacobi's Werken S. 139 bis 196, die von Rueb gegebenen Formeln werden dabei kurz wiederholt und dienen als Ausgangspunkt der Untersuchung. An die Jacobi'sche Arbeit schliesst sich die Abhandlung von Richelot an: „Ueber das Problem der Rotation eines festen Körpers, auf welchen beliebige Kräfte wirken“ (Berlin bei Dümmler, 1851), worin die Grundgleichungen der Rotation eines durch äussere Kräfte gestörten Körpers aus einer neuen gleichfalls von Jacobi entdeckten Quelle hergeleitet und auf eigenthümliche Weise integrirt werden.

Die doppelte Bewegung eines frei beweglichen festen Körpers.

111. Wenn ein fester Körper sich in Folge von anfänglichen Stössen und beliebigen stetigen Kräften im Raume bewegt, so kann seine Bewegung in jedem unendlich kleinen Zeitraume aus einer fortschreitenden und aus einer drehenden Bewegung zusammengesetzt werden. Man wählt nämlich einen beliebigen Punkt dieses Körpers und giebt dem Systeme in jedem Augenblicke eine Bewegung, zu Folge deren jeder Punkt eine unendlich kleine Gerade beschreibt, die derjenigen gleich und parallel ist, welche der betrachtete Punkt während dieses Zeitraums beschreiben muss; darauf kann man diesen Punkt als fest annehmen und den Körper sich so lange um denselben drehen lassen,

bis jeder Punkt die Lage eingenommen hat, welche er am Ende dieses Zeitraums erhalten muss. Der Punkt, dessen Bewegung jeden Augenblick die fortschreitende Bewegung des Systems regelt, darf willkürlich genommen werden vorausgesetzt, dass er unveränderlich mit demselben verbunden wird; aber es ist, wie wir sehen werden, viel vortheilhafter den Schwerpunkt des Körpers dazu zu wählen. Wir haben nämlich bewiesen, dass dieser Punkt sich so bewegt, als wenn die ganze Masse des Körpers in ihm vereinigt wäre und alle angreifenden Kräfte direct auf ihn wirkten. Man kennt daher die Richtung und Grösse der Anfangsgeschwindigkeit, welche er in Folge von gegebenen Impulsen annimmt.

Um die Anfangsbewegung vollkommen kennen zu lernen, wollen wir uns alle Kräfte auf eine einzige in dem Schwerpunkte angebrachte Kraft und auf ein Paar zurückgeführt denken. Wir können nun, wie wir in No. 43 bewiesen haben, die beiden Bewegungen bestimmen, welche einzeln durch die Wirkungen der Einzelkraft und des Paares erzeugt werden; setzen wir diese beiden Bewegungen für jeden Punkt zusammen, so erhalten wir diejenige Bewegung, welche aus der gleichzeitigen Wirkung aller Kräfte entspringt.

Nun kann die resultirende an dem Schwerpunkte thätige Kraft in gleiche, an alle Elemente des Körpers, die gleiche Massen besitzen, angebrachte Kräfte zerlegt werden, und mithin giebt sie allen Punkten eine gleiche und parallele Geschwindigkeit; daraus folgt also eine gemeinsame fortschreitende Bewegung.

Was das Paar anlangt, so kann es keine Veränderung des Schwerpunktes hervorbringen, weil seine beiden Kräfte, an diesen Punkt versetzt, sich aufheben; die Bewegung, welche es hervorbringt, wird also nicht geändert, wenn man den Schwerpunkt unveränderlich fest macht. Bringt man jetzt die resultirende Einzelkraft hinzu, so wird sie durch den festen Punkt aufgehoben und man erhält somit das System aller gegebenen Kräfte. Daraus ersieht man, dass die Rotationsbewegung als durch Stoss-Kräfte hervorgebracht angesehen werden darf, welche in ihren verschiedenen Angriffspunkten auf den Körper so einwirken, als wenn der Schwerpunkt desselben fest gemacht wäre. Wir können diesen ersten Satz so aussprechen:

Die augenblickliche Geschwindigkeit jedes beliebigen Punktes eines frei beweglichen Körpers kann als Resultante zweier Geschwindigkeiten angesehen werden, die zwei gesonderten Bewegungen entsprechen: nämlich einer fortschreitenden Bewegung, welche durch die gegebenen, parallel mit sich selbst an den Schwerpunkt verlegten Kräfte entsteht, und einer Drehung, welche von den gegebenen Kräften auf dieselbe Weise erzeugt wird, als wenn der Schwerpunkt fest wäre.

Mit Hülfe dieses Satzes ist die anfängliche Bewegung des Körpers vollkommen bekannt, weil wir die Bewegung eines Körpers um einen festen Punkt bestimmen können. Was die in der Folge stattfindende Bewegung betrifft, so wissen wir, dass der Schwerpunkt sich so bewegt, als wenn die ganze Masse in ihm vereinigt und alle stetigen Kräfte ohne Aenderung ihrer Richtung und Grösse in ihn verlegt wären. Da aber diese Kräfte im Allgemeinen von der Lage der Punkte abhängen, so sind sie aus demselben Grunde von der Rotationsbewegung abhängig, so dass man die Bewegung des Schwerpunkts des Körpers nicht gesondert berechnen kann, ausser in dem Falle, wo diese Kräfte constante Richtungen und Intensitäten haben, wie die Schwere.

Uebrigens kann man denselben Satz in Bezug auf stetige Kräfte wie auf momentane beweisen. Betrachten wir nämlich den Körper in irgend einem Augenblicke, so dürfen wir annehmen, dass er von der Ruhelage ausgehe, und dass er einerseits von momentanen Kräften angegriffen werde, welche jedem Punkte die Geschwindigkeit ertheilen würden, welche er besitzt, andererseits von den stetigen Kräften, welche nur unendlich kleine Geschwindigkeiten in einem unendlich kleinen Zeitraum hervorbringen können, und die man als momentane Kräfte ansehen kann, welche im Anfange eines jeden unendlich kleinen Zeitraums wirken. Nach dem Princip nun, an welches wir erinnert haben, kann man die durch diese beiden Systeme hervorgebrachten Geschwindigkeiten gesondert bestimmen und sie dann zusammensetzen. Das erste System wird die Wirkung hervorbringen, welche in dem betrachteten Augenblicke wirklich stattfand, das zweite ist identisch mit demjenigen, welches wir zuerst behandelt haben, und erzeugt erstens eine unendlich kleine fortschreitende Geschwindigkeit, welche von der Gesammtheit der stetigen mit sich selbst parallel in den Schwerpunkt verlegten Kräfte herrührt, und zweitens eine Rotationsbewegung um den fest gemachten Schwerpunkt, welche durch die Gesammtheit der Kräfte in ihrer wirklichen Lage hervorgebracht wird; d. h.

Wenn man durch den Schwerpunkt drei rechtwinklige Achsen legt, welche parallel mit sich selbst fortrücken, so bewegt sich ihr Durchschnitt ebenso, als wenn die ganze Masse des Körpers in ihm vereinigt wäre und alle momentanen oder stetigen Kräfte in demselben angebracht wären; die Bewegung des Körpers rücksichtlich dieser Achsen ist dieselbe, als wenn ihr Durchschnitt unveränderlich fest wäre und alle Kräfte, welche die verschiedenen Punkte in dem wirklichen System angreifen, auf dieselbe Weise an eben dieselben Punkte angebracht wären.

112. Anwendung auf das schwere Ellipsoid. Wir wollen annehmen, dass ein homogenes Ellipsoid einen Stoss empfange, dessen Richtung in der Ebene zweier seiner Hauptachsen in Bezug auf seinen Schwerpunkt liege, und dass es nachher der Wirkung der Schwere überlassen bleibe; dabei bezeichne μv die Quantität der Bewegung, welche die momentane Kraft misst, f die Entfernung dieser Kraft vom Mittelpunkte, b und c die beiden Halbachsen, welche in der Ebene der Kraft liegen, a die dritte; endlich sei M die Masse des Ellipsoids und V die Anfangsgeschwindigkeit des Schwerpunktes. Weil nun der Schwerpunkt, welcher der Mittelpunkt des Ellipsoids ist, sich so bewegen muss, als wäre die Masse M in ihm concentrirt, und als würde er im ersten Momente von der Kraft μv und von seinem Gewichte getrieben, so erhält er zuerst in einer mit der Richtung des Stosses parallelen Richtung die Geschwindigkeit

$$V = \frac{\mu v}{M}$$

und beschreibt daher eine Parabel, welche diese Anfangsrichtung berührt, und deren Gleichung sich wie in dem Falle eines freien Punktes bestimmen lässt. Um seine Bewegung in Bezug auf drei Achsen kennen zu lernen, welche durch den Mittelpunkt gehen und festen Richtungen parallel sind, muss man annehmen, dass der Mittelpunkt fest sei und der Impuls so wie die Schwere unter dieser Bedingung auf das Ellipsoid wirken. Von der Schwere kann man absehen, weil der Schwerpunkt fest ist, und es genügt, die durch den Stoss hervorgebrachte Drehung zu bestimmen. Da diese Kraft in einer Ebene liegt, die senkrecht auf einer Geraden steht, welche eine Hauptachse in Bezug auf ihren Schnittpunkt mit der Ebene ist, und da ferner dieser Punkt fest ist, so folgt, dass die Bewegung unaufhörlich um diese Achse stattfindet. Die Winkelgeschwindigkeit ω wird erhalten, wenn man das Moment $\mu v f$ der Kraft durch das Trägheitsmoment des Körpers in Rücksicht auf die feste Achse dividirt; diess giebt

$$\omega = \frac{5 \mu v f}{M (b^2 + c^2)},$$

oder, wenn man die Anfangsgeschwindigkeit V des Schwerpunkts einführt,

$$\omega = \frac{5 V f}{b^2 + c^2}.$$

Man sieht, dass die Drehungsachse parallel mit sich selbst fortschreitet, und dass der Körper sich gleichförmig um diese Gerade dreht; die Lage dieser Drehungsachse kann man in jedem Augenblicke bestimmen, weil man die Bewegung des Schwerpunkts kennt, welcher in ihrer Mitte liegt. Demnach lässt sich die Lage der Punkte des Ellipsoids leicht angeben.

Wird das Ellipsoid zu einer vollen oder hohlen, homogenen oder bloss aus homogenen Schichten gebildeten Kugel, so ist jeder Durchmesser eine Hauptachse; die Rotationsbewegung geht dann um denjenigen Durchmesser, welcher senkrecht auf der durch den Mittelpunkt und die Richtung des Stosses gelegten Ebene steht, und die Richtung dieser Achse bleibt immer sich selbst parallel.

Die Rotationsbewegung dieser Kugel wird nicht gestört, wenn alle ihre Punkte nach andern Punkten von Kräften angezogen werden, welche den Massen und einer Function der Entfernung proportional wären, weil die Resultante der Wirkungen, welche von irgend einem Punkte auf die ganze Masse der Kugel ausgeübt wird, durch ihren Schwerpunkt geht. Wenn jedoch der Körper, sei es auch noch so wenig, von einer Kugel verschieden wäre, so würde sich die Sache anders gestalten, wie dies z. B. bei der Erde der Fall ist.

Neunzehntes Capitel.

Verschiedene Anwendungen des Satzes von der lebendigen Kraft.

Die Stabilität des Gleichgewichts von Kräften an einem festen Körper.

113. Wenn man ein im Gleichgewichte befindliches System unendlich wenig verrückt, indem man es dann der Wirkung derselben Kräfte überlässt, so können zwei Fälle eintreten; entweder bleiben die auf einander folgenden Verrückungen jedes Punktes in Bezug auf seine Gleichgewichtslage immer sehr klein, oder sie erreichen nach Verlauf einer gewissen Zeit endliche Werthe. Im ersten Falle nennt man das Gleichgewicht stabil, im zweiten labil. Um diess zu erörtern betrachten wir das Gleichgewicht eines Systems von Punkten, deren Verbindungen von der Zeit unabhängig sind und auf welches Kräfte wirken, bei denen $\Sigma (Xdx + Ydy + Zdz)$ das exacte Differential einer Function $\varphi (x, y, z, x', \ldots)$ ausmacht. Wir wissen, dass in der Gleichgewichtslage diese Function zu einem Maximum oder Minimum in Beziehung auf alle unabhängigen Variabeln wird, und wollen nun zeigen, dass das Maximum dem stabilen Gleichgewicht entspricht.

Vermöge des Princips der virtuellen Geschwindigkeiten verschwindet das Differential der Function φ für alle unendlich kleinen den Bedingungen des Systems nicht widersprechenden Verrückungen; bezeichnen wir nun mit $a, b, c, a', \ldots$ die Werthe von $x, y, z, x', \ldots$ in der Gleichgewichtslage, verrücken wir alle Punkte um unendlich kleine Grössen, und theilen ihnen sehr kleine Geschwindigkeiten mit, so handelt es sich um den Nachweis, dass die Störung des Systems immer sehr klein und folglich das Gleichgewicht stabil bleibt. Setzen wir nämlich

$$x = a + h,\ y = b + k,\ z = c + l,\ x' = a' + h', \text{ etc.},$$

und bezeichnen mit v_0, v'_0, ... die sehr kleinen Geschwindigkeiten, welche man den verschiedenen Punkten mitgetheilt hat, so giebt die Gleichung der lebendigen Kräfte:

$$1) \quad \begin{cases} \frac{1}{2}\Sigma mv^2 - \frac{1}{2}\Sigma mv_0^2 = \varphi(a+h, b+k, c+l, \ldots) \\ \qquad\qquad - \varphi(a+h_0, b+k_0, c+l_0, \ldots), \end{cases}$$

wo h_0, k_0, l_0 die anfänglichen sehr kleinen Verrückungen bezeichnen, parallel den Achsen genommen.

Da nun die Function $\varphi(x, y, z, x', \ldots)$ ein Maximum ist, wenn $x, y, z, \ldots$ die Werthe $a, b, c, \ldots$ haben, so verschwinden die Glieder des ersten Grades von $h, k, l, \ldots$ in der Entwickelung von $\varphi(a+h, b+k, c+l, \ldots)$, und die Glieder zweiter Ordnung lassen sich mit verändertem Zeichen zu einer Summe von Quadraten solcher Grössen vereinigen, von denen jedes Glied eine der Grössen $h, k, l, \ldots$, im ersten Grade enthält, und deren Anzahl gleich ist der Anzahl der unabhängigen Variabeln. Bezeichnet man diese verschiedenen Grössen mit $s, s', s'', \ldots$ und mit R die Gesammtheit der Glieder, welche den zweiten Grad übersteigen, so erhält man

$$\varphi(a+h, b+k, c+l, \ldots) = \varphi(a, b, c, \ldots) - (s^2 + s'^2 + s''^2 + \ldots) + R,$$

und ebenso

$$\varphi(a+h_0, b+k_0, c+l_0, \ldots)$$
$$= \varphi(a, b, c, \ldots) - (s_0^2 + s_0'^2 + s_0''^2 + \ldots) + R_0.$$

Die Gleichung 1) wird also

$$\frac{1}{2}\Sigma mv^2 - \frac{1}{2}\Sigma mv_0^2 = -(s^2 + s'^2 + s''^2 + \ldots) + (s_0^2 + s_0'^2 + s_0''^2 + \ldots)$$
$$+ R - R_0;$$

oder, wenn man mit γ die sehr kleine Grösse

$$\frac{1}{2}\Sigma mv_0^2 + s_0^2 + s_0'^2 + s_0''^2 + \ldots - R_0$$

bezeichnet,

$$2) \qquad \frac{1}{2}\Sigma mv_0^2 = \gamma - (s^2 + s'^2 + s''^2 + \ldots) + R.$$

Die Grössen $h, k, l, h', \ldots$ sind nicht alle unabhängig und man könnte eine gewisse Anzahl davon mittelst der Gleichungen, welche die Verbindungen des Systems ausdrücken, eliminiren. Die übrigbleibenden würden, zum ersten Grade erhoben, in den verschiedenen Gliedern der Grössen $s, s', s'', \ldots$ vorkommen, deren Anzahl mit jener der unabhängigen Variabeln übereinstimmt.

Besitzen also die letzteren sehr kleine Werthe, so gilt dasselbe von s, s', s'', ... und umgekehrt. Es genügt daher sich zu überzeugen, dass s, s', s'',... beständig sehr klein bleiben, um daraus zu folgern, dass die Verrückungen der Punkte gleichfalls sehr klein bleiben und dass folglich das Gleichgewicht stabil ist.

Da nun der erste Theil der Gleichung 2) wesentlich positiv ist, so muss auch der zweite beständig positiv sein, woraus man leicht ersieht, dass jede der Grössen s^2, s'^2,... immer kleiner als γ bleibt. Nach dem Werthe von γ nämlich ist anfangs jede der Grössen s^2, s'^2, ... kleiner als γ, nachher ändern sie sich auf eine stetige Weise. Wenn nun auch selbst der Fall einträte, dass die eine von ihnen, z. B. s^2, gleich γ würde, und dies wäre die grösste von allen, so würde sie doch noch sehr klein sein, und dieser Umstand fände mit noch grösserem Rechte bei allen andern statt. Mithin betragen h, k, l,... sehr wenig, und die Grösse R ist unvergleichbar kleiner als jede der Grössen s^2, s'^2,...; die Annahme $s^2 = \gamma$ würde also zu dem unmöglichen Resultate führen, dass der zweite Theil der Gleichung negativ wäre. Da mithin die Grössen s, s', s'',... immer kleiner als $\sqrt{\gamma}$ bleiben und folglich sehr klein sind, so verhält es sich ebenso mit den Ortsveränderungen h, k, l, ... und das Gleichgewicht bleibt stabil.

Wird die Function $\varphi(x, y, z, x', ...)$ zu einem Minimum, so sind analoge Schlüsse nöthig, um die Unsicherheit des Gleichgewichts zu beweisen; welcher von beiden Fällen eingetreten ist, muss jedesmal speciell untersucht werden.

Das Princip der kleinsten Wirkung.

114. Das Princip der kleinsten Wirkung findet nur bei Systemen statt, für welche die Gleichung der lebendigen Kräfte gilt, und zwar besteht es in folgendem Satze: wenn für jeden Punkt des Systems das Product seiner Bewegungsquantität in das Element der Curve, welche er beschreibt, zwischen zwei beliebigen Zeitpunkten integrirt wird, so ist die Summe aller Integrale ein Minimum, d. h. geringer, als wenn man durch neue Verbindungen diese Punkte zwänge, neuen Curven zu folgen, welche zwischen denselben zwei Grenzpunkten liegen, und unter dem Einflusse eben derselben Kräfte beschrieben würden.

Die Richtigkeit des Principes folgt aus dem Nachweise, dass die Variation jener Summe Null ist, wenn man die Punkte dieser

Curven, während man ihnen dieselben Endpunkte giebt, unendlich wenig variiren lässt; denn es geht aus der Natur jener Summe von selbst hervor, dass sie im Allgemeinen kein Maximum haben kann, und dass sie folglich mit Ausnahme sehr specieller Fälle nur zu einem Minimum werden kann. Die genannte Variation ist

$$\delta\int\Sigma mvds = \int\Sigma m\delta(vds) = \int\Sigma m\,(\delta v\,.\,ds + v\delta ds);$$

um den Werth des ersten Theiles rechter Hand zu berechnen, wollen wir ds durch vdt ersetzen, wo dt sich auf die Bewegung bezieht, welche wirklich stattfindet; wir erhalten so

$$\delta v\,.\,ds = v\delta v\,dt = \tfrac{1}{2}dt\,\delta(v^2),$$

und folglich

$$\Sigma m\;\delta v\,.\,ds = \tfrac{1}{2}dt\Sigma m\delta(v^2);$$

andererseits gilt, wenn C eine willkürliche Constante bezeichnet, die Gleichung

$$\tfrac{1}{2}\Sigma mv^2 = \varphi\,(x, y, z, x',\ldots) + C,$$

und hier ist die rechte Seite für alle Bewegungen, welche man betrachtet, dieselbe, weil die Kräfte ungeändert bleiben. Die beiderseitige Variation giebt nun

$$\tfrac{1}{2}\Sigma m\delta\,(v^2) = \frac{\partial\varphi}{\partial x}\delta x + \frac{\partial\varphi}{\partial y}\delta y + etc. = \Sigma\,(X\delta x + Y\delta y + Z\delta z);$$

und nach der allgemeinen Gleichung der Bewegung ist dieser letzte Ausdruck gleich

$$\Sigma m\left(\frac{d^2x}{dt^2}\,\delta x + \frac{d^2y}{dt^2}\,\delta y + \frac{d^2z}{dt^2}\,\delta z\right).$$

Man erhält folglich

$$\Sigma m\delta v\,.\,ds = \Sigma m\left(\frac{d^2x}{dt^2}\delta x + \frac{d^2y}{dt^2}\delta y + \frac{d^2z}{dt^2}\delta z\right)dt.$$

Für die Berechnung des zweiten Theils bemerken wir zunächst, dass die Gleichung

$$ds^2 = dx^2 + dy^2 + dz^2$$

zur folgenden führt

$$\delta ds = \frac{dx}{ds}\delta dx + \frac{dy}{ds}\delta dy + \frac{dz}{ds}\delta dz,$$

aus der sich weiter ergiebt

$$v\delta ds = \frac{dx}{dt} d\delta x + \frac{dy}{dt} d\delta y + \frac{dz}{dt} d\delta z.$$

Demzufolge ist nun

$$\Sigma m v \delta ds = \Sigma m \left(\frac{dx}{dt} d\delta x + \frac{dy}{dt} d\delta y + \frac{dz}{dt} d\delta z\right);$$

die Vereinigung der beiden Theile der Variation von $\Sigma mvds$ liefert die gesammte Variation

$$\delta \Sigma mvds = \Sigma m d\left(\frac{dx}{dt}\,\delta x + \frac{dy}{dt}\,\delta y + \frac{dz}{dt}\,\delta z\right),$$

deren Integral ist

$$\delta \int \Sigma mvds = \Sigma m \left(\frac{dx}{dt}\,\delta x + \frac{dy}{dt}\,\delta y + \frac{dz}{dt}\,\delta z\right) + C.$$

An den beiden Grenzen des Integrals verschwinden die Variationen δx, δy, δz, weil die Endpunkte der beschriebenen Curven dieselben bleiben, mithin ist der zweite Theil $= 0$ und ebenso

$$\delta \int \Sigma mvds = 0,$$

woraus nach den früheren Bemerkungen folgt, dass das Integral

$$\int \Sigma mvds \quad \text{oder} \int \Sigma mv^2 dt$$

in der Bewegung des Systems ein Minimum ist.

115. Wenn die Punkte der Wirkung einer Kraft nicht unterworfen sind, so ist $\Sigma mv^2 = k$, mithin

$$\int \Sigma mv^2 dt = kt + C_1 = k\,(t - t_1),$$

wo t und t_1 die Werthe der Zeit an den beiden Grenzen bezeichnen; da das Integral mithin auch $t - t_1$ ein Minimum ist, so folgt, dass das System zu dem Uebergange aus der einen Lage in die andre eine geringere Zeit braucht als bei jeder sonstigen Art der Verbindung.

Ist specieller ein Punkt gezwungen, auf einer festen Oberfläche zu bleiben, ohne der Wirkung einer Kraft unterworfen zu sein, so ist seine Geschwindigkeit constant, und da die Zeit, deren er bedarf, um von einem Punkte zum andern überzugehen, ein Minimum ist, so folgt, dass auch die Länge der durchlaufenen Linie ein Minimum bildet, wie wir schon auf andre Weise gezeigt haben.

Die Berechnung der Wirkung von Maschinen.

116. Der Nutzen einer Maschine besteht im Allgemeinen darin, dass sie während ihrer Bewegung einen gewissen Widerstand überwindet; ihre Angriffspunkte bewegen sich dabei so, dass deren Verrückungen, nach den Richtungen der Widerstände zerlegt, im entgegengesetzten Sinne der widerstehenden Kräfte erfolgen. Die zur Hervorbringung einer solchen Bewegung angewendeten Kräfte heissen die bewegenden Kräfte.

Gewöhnlich kann eine Maschine nur zwei einander entgegengesetzte Bewegungen annehmen, wobei die Lage eines Punktes die aller übrigen Punkte bestimmt. Es genügt daher eine einzige Gleichung, um das Gesetz dieser Bewegung zu bestimmen, sobald man ihre Richtung kennt, und die am bequemsten anzuwendende Gleichung ist die der lebendigen Kräfte. Sie lautet bekanntlich

$$1)\qquad \tfrac{1}{2}\Sigma mv^2 - \tfrac{1}{2}\Sigma mv_0{}^2 = \int \Sigma\,(Xdx + Ydy + Zdz);$$

wo die Summe linker Hand sich auf alle Punkte des Systems erstreckt, und die Summe rechter Hand auf alle Kräfte, bewegende und widerstehende, welche daran angebracht sind, bezogen ist. Das Integral des zweiten Theiles wird zwischen zwei beliebigen Grenzen genommen, und v_0 und v sind die Geschwindigkeiten des Punktes mit der Masse m, welche diesen Grenzen entsprechen.

Die Kräfte, deren Componenten X, Y, Z sind, theilen sich auf natürliche Weise in zwei Klassen. Bezeichnen wir mit P irgend eine der bewegenden Kräfte, und mit dp die unendlich kleine Verrückung ihres Angriffspunktes, auf die Richtung dieser Kraft projicirt, so ist ΣPdp der Theil von

$$\Sigma\,(Xdx + Ydy + Zdz),$$

welcher den bewegenden Kräften entspricht. Sei ebenso Q irgend eine der widerstehenden Kräfte und dq die Verrückung ihres Angriffspunktes nach der Richtung dieser Kraft, abgesehen vom Vorzeichen, so ist $-\Sigma Qdq$ der den widerstehenden Kräften entsprechende Theil, und die Gleichung 1) nimmt folgende Gestalt an:

$$2)\qquad \tfrac{1}{2}\Sigma mv^2 - \tfrac{1}{2}\Sigma mv_0{}^2 = \int \Sigma Pdp - \int \Sigma Qdq.$$

117. Jede Kraft kann durch ein an einem Faden hängendes Gewicht ersetzt werden, von dem das eine Ende im Angriffspunkte der Kraft befestigt ist, und dessen Richtung von diesem Punkte aus mit jener der Kraft vermöge einer Leitrolle zusammenfällt. Macht man diese Substitution für die Kraft P, so wird das dem P gleiche Gewicht, wenn die Maschine sich unendlich wenig verrückt, um die Grösse dp fallen, welche die Projection der Verrückung des Endpunktes des Fadens auf die Richtung dieses Fadens bezeichnet. Verfährt man ebenso mit irgend einer der Kräfte Q, so drückt dq die Grösse aus, um welche sich das dem Q gleiche Gewicht hebt, während das Gewicht P um dp herabgeht.

Nehmen wir zuerst alle Kräfte als constant an, so drückt also die Gleichung 2) aus, dass der Zuwachs der halben lebendigen Kraft des Systems zwischen zwei beliebigen Zeitpunkten gleich ist der Summe der Producte der ersten Gewichte in die respectiven Höhen, um welche sie sich gesenkt haben, weniger der Summe der Producte der zweiten Gewichte in die Höhen, um welche sie gestiegen sind.

Nach dem Vorgange von Coriolis nennen wir mechanische Arbeit oder Arbeitsquantität das Product aus einem Gewichte in die Höhe, um welche es sich gehoben oder gesenkt hat, oder allgemeiner das Product aus einer beliebigen Kraft in die Projection der Verrückung ihres Angriffspunktes auf die Richtung dieser Kraft. Aendert nun die Kraft ihre Intensität, so zerlegt man die Bewegung in unendlich kleine Theile; die Elemente der Arbeitsquantitäten, welche diesen Theilen entsprechen, hängen von dem Gesetze ab, welches die Aenderung der Kraft befolgt, und das Integral, welches deren Summe ausdrückt, ist dann die Arbeitsquantität, welche sich auf die Verrückung des Angriffspunktes dieser Kraft bezieht.

Bezeichnet man ferner mit bewegender Arbeit diejenige, welche sich auf die bewegenden Kräfte bezieht, und mit widerstehender Arbeit jene, die den widerstehenden Kräften entspricht, so drückt die Gleichung 2) aus, dass, wenn das System von der einen Lage in die andre übergeht, der Zuwachs der halben lebendigen Kraft gleich ist dem Ueberschuss der bewegenden Arbeit über die widerstehende.

118. Rechnet man von dem Augenblicke an, wo die Maschine von der Ruhe in Bewegung übergeht, so hat man $v_0 = 0$, und die Gleichung 2) wird

$$\tfrac{1}{2}\Sigma mv^2 = \int \Sigma P dp - \int \Sigma Q dq;$$

der zweite Theil ist also immer positiv, und folglich übertrifft die bewegende Arbeit die widerstehende. Beide Theile werden gleich, sobald die Maschine zur Ruhe zurückkehrt. Wird die Bewegung der Maschine gleichförmig, was gewöhnlich das Vortheilhafteste ist, und betrachtet man sie nur nach Herstellung der Gleichförmigkeit, so verschwindet der erste Theil der Gleichung 2), mithin auch der zweite; daraus schliesst man, dass in irgend einem Zeitintervall die bewegende Arbeit der widerstehenden gleich ist. Aber da sich die letztere aus der Arbeit zusammensetzt, welche man hervorzubringen beabsichtigte, und die man die nützliche Arbeit nennt, und aus jener, welche den Reibungen, den Widerständen der Mittel, der Mittheilung der Bewegung an die umgebenden Körper u. s. w. entspricht, so folgt daraus, dass man bei jeder Maschine genöthigt ist, mehr Arbeit auszugeben, als man erzeugt. Die beste ist diejenige, bei welcher man am wenigsten verliert, und der Vortheil bei bewegten Maschinen besteht nur in einer Uebertragung, nicht in einer Vermehrung der Arbeit.

Wenn die Geschwindigkeiten constant geworden sind, muss zwischen allen Kräften Gleichgewicht herrschen, und in der That führt die Gleichung

$$\int \Sigma P dp - \int \Sigma Q dq = 0$$

zur folgenden

$$\Sigma P dp - \Sigma Q dq = 0,$$

wie es das Gleichgewicht verlangt.

119. Will man die der Reibung eines bewegten Körpers entsprechende Arbeit herausstellen, und findet die Reibung nicht in einem constanten Punkte dieses Körpers statt, so muss man die Kraft der Reibung nicht als an dem Punkte wirkend betrachten, wo die Berührung vor sich geht, sondern die Entfernung von zwei auf einander folgenden Berührungspunkten als den von dem Angriffspunkte durchlaufenen Raum ansehen. Zur Anwendung des Princips der lebendigen Kräfte ist aber nöthig, dass die Kräfte an denselben materiellen Punkten während der sehr kurzen Zeit haften, welche sich auf die Verrückungen dx, dy, dz bezieht; nun kann die Reibung, weil sie tangential am Körper wirkt, in der That so betrachtet wer-

den, als wäre sie an denselben Punkt dieses Körpers während einer sehr kurzen Zeit angebracht, wobei man eine unendlich kleine Grösse zweiter Ordnung vernachlässigt. Man wird also bei der Entwickelung der elementaren Arbeit, welche von der Reibung herrührt, das Product nehmen müssen, dessen Factoren die Kraft der Reibung und die Projection der räumlichen Verrückung des Punktes des Körpers sind, welcher in dem betrachteten Augenblicke in Berührung stand.

120. Wenn Stösse zwischen gewissen Theilen der Maschine, von welchen wir voraussetzen wollen, dass man sie als völlig unelastisch betrachten kann, vorkommen, so findet augenblicklich ein Verlust an lebendiger Kraft statt, der durch die Summe der lebendigen Kräfte dargestellt wird, welche den von allen Punkten des Systems verlorenen Geschwindigkeiten entsprechen. Bezeichnet man mit u diese Geschwindigkeit für die beliebige Masse m, und beachtet man, dass die Integrale des zweiten Theils der Gleichung 2) sich während der Dauer des Stosses nicht merklich geändert haben, heisst endlich v die Geschwindigkeit der Masse m nach dem Stosse, so ergiebt sich die Gleichung

$$\tfrac{1}{2}\Sigma mv^2 - \tfrac{1}{2}\Sigma mv_0{}^2 + \tfrac{1}{2}\Sigma mu^2 = \int \Sigma Pdp - \int \Sigma Qdq;$$

d. h. um einen bestimmten Werth der Geschwindigkeit v zu erhalten, muss man eine um $\frac{1}{2}\Sigma mu^2$ grössere Arbeitsquantität ausgeben; es ist also von Nutzen Stösse so viel als möglich zu vermeiden.

121. Ist die Bewegung der Maschine nicht gleichförmig, so ist sie periodisch, und wenn die in der Gleichung 2) vorkommenden Integrale sich auf eine ganze Anzahl von Perioden beziehen, so hat man $v = v_0$, und folglich ist die bewegende Arbeit der widerstehenden gleich, als wenn die Bewegung gleichförmig wäre. Aber es genügt nicht, eine und dieselbe Arbeitsquantität zu erhalten, sondern man will meistentheils, dass diese Arbeit gleichförmig hervorgebracht werde. Eine strenge Gleichförmigkeit lässt sich nun zwar nicht erreichen, aber man kann die Aenderungen der Geschwindigkeit während des Verlaufs einer Periode fast unmerklich machen. Das gewöhnliche Mittel hierzu besteht darin, dass dem Systeme eine hinreichend grosse Masse, ein sogen. S c h w u n g r a d beigefügt wird, dessen Aufgabe ist, die Geschwindigkeitsänderungen zu vermindern, welche einer Aenderung in der Differenz zwischen der bewegenden und widerstehenden Arbeit entsprechen. Bezeichnet man mit ω seine Winkelgeschwindigkeit, mit μ das Product seiner Masse in das

Quadrat seines Halbmessers, so ist die Summe seiner lebendigen Kräfte nahezu $= \mu\omega^2$, und es würde sehr leicht sein, ihren genauen Werth auszudrücken, auf welche Weise auch die Masse des Schwungrades vertheilt wäre. Sei Σmv^2 die Summe der lebendigen Kräfte aller andern Theile der Maschine, und bezeichnen wir mit ω' und v_0 die Werthe von ω und v zu einer und derselben Epoche, so lässt sich die Gleichung 2) auf folgende Form bringen:

$$\tfrac{1}{2}\Sigma m\,(v^2 - v_0^2) + \frac{\mu}{2}\,(\omega^2 - \omega'^2) = \int(\Sigma P dp - \Sigma Q dq).$$

Wir wollen zu den beiden Grenzen solche Zeitpunkte nehmen, dass die grösstmögliche Differenz zwischen $\int \Sigma P dp$ und $\int \Sigma Q dq$ herrscht; es sind dies die Augenblicke, wo die Kräfte an der Maschine im Gleichgewicht sein würden. In diesen beiden Zeitpunkten ändern nämlich die Elemente des Integrals, welches den zweiten Theil bildet, ihr Zeichen; der erste Theil wird dann so gross als möglich, und die Geschwindigkeiten erhalten die grösste Differenz, deren sie fähig sind. Je grösser nun μ ist, um so weniger dürfen ω und ω' verschieden sein, damit das erste Glied dem zweiten gleich werde, und man kann in jedem Falle das Schwungrad so bestimmen, dass die Geschwindigkeitsänderungen in hinreichend kleinen Grenzen eingeschlossen sind.

Viertes Buch.

Statik flüssiger Körper.

Erstes Capitel.

Die Grundsätze und Fundamentalformeln der Hydrostatik.

Erklärungen und Grundsätze.

1. Unter einer flüssigen Masse versteht man ein Aggregat von zahlreichen materiellen Punkten, welche in so geringen Abständen von einander liegen, dass man die ganze Substanz ohne merklichen Fehler als stetig betrachten kann, ausgenommen in den Fällen, wo Wirkungen vorkommen, die sich von einem Molecüle zum andern bedeutend ändern. Man setzt ferner voraus, dass alle diese Punkte durch den geringsten Kraftaufwand verschoben und in beliebige Entfernungen von einander fortgerissen werden können. Diese Annahme einer vollkommenen Beweglichkeit ist nicht ganz genau, und dürfte bei manchen Untersuchungen über die Bewegung der Flüssigkeiten Resultate liefern, welche keineswegs mit der Erfahrung übereinstimmen würden, bei Gleichgewichtsbetrachtungen aber hat dieselbe zu keinem merklichen Fehler geführt.

Dem Aggregatzustande gemäss unterscheidet man die tropfbaren Flüssigkeiten von den luftförmigen (den Gasen). Die ersten werden auch unzusammendrückbare genannt, weil man lange glaubte, dass es unmöglich sei, ihr Volumen durch Druck zu verringern, bis man später einsah, dass sie wirklich, wenn auch nur in sehr geringem Grade, zusammendrückbar sind; die gasförmigen Flüssigkeiten bezeichnet man häufig und mit vollkommenem Rechte als elastische Flüssigkeiten. Derjenige Theil der Statik, welcher sich mit dem Gleichgewicht von Flüssigkeiten (jeder Art) beschäftigt, heisst die Hydrostatik.

2. Eine Flüssigkeit, welche in einem offenen oder von allen Seiten geschlossenen Gefässe unter der Einwirkung beliebiger Kräfte im Gleichgewicht ist, übt immer einen Druck auf die einschliessen-

den Gefässwände aus, und es kann dieser Druck von einem Punkte zum andern verschieden sein. Um ihn genau zu definiren, betrachtet man einen unendlich kleinen Theil der Wand, und nimmt an, dass die darauf wirkende Kraft sich mit derselben Intensität und in derselben Richtung auf alle Elemente einer der Einheit gleichen ebenen Fläche wiederhole; die Resultante dieser Kräfte giebt nun das Maass für den Druck der Flüssigkeit in jenem Punkte der Wand. Man sieht, dass derselbe nichts Anderes ist, als die Grenze des Verhältnisses der Kraft, welche auf das unendlich kleine Element wirkt, zu dem Flächeninhalte dieses Elements.

Man kann es als ein Ergebniss der Erfahrung, oder als Folge der gleichförmigen Vertheilung der Flüssigkeitstheilchen um einander ansehen, dass die Richtung des Druckes immer senkrecht auf dem unter dem Drucke stehenden Elemente der Oberfläche ist, und da Wirkung und Gegenwirkung immer gleich sind, so existirt in entgegengesetztem Sinne ein gleicher Druck in der Ausdehnung desselben Elementes. Diese Thatsache kann auch als Specialfall des allgemeinen Gesetzes betrachtet werden, dass Körper, die mit einander in Berührung stehen, nur normale Wirkungen auf einander ausüben, wenn ihre Oberflächen keine Adhäsion oder Reibung zulassen. Denn selbst wenn eine Flüssigkeit fähig sein sollte, sich an eine Wand anzuhängen, könnte man doch die äusserst dünne adhärirende Schicht als einen Theil der Wand und den übrigen Theil der Flüssigkeit als frei auf derselben gleitend betrachten.

Eine zweite Fundamentaleigenschaft des Flüssigen, die wir gleichfalls als Erfahrungsresultat ansehen, ist folgende. Wenn eine auf irgend welche Art ins Gleichgewicht gebrachte Flüssigkeit ein allseitig geschlossenes Gefäss genau ausfüllt und durch eine nach Innen gerichtete Verschiebung der einen Gefässwand (also z. B. durch Herabdrücken eines dicht schliessenden Stempels) ein Druck auf einen Theil der Flüssigkeitsoberfläche ausgeübt wird, so pflanzt sich dieser Druck mit derselben Intensität auf jeden gleich grossen Theil der Oberfläche der Wände fort, so dass der Druck auf zwei ungleiche Theile in geradem Verhältnisse ihrer Flächen steht, wenn diese Oberflächen eben sind. Bei krummen Oberflächen würde der Satz nur für unendlich kleine Theile gelten.

Diese Theoreme erstrecken sich sowohl auf die innern Drucke, als auf diejenigen, welche auf die Wände ausgeübt werden. Denn das Gleichgewicht würde nicht gestört werden und die Erfolge würden dieselben bleiben, wenn man annähme, dass in irgend einem

Theile der Flüssigkeit alle Punkte auf unveränderliche Weise zu einem festen Körper verbunden wären; man könnte daher in einem beliebigen Punkte des Innern und in beliebiger Richtung eine feste Wand anbringen, und der auf ein ebenes Element dieser Wand ausgeübte Druck würde normal zu demselben gerichtet sein. Wenn ferner dieser Druck von einem andern Drucke herrührt, welcher auf die Oberfläche der in einem vollen Gefässe enthaltenen Flüssigkeit ausgeübt wird, so ist er für eine gleiche Ausdehnung an Oberfläche dem ersten gleich, und daraus schliesst man, dass jene Sätze, welche wir für den Druck der Flüssigkeiten auf die Wände der sie einschliessenden Gefässe kennen gelernt haben, auch für die Drucke gelten, welche in ihrem Innern auf jeden beliebigen Theil der Oberfläche ausgeübt werden.

Endlich wird man daraus leicht ableiten, dass in irgend einem Punkte der Flüssigkeit der Druck derselbe bleibt, welches auch die Richtung des Oberflächenelements sein möge, auf das er ausgeübt wird; denn wenn man um irgend einen ihrer Punkte ein unendlich kleines Polyeder beschreibt und dasselbe erst als fest betrachtet, so ist es unter dem Einflusse der auf seine Oberfläche ausgeübten Pressungen und der Kräfte, welche seine innern Punkte ihren Massen proportional angreifen, im Gleichgewichte. Diese letzteren Kräfte können aber als parallel betrachtet werden und haben mithin eine Resultante proportional der Masse des Polyeders, die eine unendlich kleine Grösse dritter Ordnung ist; da nun seine Seitenflächen unendlich kleine Grössen zweiter Ordnung sind, und es sich folglich mit den Pressungen, welche sie erleiden, ebenso verhält, so darf das Gleichgewicht so betrachtet werden, als bestände es zwischen diesen Pressungen allein. Giebt man jetzt dem Polyeder seine anfängliche Flüssigkeit zurück, und befestigt den übrigen Theil der Flüssigkeit, welche dann ein polyedrisches, von allen Seiten geschlossenes und mit Flüssigkeit angefülltes Gefäss bildet, so ändert sich nichts an den gegenseitigen Wirkungen der Molecüle und ebensowenig an den von ihnen hervorgebrachten Pressungen. Nun folgt aus der allgemeinen Eigenschaft der Flüssigkeiten, dass die Pressungen auf die Wände für gleiche Oberflächenelemente gleich sind, welche auch deren Richtungen sein mögen, und da alle diese Oberflächenelemente in der Grenze durch den betrachteten Punkt der Flüssigkeit gehen, so muss man daraus schliessen, dass bei jeder beliebigen Richtung, womit ein ebenes Element durch irgend einen Punkt einer im Gleichgewicht befindlichen Flüssigkeit geht, der auf dasselbe ausgeübte Druck, auf die Einheit bezogen, immer derselbe bleibt.

3. Ist eine unzusammendrückbare Flüssigkeit in einem unbeweglichen Gefässe eingeschlossen und Pressungen unterworfen, welche durch eine beliebige Anzahl von Kolben hervorgebracht werden, so gilt das Princip der virtuellen Geschwindigkeiten in dem Falle des Gleichgewichts dieser Kräfte, wenn man als Bedingungen des Systems ansieht, dass die Flüssigkeit stetig und von constantem Volumen bleibt, während sie fortwährend mit den Grundflächen der Kolben in Berührung ist. Bezeichnen a, a', a'', etc. die Inhalte dieser Grundflächen, so sind die durch diese Kolben erzeugten Pressungen, auf die Flächeneinheit bezogen, gleich, und wenn man ihren Werth mit p bezeichnet, so werden die auf die Oberfläche der Flüssigkeit wirkenden Kräfte durch ap, $a'p$, $a''p$, etc. ausgedrückt. Sind ferner δp, $\delta p'$, $\delta p''$, ... die virtuellen Geschwindigkeiten der Angriffspunkte dieser Kräfte, nach ihren Richtungen geschätzt, so gelten für sie die Bedingungen, dass das Volumen der Flüssigkeit durch diese Verrückung nicht geändert werden und dass kein leerer Raum entstehen darf; man hat daher

$$a\delta p + a'\delta p' + a''\delta p'' + \ldots = 0,$$

mithin

$$ap\delta p + a'p\delta p' + a''p\delta p'' + \ldots = 0,$$

was beweist, dass die Summe der virtuellen Momente der Kräfte verschwindet.

Die Fundamentalgleichungen der Hydrostatik.

4. Bezeichnen X, Y, Z die Componenten der auf die Masseneinheit bezogenen Kraft, welche in dem Punkte xyz wirkt, ϱ die Dichtigkeit des Fluidums und p den auf die Einheit der Fläche bezogenen Druck in diesem Punkte, so sind p und ϱ Functionen von x, y, z, welche wir für die Herstellung des Gleichgewichts zu bestimmen haben. In dem Punkte xyz denken wir uns ein Parallelepipedon construirt, dessen Seiten den Achsen parallel und den Differentialen dx, dy, dz gleich sind; die Masse desselben ist $dm = \varrho\, dx\, dy\, dz$ und wird von den Kräften

$$\varrho\, X\, dx\, dy\, dz, \quad \varrho\, Y\, dx\, dy\, dz, \quad \varrho\, Z\, dx\, dy\, dz$$

getrieben; seine sechs Seitenflächen werden von Kräften angegriffen, welche den Achsen parallel und gegen das Innere seines Volumens gerichtet sind. Betrachtet man zuerst die beiden der Ebene der xy parallelen Seiten, von denen die eine durch den Punkt geht, dessen Coordinaten x, y, z sind, und die andere durch den Punkt, dessen Coordinaten $x, y, z + dz$ heissen, so ist der auf die erste Seitenfläche ausgeübte Druck $= p\,dx\,dy$, und der auf die zweite Fläche fallende

$$= - dx\,dy\left(p + \frac{\partial p}{\partial z}dz\right),$$

wo $\frac{\partial p}{\partial z}$ den partiellen Differentialquotienten von p nach z bedeutet. Jeder Druck kann in der ganzen Ausdehnung der entsprechenden Seitenfläche als constant betrachtet werden, ohne dass daraus beim Uebergange zur Grenze ein Fehler in den Gleichungen entspringt. Die beiden Kräfte, auf welche sich die auf beide Seiten ausgeübten Wirkungen reduciren, sind also entgegengesetzte Kräfte, und ziehen sich zu einer einzigen, der Achse der z parallelen, zusammen, welche gleich ist

$$- dx\,dy\,dz\,\frac{\partial p}{\partial z}.$$

Ebenso reduciren sich die der Achse der y und der Achse der x parallelen Pressungen auf die Kräfte

$$- dx\,dy\,dz\,\frac{\partial p}{\partial y},\quad - dx\,dy\,dz\,\frac{\partial p}{\partial x}.$$

Diese drei Kräfte können als in dem Mittelpunkte des Parallelepipedes angreifend gedacht werden, ebenso wie die Resultante der an alle Punkte seiner Masse angebrachten Kräfte, weil diese Kräfte nach Grösse und Richtung als constant angesehen werden müssen, und weil die Dichtigkeit in allen Punkten des Parallelepipedes dieselbe bleibt. Es ist also zum Gleichgewichte nothwendig und genügend, dass die jeder einzelnen Achse parallelen Kräfte unter sich im Gleichgewicht sind, was zu folgenden Gleichungen führt:

1) $$\frac{\partial p}{\partial x} = \varrho X,\quad \frac{\partial p}{\partial y} = \varrho Y,\quad \frac{\partial p}{\partial z} = \varrho Z.$$

Multiplicirt man diese Gleichungen mit dx, dy, dz, so giebt die nachherige Addition

2) $$dp = \varrho\,(X dx + Y dy + Z dz);$$

ist also das Fluidum im Gleichgewichte, so bildet der Ausdruck

$$\varrho\,(X dx + Y dy + Z dz)$$

das totale Differential einer Function von x, y, z, und diese Function giebt bis auf eine willkürliche Constante die Intensität des im Punkte xyz stattfindenden Druckes.

Bezeichnen wir diese Function mit $F(x, y, z)$, so folgt aus der Gleichung 2)

$$3)\qquad p = F(x, y, z,) + C,$$

wo C eine willkürliche Constante bezeichnet, welche sich bestimmen lässt, wenn man den Druck in einem gegebenen Punkte kennt. Ist die Flüssigkeit nicht in einem von allen Seiten geschlossenen und ganz gefüllten Gefässe enthalten, so muss nothwendig ein äusserer Druck existiren, dessen Werth durch die Gleichung 3) gegeben und der in jedem Punkte nach dem Innern der Flüssigkeit gerichtet ist.

5. Niveauflächen. Bei einer im Gleichgewichte befindlichen Flüssigkeit nennt man Niveaufläche jede Oberfläche von der Eigenschaft, dass die Resultante der auf die Flüssigkeit wirkenden Kräfte in jedem ihrer Punkte normal gerichtet ist. Bezeichnen dx, dy, dz die unendlich kleinen Incremente, welche die Coordinaten x, y, z irgend eines Punktes dieser Oberflächen annehmen, wenn man zu einem andern Punkte derselben Oberfläche übergeht, so hat man als Bedingung

$$4)\qquad Xdx + Ydy + Zdz = 0,$$

und dies ist die Differentialgleichung aller Niveauflächen.

Vermöge der Gleichung 2) folgt hieraus, dass für alle Punkte einer und derselben Niveaufläche $dp = 0$ und mithin der Druck auf dieselbe constant ist. Diese merkwürdige Eigenschaft könnte als Definition jener Flächen dienen, und die Gleichung 4) würde dann eine unmittelbare Folge davon sein.

Die endliche Gleichung der Niveauflächen ist also, wenn c eine willkürliche Constante bedeutet

$$F(x, y, z) = c,$$

wo $F(x, y, z)$ immer diejenige Function bezeichnet, deren Differential

$$= \varrho\,(Xdx + Ydy + Zdz)$$

ist. Durch stetige Aenderung der Constante c erhält man nach einander alle möglichen Niveauflächen; diese können sich nicht schneiden, wenn endliche Werthe von x, y, z der Function $F(x, y, z)$ immer endliche und bestimmte Werthe ertheilen; denn es könnte dann nicht gleichzeitig

$$F(x, y, z) = c \text{ und } F(x, y, z) = c'$$

sein, wenn c und c' verschieden sind. Verhält es sich anders, so gelten die aufgestellten Folgerungen nicht mehr. In den Punkten, wo zwei Niveauflächen sich begegnen, würde der Druck unbestimmt sein, und folglich dürfte man nicht mehr behaupten, dass der Druck in der ganzen Ausdehnung einer und derselben Niveaufläche constant wäre. Wir wollen diese Ausnahmsfälle nicht weiter betrachten.

Unterliegt die freie Oberfläche der Flüssigkeit in allen ihren Punkten einem constanten Drucke, so ist sie selbst eine Niveaufläche.

6. Ist $Xdx + Ydy + Zdz$ das totale Differential einer Function φ von x, y, z, wie dies zum Beispiel stattfindet, wenn die gegebenen Kräfte nach festen Punkten gerichtet und nur von der Entfernung von diesen Punkten abhängig sind, so kann die Gleichung 2) folgende Form annehmen

5) $$dp = \varrho\, d\varphi.$$

Der erste Theil dieser Gleichung ist das Differential einer Function der unabhängigen Variabeln x, y, z, ebenso verhält es sich mit $d\varphi$; zur Identität beider Theile ist demnach erforderlich, dass ϱ eine Function von φ sei; doch kann diese Function eine beliebige Form haben. Die Dichtigkeit ist daher gleichzeitig mit φ constant d. h. für alle Punkte einer und derselben Niveaufläche; diese Oberflächen theilen die Flüssigkeit in Schichten, innerhalb welcher der Druck und die Dichtigkeit sich nicht ändern.

7. Bei zusammendrückbaren Flüssigkeiten hängt die Dichtigkeit von dem Drucke ab. Sei dann $\varrho = f(p)$, so wird die Gleichung 5)

$$d\varphi = \frac{dp}{f(p)} \text{ woraus } \varphi = \int \frac{dp}{f(p)}.$$

Die Constante bestimmt sich durch den gegebenen Werth des Druckes in einem bekannten Punkte; daraus leitet man p und ϱ als Functionen von φ ab und lernt die Dichtigkeit und den Druck kennen, welche sich auf eine beliebige Niveaufläche beziehen.

Handelt es sich z. B. um eine beliebige Gasart, so ist nach dem Mariotte'schen Gesetze

$$p = k\varrho,$$

wo k von der Temperatur abhängt, die wir vorläufig als constant betrachten. Die Gleichung 5) giebt dann

6) $$\frac{dp}{p} = \frac{d\varphi}{k}, \text{ woraus } l\left(\frac{p}{C}\right) = \frac{\varphi}{k},$$

wo C eine Constante bezeichnet, welche man durch denjenigen Werth von p bestimmt, welcher einem bekannten Werthe von φ entspricht. Die letzte Gleichung kann auf folgende Form gebracht werden

$$p = Ce^{\frac{\varphi}{k}},$$

und man zieht aus ihr

$$\varrho = \frac{C}{k} e^{\frac{\varphi}{k}}.$$

Bei veränderlicher Temperatur wird k variabel, und wenn das Gleichgewicht hergestellt ist, so zeigt die Gleichung 6), dass k nur eine Function von φ sein kann und dass folglich die Temperatur für alle Punkte einer und derselben Niveaufläche constant sein muss. Der Druck und die Dichtigkeit werden jetzt durch die folgenden Formeln bestimmt:

$$p = Ce^{\int \frac{d\varphi}{k}}, \quad \varrho = \frac{C}{k} e^{\int \frac{d\varphi}{k}}.$$

Betrachtet man die Erde als kugelförmig und sieht von ihrer Rotationsbewegung ab, so ist die auf die Lufttheilchen wirkende Kraft nach dem Erd-Mittelpunkte gerichtet und folglich bilden die Niveauflächen Kugeloberflächen, die mit der Erde concentrisch sind. Das Gleichgewicht der Atmosphäre würde nun erfordern, dass die Temperatur in gleicher Entfernung von der Erdoberfläche überall dieselbe sei, was wegen der Anwesenheit der Sonne nicht stattfindet; daraus folgt, dass auch das Gleichgewicht nicht vorhanden ist.

Zweites Capitel.

Die Niveauflächen rotirender Flüssigkeiten.

Allgemeine Gleichung der Niveauflächen rotirender Flüssigkeiten.

8. Im Vorigen wurde die Flüssigkeit als ruhend gedacht oder wenigstens vorausgesetzt, dass alle Punkte derselben eine gemeinsame Geschwindigkeit besitzen; dagegen wollen wir jetzt annehmen, dass die Flüssigkeit sich gleichförmig um eine feste Achse drehe, und die Bedingungen aufsuchen, unter welchen alle Flüssigkeitstheilchen ihre gegenseitigen Lagen behalten. Nach dem *d'Alembert'*schen Principe genügt hierzu, dass in jedem Punkte Gleichgewicht stattfindet zwischen den gegebenen Kräften und den Kräften, welche jenen gleich und entgegengesetzt sind, die jedem freien Punkte die wirklich vorhandene Bewegung mittheilen würden. Das Gleichgewicht findet also statt zwischen den gegebenen Kräften und den Centrifugalkräften, welche als an den Molecülen selbst wirkend betrachtet werden. Heisst ω die Winkelgeschwindigkeit, so werden die nach den Achsen der x und y gerichteten Componenten der Centrifugalkraft durch $\omega^2 x$ und $\omega^2 y$ dargestellt, und die dritte Componente ist Null, wenn man die Drehungsachse zur Achse der z nimmt. Zur Bestimmung des Druckes hat man also

$$7)\qquad dp = \varrho\,(Xdx + Ydy + Zdz + \omega^2 xdx + \omega^2 ydy);$$

die durch die Centrifugalkraft eingeführten Glieder müssen in Verbindung mit

$$\varrho\,(Xdx + Ydy + Zdz)$$

ein exactes Differential bilden; die gemeinsame Gleichung der Niveauflächen ist daher

$$Xdx + Ydy + Zdz + \omega^2(x\,dx + y\,dy) = 0 \text{ oder } \varphi = c,$$

wo φ die Function von x, y, z bezeichnet, deren erstes Glied mit ϱ multiplicirt das Differential ist, und c eine willkürliche Constante bedeutet.

Wenn die freie Oberfläche der Flüssigkeit, sei letztere homogen oder heterogen, einem constanten Drucke unterliegt, so ist sie selbst eine Niveaufläche und ihre Gleichung in der allgemeinen Gleichung $\varphi = c$ enthalten. Aus dem gesammten Volumen der Flüssigkeit und der Gestalt des Gefässes, in welches sie eingeschlossen ist, kann jetzt der Werth von c bestimmt werden, wie wir an einigen Beispielen zeigen wollen.

9. Wir setzen eine homogene schwere Flüssigkeit voraus, deren freie Oberfläche einem constanten Drucke P unterworfen ist und welche sich in einem verticalen Cylinder befindet, dessen Grundfläche den Radius a besitzt, und in welchem sie sich im Zustande der Ruhe bis zu der Höhe h erhebt. Zur Achse der z nehmen wir die Achse des Cylinders in entgegengesetztem Sinne mit der Schwere. Unter diesen Voraussetzungen ist

$$X = 0, \quad Y = 0, \quad Z = -g,$$

und die Gleichung 7) wird

$$dp = -g\varrho dz + \varrho\,\omega^2 (xdx + ydy).$$

Die allgemeine Gleichung der Niveauflächen ist daher

$$-g\,dz + \omega^2 (x\,dx + y\,dy) = 0,$$

und durch Integration

$$x^2 + y^2 = \frac{2g}{\omega^2}(z - c),$$

wo c eine willkürliche Constante bezeichnet. Diese Gleichung gehört zu einem Rotationsparaboloide um die Achse der z, und c ist die Höhe ihres Scheitels über der Ebene der Grundfläche.

Da die freie Oberfläche einem constanten Drucke unterliegt, so ist sie eine Niveaufläche und man erhält ihre Gleichung, wenn man dem c in der letzten Gleichung den nöthigen speciellen Werth ertheilt. Dieser bestimmt sich aus dem Volumen der Flüssigkeit, das jetzt von der Oberfläche begrenzt wird, aber noch dasselbe wie früher, nämlich $= \pi a^2 h$ sein muss. Man findet für dieses Volumen

$$\pi a^2 z' - \frac{\pi g}{\omega^2}(z' - c)^2,$$

wo z' dem Punkte entspricht, in welchem die erzeugende Parabel den Cylinder schneidet; dieser Werth ist

$$z' = c + \frac{a^2\omega^2}{2g}.$$

Zur Bestimmung von c erhält man die Gleichung

$$\pi a^2 h = \pi a^2 c + \frac{\pi a^4 \omega^2}{4g},$$

woraus

$$c = h - \frac{a^2\omega^2}{4g}.$$

Die Gleichung der Oberfläche der rotirenden Flüssigkeit ist demnach

$$x^2 + y^2 = \frac{2g}{\omega^2}\left(z + \frac{a^2\omega^2}{4g} - h\right).$$

Um den Druck in einem beliebigen Punkte zu ermitteln integrirt man den Werth von dp und findet, wenn c' eine willkürliche Constante bezeichnet,

$$p = -g\varrho z + \varrho \frac{\omega^2}{2}(x^2 + y^2) + c';$$

c' bestimmt sich aus der Bedingung, dass an der Oberfläche $p = P$ sein muss; man findet

$$P = \frac{a^2\omega^2\varrho}{4} - g\varrho h + c',$$

woraus

$$c' = P - \frac{a^2\omega^2\varrho}{4} + g\varrho h,$$

womit die vollständige Lösung des Problems gegeben ist.

Wenn die Flüssigkeit von der Ruhelage ausgeht und zu der Gleichgewichtslage in der Rotationsbewegung gelangt, so hat sich der auf der Achse liegende Punkt der freien Oberfläche um ebensoviel gesenkt, als die in Berührung mit dem Cylinder stehenden Punkte gestiegen sind. In der That ist die Höhe c des Scheitels des Paraboloids, welches die Flüssigkeit begrenzt, $= h - \frac{a^2\omega^2}{4g}$ und die Höhe der Punkte des Paraboloids, welche auf der Cylinderoberfläche liegen,

$$= c + \frac{a^2\omega^2}{2g} = h + \frac{a^2\omega^2}{4g}.$$

Beide Höhen unterscheiden sich von der anfänglichen Höhe h um eine und dieselbe Grösse $\frac{a^2\omega^2}{4g}$.

10. Wir wollen jetzt den Fall untersuchen, wo die Molecüle der in einem Gefässe eingeschlossenen Flüssigkeit von einer Kraft getrieben werden, welche gegen einen festen Punkt gerichtet und der Entfernung von diesem Punkte proportional ist.

Bezeichnen wir mit μ den Werth dieser Kraft in der Einheit der Entfernung und nehmen zum Anfang den festen Punkt, nach welchem sie gerichtet ist, so sind $-\mu x$, $-\mu y$, $-\mu z$ ihre Componenten; dagegen werden die Componenten der Centrifugalkraft, wenn ω die Winkelgeschwindigkeit bezeichnet, durch $\omega^2 x$ und $\omega^2 y$ ausgedrückt, und es ist daher die Differentialgleichung der Niveauflächen

$$(\omega^2 - \mu)\,(x\,dx + y\,dy) - \mu z\,dz = 0,$$

woraus

$$x^2 + y^2 + \frac{\mu z^2}{\mu - \omega^2} = c,$$

wo c eine willkürliche Constante bedeutet. Die Niveauflächen sind daher Umdrehungsflächen zweiten Grades um die Rotationsachse, und zwar Ellipsoide für $\omega^2 < \mu$, dagegen Ebenen, die senkrecht auf der Achse stehen, wenn $\omega^2 = \mu$, was man unmittelbar nachweisen kann; für $\omega^2 > \mu$ werden sie zu Hyperboloiden mit einer oder zwei Mantelflächen, je nachdem c positiv oder negativ ist. In allen Fällen ergiebt sich der Werth der Constanten aus dem Volumen der Flüssigkeit, welches zwischen der Oberfläche des Gefässes und einer der Niveauflächen enthalten ist, und welches dem Volumen der gegebenen Flüssigkeit immer gleich sein muss.

In dem Falle $\omega^2 > \mu$ bestimmt die Grösse dieses Volumens nicht allein den absoluten Werth, sondern auch das Vorzeichen der Constanten c, d. h. der Ausdruck derselben lässt erkennen, ob das Hyperboloid eine oder zwei Mantelflächen besitzt; es hält nicht schwer, sich davon allgemein zu überzeugen. Zu diesem Zwecke wollen wir irgend einen Werth von ω betrachten und für c einen negativen Werth nehmen; das Hyperboloid besitzt dann zwei Mantelflächen, und die freie Oberfläche der Flüssigkeit ist concav, ohne welche Bedingung der Druck nicht gegen das Innere gerichtet sein könnte. Lassen wir den Werth von c bis Null wachsen, so bleibt der

Asymptotenkegel derselbe, und während die Oberfläche des Hyperboloids sich ihm unaufhörlich nähert, nimmt das durch letzteres begrenzte Volumen ab und reducirt sich im Grenzfalle auf das Kegelvolumen. Gehen wir dagegen von einem positiven Werthe des c aus, so besitzt das Hyperboloid nur eine Mantelfläche und die freie Oberfläche der Flüssigkeit ist convex; bei abnehmendem c wächst das Volumen der in dem Gefässe eingeschlossenen Flüssigkeit, weil die sie begrenzende Oberfläche sich mehr und mehr eben demselben Kegel nähert, ausserhalb dessen sie liegt; für $c=0$ erreicht das Volumen seinen grössten Werth, welcher mit dem kleinsten Werthe für die Hyperboloide mit zwei Mantelflächen zusammenfällt. Daraus folgt, dass es unter allen Hyperboloiden beider Gattungen nur ein einziges giebt und dass immer eines existirt, welches, wenn das Gefäss unendlich ist, einer gegebenen Masse von Flüssigkeit und einer gegebenen Winkelgeschwindigkeit $> \sqrt{\mu}$ entspricht.

Gleichgewichtsform einer rotirenden Flüssigkeit, deren Molecüle sich gegenseitig anziehen.

11. Bei den vorigen Aufgaben war die auf jedes Molecül wirkende Kraft bekannt und unabhängig von der Lage der andern Molecüle; anders verhält sich die Sache in der Natur, wo jedes Molecül von jedem andern angezogen wird und die Resultante dieser Wirkungen nothwendig von der Gestalt der Flüssigkeit abhängen muss; da aber diese Gestalt unbekannt ist, so sind es die mit X, Y, Z bezeichneten Kräfte gleichfalls, und das Problem wird ungleich schwieriger.

Bei einer homogenen Flüssigkeit, innerhalb deren die Anziehung im umgekehrten Verhältniss des Quadrats der Entfernung steht, kann man das Problem nur lösen, wenn man eine sehr kleine Winkelgeschwindigkeit voraussetzt, welche der Flüssigkeit eine wenig von der Kugel abweichende Gestalt ertheilt. Doch lässt sich immer nachweisen, dass die Figur eines Rotationsellipsoids der Bedingung des Gleichgewichts genügt, sobald die Winkelgeschwindigkeit eine gewisse Grenze nicht überschreitet. Ist nämlich

$$\frac{z^2}{c^2} + \frac{x^2 + y^2}{c^2(1+\lambda^2)} = 1\,.$$

die Gleichung eines abgeplatteten Rotationsellipsoids um die Achse der z, so werden die drei Componenten X, Y, Z der Anziehung der

Masse dieses Ellipsoids auf einen Punkt x, y, z seiner Oberfläche durch folgende Formeln bestimmt

$$X = \frac{2\pi\varrho f x}{\lambda^3}[\lambda - (1 + \lambda^2)\, arc\, tang\, \lambda],$$

$$Y = \frac{2\pi\varrho f y}{\lambda^3}[\lambda - (1 + \lambda^2)\, arc\, tang\, \lambda],$$

$$Z = \frac{4\pi\varrho f z}{\lambda^3}(1 + \lambda^2)(arc\, tang\, \lambda - \lambda),$$

in denen ϱ die Dichtigkeit der Flüssigkeit bezeichnet. Damit Gleichgewicht stattfinde, muss die Resultante dieser drei Kräfte und der Centrifugalkraft, deren Componenten $\omega^2 x$, $\omega^2 y$ sind, in jedem Punkte senkrecht auf der Oberfläche des Ellipsoids stehen; dies liefert zwischen den Coordinaten dieser Oberfläche und ihren Differentialen folgende Gleichung, in welcher $\frac{\omega^2}{2\pi\varrho f} = \mu$ gesetzt ist,

$$[\lambda - (1 + \lambda^2)\, arc\, tang\, \lambda + \mu\lambda^3](x\, dx + y\, dy)$$
$$+ 2\,(arc\, tang\, \lambda - \lambda)(1 + \lambda^2)\, z\, dz = 0.$$

Vermöge der Gleichung des Ellipsoids gilt zwischen denselben Coordinaten die Gleichung

$$x\, dx + y\, dy + (1 + \lambda^2)\, z\, dz = 0.$$

Da der Werth von $z\, dz$ in beiden Gleichungen übereinstimmen muss, was auch x, y, dx, dy sein mögen, so erhält man zur Bestimmung von λ folgende Bedingung:

$$\lambda - (1 + \lambda^2)\, arc\, tang\, \lambda + \mu\lambda^3 = 2\,(arc\, tang\, \lambda - \lambda),$$

oder

$$1) \quad \mu = \frac{(3 + \lambda^2)\, arc\, tang\, \lambda - 3\lambda}{\lambda^3} = \frac{3 + \lambda^2}{\lambda^3}\left(arc\, tang\, \lambda - \frac{3\lambda}{3 + \lambda^2}\right).$$

Für den Augenblick sei zur Abkürzung

$$arc\, tang\, \lambda - \frac{3\lambda}{3 + \lambda^2} = \varphi(\lambda);$$

es ergiebt sich dann durch Differentiation

$$\varphi'(\lambda) = \frac{4\lambda^4}{(1 + \lambda^2)(3 + \lambda^2)^2}.$$

Aus dem positiven Vorzeichen von $\varphi'(\lambda)$ erkennt man, dass $\varphi(\lambda)$ beständig wächst, und da dieses Wachsthum mit $\varphi(0) = 0$ anfängt, so ist $\varphi(\lambda)$, mithin auch μ, positiv für alle positiven Werthe von λ. Jeder beliebigen Abplattung λ entspricht daher eine reelle Winkelgeschwindigkeit nach der Formel

$$2)\qquad \omega = \sqrt{2\pi\varrho\mu f}.$$

Ob umgekehrt jeder gegebenen Winkelgeschwindigkeit ω oder jedem gegebenen $\mu = \frac{\omega^2}{2\pi\varrho f}$ eine reelle Abplattung entspricht, bedarf einer genaueren Untersuchung, die sich am anschaulichsten gestaltet, wenn man λ als Abscisse, μ als Ordinate und die Gleichung 1) als Gleichung einer ebenen Curve betrachtet; die Gestalt dieser Linie ergiebt sich aus folgender Discussion.

Die Differentiation der Gleichung 1) liefert

$$\mu' = \frac{1}{\lambda^4}\left[\frac{9\lambda + 7\lambda^3}{1 + \lambda^2} - (9 + \lambda^2)\, arc\, tang\, \lambda\right]$$

oder auch

$$3)\qquad \mu' = \frac{1}{\lambda^4\,(9 + \lambda^2)}\, F(\lambda),$$

wobei zur Abkürzung

$$4)\qquad F(\lambda) = \frac{9\lambda + 7\lambda^3}{(1 + \lambda^2)\,(9 + \lambda^2)} - arc\, tang\, \lambda.$$

gesetzt wurde. Man bemerkt sogleich, dass μ' sein Vorzeichen ebenso oft als $F(\lambda)$ wechselt, und es ist daher zunächst $F(\lambda)$ zu untersuchen.

Man findet durch Differentiation

$$F'(\lambda) = \frac{8\lambda^4\,(3 - \lambda^2)}{(1 + \lambda^2)^2\,(9 + \lambda^2)^2};$$

Dieser Ausdruck bleibt positiv von $\lambda = 0$ bis $\lambda = \sqrt{3}$, verschwindet für $\lambda = \sqrt{3}$, und wird negativ für $\lambda > \sqrt{3}$. Die Function $F(\lambda)$ wächst demnach von $\lambda = 0$ bis $\lambda = \sqrt{3}$, erreicht an dieser Stelle ihren Maximalwerth und nimmt dann continuirlich ab. Das Wachsthum beginnt mit dem Werthe $F(0) = 0$ und geht daher auf der positiven Seite vor sich; die Abnahme fängt an mit dem positiven Maximalwerthe

$$F(\sqrt{3}) = \frac{5\sqrt{3}}{8} - \frac{\pi}{3} = 0{,}0353$$

und geht bis zu dem asymptotischen Werthe

$$F(\infty) = -\frac{\pi}{2}.$$

Hieraus ist ersichtlich, dass es ausser $\lambda = 0$ nur noch einen einzigen positiven Werth von λ geben kann, für welchen $F(\lambda)$ verschwindet; dieser Werth liegt zwischen $\lambda = \sqrt{3}$ und $\lambda = \infty$, genauer ist er

$$\lambda = 2{,}5293$$

und zwar geht $F(\lambda)$ an dieser Stelle aus dem Positiven ins Negative über.

Kehren wir nun zur Gleichung 3) zurück, so wissen wir aus dem Vorigen, dass μ' für $\lambda = 0$ verschwindet, für $0 < \lambda < 2{,}5293$ positiv bleibt, für $\lambda = 2{,}5293$ zu Null wird und darüber hinaus negativ ist. Die erwähnte, durch die Gleichung 1) bestimmte Curve geht demnach vom Coordinatenanfange aus, wobei sie die Abscissenachse berührt, steigt nachher bis sie für $\lambda = 2{,}5293$ ihr Maximum erreicht, und fällt dann continuirlich. Da der Ausdruck

$$\mu = \left(\frac{3}{\lambda^3} + \frac{1}{\lambda}\right) \operatorname{arctang} \lambda - \frac{3}{\lambda}$$

für unendlich wachsende λ gegen die Grenze Null convergirt, so ist die Abscissenachse die Asymptote die Curve. Man kennt jetzt die Gestalt der betrachteten Linie, wovon die Figur ein Bild giebt; OA ist darin $= 2{,}5293$, $OB = AC$ die zugehörende Maximalordinate $= 0{,}2246$.

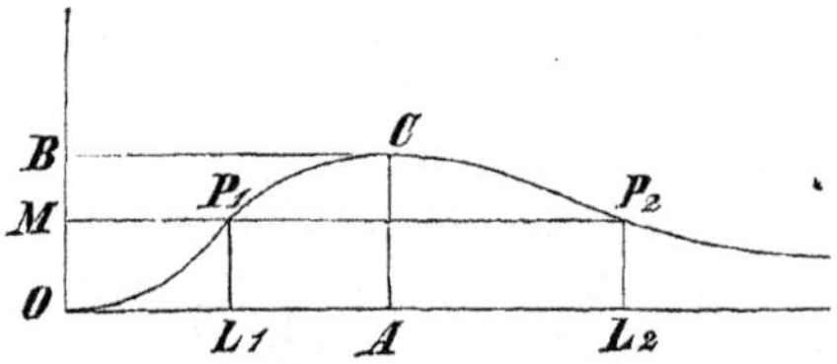

Wenn nun zu einem gegebenen μ das entsprechende λ gefunden, d. h. die Gleichung 1) nach λ aufgelöst werden soll, so lässt sich diess graphisch machen, indem man die Ordinate $OM = \mu$ nimmt, durch M eine Parallele zur Abscissenachse zieht und den Durchschnitt P der Parallelen mit der Curve aufsucht; die Abscisse von P ist das gesuchte λ. Man bemerkt aber sofort, dass die Parallele und die Curve sich keinmal, einmal oder zweimal schneiden, je nachdem μ grösser, gleich oder kleiner als die Maximalordinate AC ist; einer gegebenen Winkelgeschwindigkeit ω entspricht daher kein Rotationsellipsoid, ein Ellipsoid, oder zwei verschiedene Ellipsoide, je nachdem $\frac{\omega^2}{2\pi\varrho f}$ mehr, ebensoviel oder weniger als 0,2246 beträgt.

Für $\mu = 0$ erhält man die beiden Auflösungen $\lambda_1 = 0$, $\lambda_2 = \infty$, von denen die erste eine Kugel, die zweite eine unendliche Ebene giebt; da eine begrenzte Masse die letztere Form nicht annehmen kann, so bleibt nur die erste Auflösung zulässig. Ertheilt man dieser Kugel eine Achsendrehung, deren Geschwindigkeit stetig zunimmt, so plattet sich die Kugel mehr und mehr ab, wobei immer nur die ersten Wurzeln λ_1 in Frage kommen; über die Grenze $\omega = \sqrt{0{,}2246 \cdot 2\pi\varrho f}$ hinaus bestehen aber keine Ellipsoide mehr, folglich tritt jetzt eine andere Gleichgewichtsfigur ein.

Man ersieht hieraus, dass das abgeplattete Rotationsellipsoid nicht die einzig mögliche Gleichgewichtsfigur ist; in der That hat auch Jacobi bereits gezeigt, dass sogar ein dreiachsiges Ellipsoid als Gleichgewichtsfigur dienen kann (s. *Crelle*'s Journal Bd. 24, S. 44), doch würde uns diese Untersuchung hier zu weit führen.

Drittes Capitel.

Das Gleichgewicht schwerer Flüssigkeiten und schwimmender Körper.

Der Druck schwerer Flüssigkeiten.

12. Wirkt nur die Schwere auf die Molecüle einer homogenen Flüssigkeit, so hat man

$$dp = -\varrho g dz, \text{ woraus } p = -\varrho g z + c,$$

und wenn P den der Höhe $z = h$ entsprechenden Druck bezeichnet, so ist definitiv

$$p = \varrho g (h - z) + P.$$

Die Niveauflächen sind also horinzontale Ebenen und der Druck in jedem Punkte hängt nur von der Höhe ab.

Die Dichtigkeit ϱ kann sich hierbei in irgend einer Weise ändern und ist dann eine Function von z; sie bestimmt sich durch die Formel

$$p = -g \int \varrho dz.$$

13. Als wir die Zunahme des Drucks berechneten, der bei dem Uebergang von einem Punkte einer Flüssigkeit zu einem andern stattfindet, zerlegten wir diese Flüssigkeit in stetig zusammenhängende Parallelepipede und untersuchten nun wie viel der Druck von der einen Seitenfläche bis zur parallelen Seitenfläche zunahm. Diese Anschauungsweise gilt nicht mehr, wenn in der Flüssigkeit Wände existiren, welche die Verbindung der Flüssigkeitstheile aufheben; wären die Wände so beschaffen, dass sie die Verbindung nicht völlig, sondern nur theilweise aufhöben, so würde gleichfalls eine Modification der obigen Theorie eintreten müssen.

Unter der Voraussetzung, dass nur die Schwere auf die Flüssigkeit wirkt, sahen wir, dass der Zuwachs des Druckes Null ist, wenn man von der verticalen Seitenfläche eines Parallelepipedes zu der gegenüberstehenden Fläche übergeht, voraussgesetzt, dass dieses Parallelepiped aus der Flüssigkeit ohne Unterbrechung gebildet ist. Demnach kann der Druck in zwei Punkten derselben Horizontalebene nur dann für gleich gelten, wenn man von dem einen Punkte zum andern mittelst der Flüssigkeit ohne Unterbrechung übergehen kann, während man in derselben Horizontalebene bleibt.

14. Nach dieser Bemerkung untersuchen wir das Gleichgewicht von zwei in verschiedenen Gefässen befindlichen Flüssigkeiten, welche durch einen horizontalen Canal mit einander communiciren. Durch den tiefsten Punkt dieses Canals legen wir eine horizontale Ebene; die Flüssigkeiten, welche sich unterhalb dieser Ebene befinden, können dann sehr verschiedenen Drucken in Punkten auf einer und derselben Horizontalebene unterworfen sein. Legen wir ferner eine Horizontalebene durch den höchsten Punkt des Canals, so muss der Druck in allen Punkten irgend einer zwischen beiden Ebenen liegenden Horizontalebene derselbe sein; für die höher gelegenen Ebenen kann er in beiden Gefässen wieder verschieden sein. Aber in jedem von ihnen stehen die oberhalb des Canals befindlichen Flüssigkeitstheile unter den eben bewiesenen Gesetzen, und sie unterliegen in Bezug auf einander nur der Bedingung, dass sie auf die durch den höchsten Punkt des Canals gelegte Horizontalebene einen und denselben Druck hervorbringen. Ebenso wirkt auf die unterhalb des Canals liegenden Theile ein an der Oberfläche gleicher Druck und sie müssen unabhängig von einander den allgemeinen Bedingungen des Gleichgewichts genügen.

Auf diese Betrachtungen gründet sich die Theorie der Heber, des Barometers, der Wasserwaagen, der hydraulischen Presse etc.

15. Druck auf die Wände. Wir denken uns eine ebene Wand in unendlich kleine Elemente $d\lambda$ getheilt und bezeichnen mit z den Abstand irgend eines Elementes von der äusseren Oberfläche der Flüssigkeit, die wir als homogen annehmen. Der durch die Flüssigkeit auf das Element $d\lambda$ ausgeübte Druck, abgesehen von einem etwaigen äusseren auf die Oberfläche der Flüssigkeit ausgeübten Drucke, ist $= g\varrho\, z\, d\lambda$ und die Summe aller dieser Kräfte

$$= g\varrho\, \Sigma z\, d\lambda = g\varrho\, A z_1,$$

wo A den Flächeninhalt der Wand und z_1 den Abstand ihres Schwerpunkts von der Oberfläche der Flüssigkeit bezeichnet. Daraus folgt, dass der Druck derselbe bleibt, welche Lage die Wand auch annehmen möge, wenn nur der Schwerpunkt derselben seine Lage nicht ändert.

Dieser Druck ist durchaus unabhängig von der Form des Gefässes, und man kann auf den Boden eines Gefässes einen beträchtlichen Druck mit einem sehr geringen Gewicht Flüssigkeit hervorbringen, vorausgesetzt, dass der Abstand des Bodens von der freien Oberfläche sehr gross ist.

Der Angriffspunkt der Resultante aller Pressungen, der sogenannte Mittelpunkt des Drucks, lässt sich mittelst der gewöhnlichen Theorie des Mittelpunkts paralleler Kräfte berechnen; bei einer horizontalen Wand fällt er mit deren Schwerpunkte zusammen, in jedem anderen Falle liegt er tiefer als dieser. Ziehen wir nämlich durch letzteren in der Ebene der Wand eine Horizontale, so zerfällt die Fläche derselben in zwei Theile, deren Momente in Bezug auf jene horizontale Gerade gleich sind. Der Gesammtdruck, welcher auf den unterhalb dieser Horizontalen gelegenen Theil der Wand ausgeübt wird, giebt in Beziehung auf diese Horizontale ein grösseres Moment, als der auf den oberhalb derselben gelegenen Theil ausgeübte Druck; denn wenn man sich die ganze Fläche in gleiche Elemente getheilt denkt, so ist der auf jedes Element des unteren Theiles ausgeübte Druck grösser als der grösste von denen, welche auf die Elemente des oberen Theils ausgeübt werden. Nähme man alle diese Drucke dem grössten von ihnen, welcher sich auf die Punkte der durch den Schwerpunkt gelegten Horizontalen bezieht, gleich, und alle übrigen dem kleinsten von ihnen gleich, welcher sich ebenfalls auf die Punkte derselben Horizontalen bezieht, so würden die Summen der Momente gleich sein; nimmt man sie dagegen wie sie wirklich sind, so ist die Summe für diejenigen grösser, welche sich auf den unteren Theil beziehen; also liegt der Mittelpunkt der Druckkräfte, welche auf die Wand ausgeübt werden, unterhalb der Horizontalen, welche durch den Schwerpunkt gelegt ist.

Um die Coordinaten dieses Punktes kennen zu lernen, hat man drei Coordinatenebenen zu wählen, in Bezug auf diese die Summe der Momente der auf jedes Element der Wand ausgeübten Druckkräfte zu berechnen, und das Resultat durch die Summe der Druckkräfte zu dividiren.

Wir betrachten zunächst die Momente in Beziehung auf die Ebene der x und y. Bezeichnet $d\lambda$ ein unendlich kleines Element der Wand, so ist der auf dasselbe ausgeübte Druck $= g\varrho\, z\, d\lambda$, und sein Moment $= g\varrho\, z^2\, d\lambda$; nennen wir ferner x', y', z' die Coordinaten des Mittelpunkts des Drucks, x_1, y_1, z_1 die des Schwerpunkts der Wand und A ihren Flächeninhalt, so erhalten wir die Gleichung

$$\Sigma z^2 d\lambda = z' \Sigma z d\lambda = A z' z_1,$$

wo die beiden Integrale Σ sich auf alle Elemente der Wand erstrecken. Als Momentengleichungen in Bezug auf die beiden andern Projectionsebenen finden wir in ähnlicher Weise

$$\Sigma\, yz\, d\lambda = A y' z_1, \quad \Sigma\, xz\, d\lambda = A x' z_1.$$

Die Coordinaten des Mittelpunkts des Drucks sind also:

$$x' = \frac{\int xz\, d\lambda}{A z_1}, \quad y' = \frac{\int yz\, d\lambda}{A z_1}, \quad z' = \frac{\int z^2 d\lambda}{A z_1}.$$

16. Beispielweis betrachten wir eine trapezförmige Wand mit horizontaler Grundlinie. Hier sieht man leicht, dass der Mittelpunkt des Druckes auf der Geraden liegt, welche die Mittelpunkte der parallelen Seiten verbindet, und es genügt daher, eine der drei Coordinaten dieses Punktes, z. B. z', zu kennen. Zerlegen wir das Trapez in unendlich kleine Streifen, welche den beiden Parallelseiten parallel laufen, so ergiebt sich die Summe $\int z^2 d\lambda$ dadurch, dass man die Fläche eines jeden dieser Streifen mit dem entsprechenden Werthe von z^2 multiplicirt und die Summe dieser Producte in der ganzen Ausdehnung des Trapezes bildet. Sei a die obere, b die unter Parallelseite des Trapezes, h seine Höhe, u die Entfernung eines beliebigen Schnittes von der oberen Grundlinie, c die Entfernung dieser Grundlinie von dem Niveau der Flüssigkeit, und γ der Winkel zwischen der Ebene des Trapezes und der Horizontalebene, so wird der Flächeninhalt eines beliebigen Schnittes durch folgenden Ausdruck dargestellt

$$\left(a + \frac{b-a}{h} u\right) du;$$

andererseits ist

$$z = c + u \sin \gamma,$$

man hat also den Ausdruck

$$\int (c + u \sin \gamma)^2 \left(a + \frac{b-a}{h} u\right) du$$

zu berechnen und das Resultat durch

$$Az_1 = \frac{h(a+b)}{2} (c + u_1 \sin \gamma)$$

zu dividiren um zur Kenntniss von $z' = c + u' \sin \gamma$ zu gelangen. Der Werth von u' bestimmt die Lage des Mittelpunkts des Druckes bequemer als z'; durch Ausführung der angedeuteten Rechnungen findet man

$$u' = \frac{h^2 (a + 3b) \sin \gamma + 2hc (a + 2b)}{2h (a + 2b) \sin \gamma + 6c (a + b)}.$$

Für $c = 0$, d. h. wenn die obere Grundlinie im Niveau der Flüssigkeit liegt, wird einfacher

$$u' = \frac{h (a + 3b)}{2 (a + 2b)}.$$

In diesem Falle ist der Mittelpunkt des Druckes unabhängig von der Neigung der Wand.

Sowohl für $a = 0$ als für $b = 0$ reducirt sich das Trapez auf ein Dreieck; im ersten Falle liegt die Spitze desselben im Wasserspiegel und u' ist dann $= \frac{3}{4} h$; im zweiten Falle liegt die Grundlinie des Dreiecks im Niveau und u' erhält den Werth $\frac{1}{2} h$.

17. Die auf eine krumme Wand ausgeübten Druckkräfte lassen sich nicht immer auf eine Einzelkraft zurückführen, weil ihre Richtungen nicht parallel laufen; da sie aber auf einen festen Körper wirken, so können sie immer auf zwei Kräfte reducirt werden. Sobald man nämlich die Intensität jedes elementaren Druckes und die Coordinaten seines Angriffspunktes kennt, führt man jene Elementarkräfte durch die gewöhnlichen Methoden auf drei nach den Coordinatenachsen gerichtete Kräfte und auf drei Paare zurück, welche dieselben Richtungen zu Achsen haben. Dann zeigt sich von selbst, ob die zur Existenz einer Resultante nothwendige Bedingung erfüllt ist oder nicht, und man wird dieselbe im erstenFalle leicht bestimmen. Im entgegengesetzten Falle reducirt man das Kräftesystem auf eine Einzelkraft und auf ein Paar oder, was dasselbe ist, auf zwei Kräfte.

Der Druck auf eingetauchte Körper.

18. Wir wollen insbesondere den Druck betrachten, welcher auf die Oberfläche eines ganz oder theilweise in eine schwere Flüssigkeit eingetauchten Körpers ausgeübt wird, wenn letztere sich im Gleichgewichte befindet. Vorerst ist hier leicht einzusehen, dass die horizontalen Componenten der Druckkräfte sich aufheben und dass nur die verticalen Componenten übrig bleiben, welche immer eine Resultante haben.

Wir denken uns einen Theil der Oberfläche zwischen zwei horizontalen unendlich nahen Ebenen und betrachten zunächst die parallel zur Achse der x wirkenden Componenten der Druckkräfte. Die Zerlegung der Oberfläche können wir in beliebiger Weise ausführen, sie möge zunächst durch Ebenen geschehen, welche einander unendlich nahe und der xz-Ebene parallel sind, so dass die Oberfläche in Elemente zerfällt, von denen je zwei, auf die yz-Ebene projicirt, das Rechteck $dy\ dz$ zur gemeinsamen Projection haben. Bezeichnet man nun mit p den Druck, welcher dem Abstande des Streifens von der freien Oberfläche der Flüssigkeit entspricht, und mit α, β, γ die Winkel, welche die Normale in einem beliebigen Punkte des Streifens mit den Achsen der x, der y und der z bildet, so sind die Componenten des Druckes $p\omega$, welcher auf ein Element ω dieses Streifens ausgeübt wird,

$$p\ \omega \cos \alpha, \quad p\ \omega \cos \beta, \quad p\ \omega \cos \gamma,$$

oder

$$p\ dy\ dz, \quad p\ dx\ dz, \quad p\ dx\ dy$$

d. h. sie sind gleich den Druckkräften, welche die Projectionen des Elementes ω auf drei den Coordinatenebenen parallele Ebenen in einem und demselben Punkte erleiden würden. Was aber die beiden Elemente betrifft, welche dieselbe Projection $dy\ dz$ auf die Ebene der y und z besitzen, so heben sich die zur Achse der x parallelen Componenten auf, weil ihre Werthe gleich $p\ dy\ dz$ und von entgegengesetztem Zeichen sind, und da alle Elemente des Streifens paarweise so betrachtet werden können, so folgt daraus, dass alle der Achse der x parallelen Componenten der Druckkräfte, welche dieser Streifen erleidet, sich gegenseitig aufheben. Ebenso verhält es sich mit den zur Achse der y parallelen Componenten; hier würde man Elemente bilden, welche paarweise eines und dasselbe Rechteck $dx\,dz$ zur gemeinschaftlichen Projection haben. Es folgt daraus, dass allein die verticalen Componenten der Druckkräfte, welche der Streifen erleidet, übrig bleiben, und es sind nur noch diese in der ganzen Ausdehnung des eingetauchten Körpers zusammenzusetzen.

Denkt man sich jene Ebenen, welche einerseits der xz-Ebene, andererseits der yz-Ebene parallel gestellt waren, gleichzeitig construirt, so zerfällt die Oberfläche des Körpers in Elemente, von denen je zwei, auf die horizontale xy-Ebene projicirt, das Rechteck $dx\,dy$ zur gemeinschaftlichen Projection haben. Zwei derartige Elemente liefern Componenten in entgegengesetztem Sinne, welche sich auf eine Kraft reduciren, die von unten nach oben gerichtet und gleich dem Gewichte der verdrängten Flüssigkeitssäule ist, welche die nämliche Projection $dx\,dy$ besitzt. Dieses Resultat gilt, wie leicht zu sehen, auch dann noch, wenn der Körper nicht völlig untergetaucht, sondern nur theilweis eingetaucht ist. In jedem Falle wird der Körper in entgegengesetzter Richtung mit der Schwere ebenso getrieben, wie der von ihm verdrängte Flüssigkeitstheil in der Richtung der Schwere getrieben werden würde. Die gesammten auf ihn wirkenden Druckkräfte haben demnach eine Resultante, welche dem Gewichte der verdrängten Flüssigkeit gleich ist und an dem Schwerpunkte dieses Flüssigkeitstheiles der Richtung der Schwere entgegen wirkt. Ausserdem wird der Körper durch sein eigenes Gewicht in seinem Schwerpunkte angegriffen, so dass er nur dann im Gleichgewichte sein kann, wenn sein Gewicht gleich ist dem Gewichte der von ihm verdrängten Flüssigkeit und der Schwerpunkt der letzteren auf der durch den Schwerpunkt des Körpers gelegten Verticalen liegt. Dieses schon von Archimedes entdeckte hydrostatische Princip, das gleichmässig für tropfbare und gasförmige Flüssigkeiten gilt, fasst man gewöhnlich in die Worte zusammen:

> Beim Eintauchen in eine im Gleichgewicht befindliche Flüssigkeit, verliert jeder Körper so viel an seinem Gewichte, als die von ihm verdrängte Flüssigkeit wiegt.

19. In dem so eben gegebenen Beweise haben wir alle Druckkräfte, welche der eingetauchte Körper erfährt, in ihre Elemente aufgelöst, man kann sich aber auch dieser Zerlegung überheben und die gesammte Wirkung direct bestimmen. Der Körper erfährt nämlich denselben Druck, welchen die von ihm verdrängte Flüssig-

keit erleiden würde und die man als fest gemacht annehmen könnte ohne das Gleichgewicht zu stören. Da nun dieser Theil der Flüssigkeit keine Bewegung annimmt, so muss der Druck, welchen sie erfährt, die Wirkung der Schwere gerade aufheben und folglich zur Resultante eine verticale Kraft haben, welche gleich ist ihrem Gewichte und durch ihren Schwerpunkt geht. Jeder in eine Flüssigkeit eingetauchte Körper unterliegt also der Wirkung zweier entgegengerichteter verticaler Kräfte, von denen die eine seinem Gewichte gleich und in seinem Schwerpunkte angebracht ist, und deren andere dem Gewichte der verdrängten Flüssigkeit gleichkommt und durch den Schwerpunkt dieser Flüssigkeit geht.

Dem Vorigen zufolge erhält man das Gleichgewicht eines Körpers nur dadurch richtig, dass man die Abwägung desselben im leeren Raume vornimmt. Wüsste man, wie viel er in der Luft oder in irgend einer andern Flüssigkeit wiegt, so hätte man dieses Gewicht um das eines gleichen Volumens der Flüssigkeit zu vergrössern, um das wahre Gewicht des Körpers zu erhalten. Auf diesem Principe beruht die Theorie der Aräometer und der hydrostatischen Waage.

Gleichgewicht schwimmender Körper.

20. Soll ein fester Körper, welcher zum Theil in eine Flüssigkeit eingetaucht ist, im Gleichgewichte sein, so ist es dem Obigen gemäss nothwendig, dass sein Gewicht dem Gewichte der verdrängten Flüssigkeit gleichkomme und dass sein Schwerpunkt auf derselben Verticalen liege, auf welcher sich der Schwerpunkt dieses Theils der Flüssigkeit befindet. Bei einem in homogener Flüssigkeit schwimmenden Körper fällt der Schwerpunkt der verdrängten Flüssigkeit von selbst mit dem Schwerpunkte des von dem andern Körper eingetauchten Theils zusammen. Um also die Lagen zu bestimmen, bei welchen der Körper im Gleichgewichte beharren kann, muss man ihn so durch eine Ebene schneiden, dass das Volumen des einen Theils sich zum ganzen Volumen verhält, wie die Dichtigkeit des Körpers zu jener der Flüssigkeit und dass die Schwerpunkte dieses Theils und des ganzen Körpers in einer und derselben Geraden liegen, welche auf der schneidenden Ebene senkrecht steht. Das Gleichgewicht tritt dann ein, sobald diese Ebene mit der Oberfläche der Flüssigkeit zusammenfällt.

Beispielsweis betrachten wir ein dreiseitiges gerades Prisma, dessen Kanten horizontal liegen. In der Gleichgewichtslage hat es entweder zwei seiner Kanten oder nur eine über dem Niveau der Flüssigkeit; wir wollen zuerst den letzten Fall untersuchen. Man sieht leicht, dass die Länge des Prisma keinen Einfluss auf die gesuchte Lage übt, und ferner, dass jede zu den Kanten parallele Ebene das Volumen in demselben Verhältnisse wie die Grundfläche theilt. Wir können uns also auf die Betrachtung der letzteren beschränken.

(Fig. 10.)

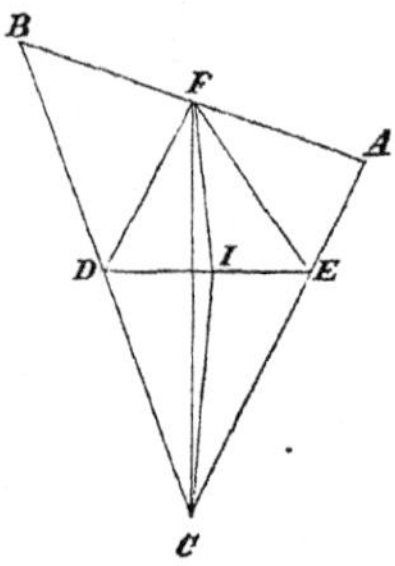

Sei ABC diese Grundfläche mit den Seiten a, b, c, C die eingetauchte Spitze, DE die Wasserlinie oder der Schnitt mit der Oberfläche der Flüssigkeit, F die Mitte von AB, I die von DE, r das Verhältniss der Dichtigkeit des Körpers zu jener der Flüssigkeit, endlich

$$CF = f,\ CD = x,\ CE = y,\ \angle ACF = \alpha,$$
$$\angle BCF = \beta,$$

so handelt es sich darum, die Gerade DE (Fig. 10) so zu ziehen, dass das Verhältniss der Dreiecke CDE, ABC gleich r ist, und dass die Linie FI, welche der Verbindungslinie der Schwerpunkte beider Dreiecke parallel läuft, senkrecht auf DE steht, welche Bedingung darauf hinauskommt, dass die Linien DF und FE gleich werden. Die beiden Gleichungen, welche x und y bestimmen, sind demgemäss:

$$1)\qquad xy = rab,\ x^2 - 2fx \cos\alpha = y^2 - 2fy \cos\beta,$$

woraus durch Elimination von y hervorgeht

$$2)\qquad x^4 - 2fx^3 \cos\alpha + 2rab\, fx \cos\beta - r^2a^2b^2 = 0.$$

Diese Gleichung hat nothwendig zwei reelle Wurzeln, eine positive und eine negative, welche letztere auf unsere Aufgabe keinen Bezug hat. Sind die beiden andern Wurzeln reell, so beweist die Cartesianische Zeichenregel, dass sie positiv sein müssen; es kann also höchstens drei Gleichgewichtslagen geben, wenn die Spitze C eingetaucht sein soll; dieser Fall tritt ein, sobald die reellen Werthe von x kleiner als a sind und für y kleinere Werthe als b liefern.

Sollen die beiden Ecken A und B in die Flüssigkeit tauchen, so muss das Verhältniss der Flächen $BDEA$ und ABC gleich r sein, mithin das Verhältniss der Dreiecke CDE und ABC gleich $1-r$; da überdies die Schwerpunkte dieser letzteren und der von $BDEA$ auf einer Geraden liegen, so ist klar, dass die Aenderung von r in $1-r$

in den Gleichungen 1) genügt, um die auf den neuen Fall bezügliche Gleichung zu erhalten, nämlich:

$$x^4 - 2fx^3 \cos\alpha + 2(1-r)\,abfx\cos\beta - (1-r)^2 a^2b^2 = 0.$$

21. Für ein gleichschenkliges Dreieck ABC ist

$$b = a,\ \cos\beta = \cos\alpha = \frac{f}{a},\ f^2 = a^2 - \frac{c^2}{4},$$

die Gleichungen 1) werden

$$xy = ra^2,\ x^2 - y^2 - \frac{2f^2}{a}(x-y) = 0.$$

Die erste Wurzel derselben ist

$$x = y = a\sqrt{r},$$

und wenn man den Factor $x - y$ in der zweiten Gleichung weglässt, so bleibt

$$xy = ra^2,\ x + y = \frac{2f^2}{a}.$$

Die Werthe von x und y sind also, wie man voraussehen konnte, durch eine und dieselbe Gleichung zweiten Grades gegeben, nämlich

$$3)\quad \begin{cases} x^2 - \dfrac{2f^2}{a}x + ra^2 = 0. \\ \text{oder} \\ x^2 - \dfrac{(4a^2-c^2)}{2a}x + ra^2 = 0; \end{cases}$$

ihre Wurzeln sind imaginär für

$$r > \frac{f^4}{a^4} \text{ oder } r > \left(1 - \frac{c^2}{4a^2}\right)^2;$$

sie sind gleich für $r = \left(1 - \frac{c^2}{4a^2}\right)^2$, zugleich ist $x = y$, so dass diese Lösung mit der ersten zusammenfällt. In der That findet man $x = \frac{f^2}{a}$, und da

$$f^4 = a^4 r,$$

so folgt

$$f^2 = a^2\sqrt{r} \text{ und } x = a\sqrt{r},$$

wie im ersten Falle.

Für $r < \left(1 - \frac{c^2}{4a^2}\right)^2$ sind beide Wurzeln reell und positiv; sie liefern also Gleichgewichtslagen, wenn sie weniger als a ausmachen.

Die Gleichung, welche sich auf den Fall bezieht, wenn die beiden Ecken A und B eingetaucht wären, erhält man wie vorhin durch Vertauschung von r gegen $1 - r$; sie ist

$$4) \qquad x^2 - \frac{4a^2 - c^2}{2a} x + (1 - r)\, a^2 = 0,$$

und giebt zu einer analogen Discussion Gelegenheit.

Bei einem gleichseitigen Dreieck ist $c = a$, mithin nach 3) und 4)

$$x^2 - \frac{3a}{2} x + r a^2 = 0,$$

$$x^2 - \frac{3a}{2} x + (1 - r)\, a^2 = 0.$$

Die Wurzeln der ersten Gleichung sind

$$x = \frac{3a}{4} \pm \frac{a}{4} \sqrt{9 - 16r},$$

reell für $r < \frac{9}{16}$, und beide kleiner als a für

$$\sqrt{9 - 16r} < 1 \text{ oder } r > \frac{1}{2}.$$

Demnach giebt es drei Gleichgewichtslagen, für welche die Ecke C eingetaucht ist, wenn r zwischen $\frac{1}{2}$ und $\frac{1}{2} + \frac{1}{16}$ liegt. Die Gleichung für den Fall, dass beide Ecken eingetaucht sind, hat die Wurzeln

$$x = \frac{3a}{4} \pm \frac{a}{4} \sqrt{16r - 7};$$

sie sind reell für $r > \frac{7}{16}$, und beide kleiner als a für

$$\sqrt{16r - 7} < 1 \text{ oder } r < \frac{1}{2};$$

es giebt also für diesen Fall drei Gleichgewichtslagen, wenn r zwischen $\frac{1}{2} - \frac{1}{16}$ und $\frac{1}{2}$ liegt, welche Bedingung nicht gleichzeitig mit der auf den vorigen Fall bezüglichen stattfinden kann.

22. Die homogenen Prismen oder Cylinder können auch bei verticaler Stellung ihrer Kanten im Gleichgewichte sein; dasselbe findet noch statt, wenn sie nicht homogen, sondern aus homogenen senkrecht zu den Kanten liegenden Schichten von verschiedener Dichtigkeit zusammengesetzt sind. In diesem Falle befinden sich die Schwerpunkte der verdrängten Flüssigkeit und des festen Körpers nothwendig auf derselben Verticalen, und es reicht für das Gleichgewicht hin, dass das Gewicht der ersteren gleich dem Gewichte des letzteren ist. Nimmt man statt des Cylinders einen Rotationskörper, so bietet die Bestimmung seiner Gleichgewichtslagen bei verticaler Achse ebensowenig Schwierigkeiten; man hat nur das Volumen durch eine senkrecht auf der Achse stehende Ebene so zu theilen, dass das Verhältniss des einen der beiden Theile zum Ganzen dem Verhältnisse der mittleren Dichtigkeit des Körpers zu der des Wassers gleichkommt.

Stabilität des Gleichgewichts schwimmender Körper.

23. Das Gleichgewicht eines schwimmenden Körpers ist sicher oder unsicher, je nachdem der Körper in seine anfängliche Gleichgewichtslage zurückzukehren oder sich von ihr zu entfernen strebt, sobald man ihn unendlich wenig aus derselben entfernt hat. Bei einem Prisma mit horizontalen Kanten sieht man leicht, dass im Allgemeinen die sicheren und unsicheren Gleichgewichtslagen abwechselnd auf einander folgen. Bringt man nämlich den Körper aus einer sicheren Gleichgewichtslage um ihn in eine andere sichere Gleichgewichtslage überzuführen, so wird er bis zu einem gewissen Punkte in die erste Stellung zurückzugehen streben; hat er aber diesen Punkt überschritten, so wird er sich dagegen von ihr zu entfernen und der zweiten Lage zu nähern suchen. Es existirt also eine solche Zwischenlage, dass, wenn man ihn von hier aus nach der einen oder andern Seite hin entfernt, er das Bestreben hat, dieselbe gänzlich zu verlassen; diess ist mithin eine Lage des unsicheren Gleichgewichts. Demnach giebt es zwischen zwei sicheren Gleichgewichtslagen immer eine unsichere, und umgekehrt.

24. Bevor wir weiter gehen, ist noch folgende Bemerkung nothwendig. Wenn ein Körper von einer Ebene geschnitten wird, so ist das Volumen auf der einen Seite dieser Ebene demjenigen gleich, welches man erhält, wenn man ihn durch eine beliebige andere

Ebene schneidet, welche mit der ersten einen unendlich kleinen Winkel bildet und durch den Schwerpunkt der Fläche des ersten Schnittes geht, oder mit anderen Worten, der Unterschied beider Volumina ist unendlich klein in Bezug auf den zwischen beiden Ebenen enthaltenen Raum. Vernachlässigt man nämlich die in Beziehung auf dieses Volumen unendlich kleinen Grössen, so kann man die Oberfläche des Körpers in der Nähe des Schnittes durch eine cylindrische Oberfläche ersetzt denken, welche senkrecht auf dem Schnitte steht. Nun weiss man, dass ein Cylinder zum Maasse das Product aus einer seiner Begrenzungsebenen in das Perpendikel hat, welches von dem Schwerpunkte der zweiten Ebene auf die erste gefällt ist; daraus folgt, dass alle durch den Schwerpunkt gehenden Schnitte Cylinder von gleichem Inhalt liefern, und dass folglich die zwischen irgend zwei Schnitten enthaltenen Volumina, von denen das eine sich zu einem der abgeschnittenen Cylinder addirt, das andere sich von ihm subtrahirt, um den andern zu bilden, gleich sind. Der oben ausgesprochene Satz und seine Umkehrung sind einfache Folgen dieses Theorems.

25. Bei einem in der Gleichgewichtslage schwimmenden Körper liegen, wie wir wissen, die Schwerpunkte des Körpers und der verdrängten Flüssigkeit auf einer und derselben Verticalen, und die Gewichte dieser Flüssigkeit und des Körpers sind gleich; verrücken wir denselben unendlich wenig, indem wir allen seinen Punkten unendlich kleine Geschwindigkeiten mittheilen, so ist das Gleichgewicht sicher, wenn diese Verrückung immer unendlich klein bleibt, und unsicher im entgegengesetzten Falle; die Aufgabe besteht also darin, diese beiden Fälle von einander zu unterscheiden, was mittelst des Princips der lebendigen Kräfte geschehen kann.

(Fig. 11.)

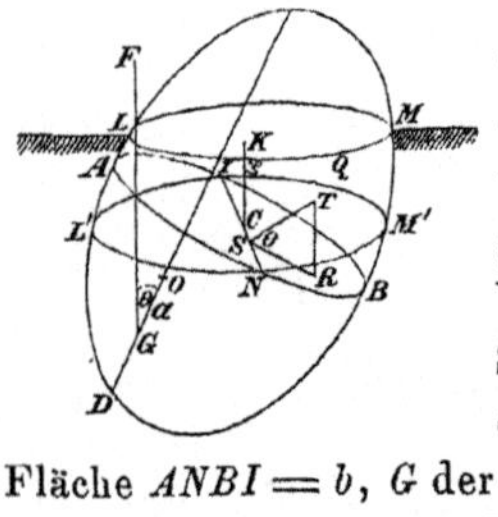

Sei LQM (Fig. 11) der Schnitt der Oberfläche des Körpers mit der Horizontalebene, welche die Flüssigkeit begrenzt, oder die Wasserlinie, $ANBI$ die Lage, welche die ursprüngliche für das Gleichgewicht geltende Wasserlinie nach der Verrückung angenommen hat, $L'NM'I$ der Schnitt des Körpers mit der Horizontalebene durch den Schwerpunkt C der Fläche $ANBI = b$, G der Schwerpunkt des Körpers, O der Schwerpunkt desjenigen Theils der Flüssigkeit, die durch das Stück ADB

des Körpers verdrängt wird, V das Volumen von ADB oder das einer Flüssigkeitsmenge, deren Gewicht gleich jenem des Körpers ist, ϑ der Winkel von GO mit der Verticalen, ζ der Abstand des Punktes C vom Niveau der Flüssigkeit, die wir zur Ebene der x und y nehmen wollen, $GO = a$, ϱ die Dichtigkeit der Flüssigkeit und M die Masse des Körpers. Die Kräfte, welche den Körper angreifen, sind die Schwere und der Druck, welcher von der Flüssigkeit auf den eingetauchten Theil der Oberfläche ausgeübt wird. Die erste Kraft wirkt vertical von oben nach unten und ist gleich dem Gewichte Mg oder $g\varrho V$ des Körpers. Die zweite Kraft bringt dieselbe Wirkung hervor, als wenn alle Elemente des eingetauchten Körpertheiles von verticalen Kräften getrieben würden, die von unten nach oben gerichtet und gleich den Gewichten dieser Elemente sind, wenn man sie als von der Flüssigkeit selbst gebildet betrachtet. Die Componenten X und Y verschwinden demnach für alle Punkte, und wenn man die Achse der z in dem Sinne der Schwere nimmt, so ist $Z=g$ für alle Elemente des Körpers und ferner $Z = -g$ für die Elemente des eingetauchten Theils, letztere als von der Flüssigkeit gebildet, angesehen. Indem man Z in dieser Weise auffasst, giebt das Princip der lebendigen Kräfte nachstehende Gleichung

1) $$\Sigma v^2 dm = 2\Sigma dm \int Zdz + C.$$

Da die Geschwindigkeiten sehr klein angenommen wurden, so ist der erste Theil dieser Gleichung eine unendlich kleine Grösse zweiter Ordnung, und in dem zweiten Theile darf man nur diejenigen Glieder vernachlässigen, welche keinen Einfluss auf das Resultat haben, d. h. die Grössen von einer höheren als der zweiten Ordnung.

Betrachten wir zunächst die Glieder des zweiten Theils, welche von den Gewichten der Elemente des Körpers herrühren, so erhalten wir

$$\int Zdz = gz \text{ und } 2\Sigma dm \int Zdz = 2g\Sigma z dm = 2gMz_1,$$

wo z_1 das z des Schwerpunkts des Körpers bezeichnet. Den eingetauchten Theil können wir als zusammengesetzt betrachten aus dem Theile, der zwischen den horizontalen Schnitten LQM, $L'NM'$ enthalten ist, und dem Volumen, welches unterhalb des letzten Schnittes liegt. Letzteres ist gleich dem Volumen ADB oder V, vermehrt um das Volumen $INBM'$ und vermindert um $INL'A$. Da der Werth von Z hier gleich $-g$ ist, so wird

$$\int Zdz = -gz.$$

Bezeichnet ferner $d\omega$ das Element des Volumens, so hat man

$$dm = \varrho d\omega,$$

und

$$2\Sigma dm \int Zdz = -2g\varrho \int zd\omega.$$

Es handelt sich also nur noch um die Berechnung des Integrals $\int zd\omega$ für die vier Volumina, welche wir in die Betrachtung eingeführt haben.

Da die Verrückung als unendlich klein angenommen wurde, so können die verschiedenen von uns betrachteten Schnitte des Körpers sämmtlich gleich b angesehen werden, und der zwischen den beiden parallelen Schnitten des Körpers enthaltene Theil darf als cylindrisch gelten. Für diesen Theil des Volumens erhält man

$$\int zd\omega = \tfrac{1}{2}b\zeta^2;$$

für das Volumen ADB ist

$$\int zd\omega = V(z_1 - a \cos\vartheta)$$

oder für $\cos\vartheta = 1 - \frac{1}{2}\vartheta^2$,

$$\int zd\omega = Vz_1 - Va + \frac{Va\vartheta^2}{2},$$

wenn der Punkt O über G liegt; im entgegengesetzten Falle würde man das Zeichen von a ändern müssen. Das Volumen $INBM'$ lässt sich in prismatische Elemente zerlegen, deren Kanten vertical und deren Grundflächen die Elemente der Fläche $ANBI$ sind. Sei $d\lambda$ eines dieser letzteren, das in R liegt, $RS = u$ bezeichne das auf IN gefällte Perpendikel und RT die Höhe des Prismas; sein Volumen ist dann $= RT\, d\lambda \cos\vartheta$, welcher Ausdruck durch $u\vartheta d\lambda$ ersetzt werden kann; multiplicirt man denselben mit dem z der Mitte von RT, welches gleich $\zeta + \frac{1}{2}u \sin\vartheta$ oder bloss $\zeta + \frac{1}{2}u\vartheta$ ist, so erhält man den Werth von $\int zd\omega$ in Bezug auf dies Element, nämlich:

$$u\vartheta\, d\lambda\, (\zeta + \tfrac{1}{2}u\vartheta),$$

wobei die Integration dieses Ausdrucks auf die ganze Ausdehnung der Fläche INB zu beziehen ist.

Einen ähnlichen Ausdruck würde man für die Elemente des Volumens $INL'A$ erhalten, mit Ausnahme des z der Mitte des Prismas, weches gleich $\zeta - \frac{1}{2}u\vartheta$ sein würde; und da die Ausdrücke, welche von diesem Volumen herrühren, das Zeichen ändern müssen, so müssen sie von der Form

$$- u\vartheta d\lambda\,(\zeta - \tfrac{1}{2}u\vartheta)$$

sein und man ersieht daraus, dass es genügt, die Summe der Ausdrücke von der Form

$$u\vartheta d\lambda\,(\zeta + \tfrac{1}{2}u\vartheta)$$

in der ganzen Ausdehnung der Fläche $ANBI$ zu bilden, während man u als positiv in dem Theile INB und als negativ in dem andern betrachtet. Es ist aber $\int u d\lambda = 0$, weil IN den Schwerpunkt der Fläche $ANBI$ enthält, und so bleibt nur $\frac{\vartheta^2}{2}\int u^2 d\lambda$ übrig. Bezeichnen wir mit bh^2 das Integral $\int u^2 d\lambda$, das man das Trägheitsmoment der Fläche $ANBI$ in Bezug auf NI nennen kann, so wird der vorige Ausdruck $= \frac{bh^2\vartheta^2}{2}$.

Durch Vereinigung der verschiedenen Theile von $\int z d\omega$ erhält man

$$\int z d\omega = \tfrac{1}{2}b\zeta^2 + \tfrac{1}{2}bh^2\vartheta^2 + Vz_1 - Va + \frac{Va\vartheta^2}{2},$$

und die Gleichung 1) wird, wegen $M = V\varrho$, und indem man den Ausdruck $2g\varrho Va$ in die Constante einrechnet

$$2) \qquad \Sigma v^2 dm = - g\varrho b\zeta^2 - g\varrho\,(bh^2 + aV)\,\vartheta^2 + c;$$

liegt der Punkt O unterhalb G, so ist, wie schon bemerkt, a in $-a$ zu verwandeln. Die Constante c wird durch den Anfangszustand bestimmt, und wenn die anfänglichen Geschwindigkeiten Null oder unendlich klein sind, so ist c selbst unendlich klein.

Da also der erste Theil der Gleichung 2) wesentlich positiv bleibt, so ist es der zweite ebenfalls, und folglich müssen die negativen Glieder beständig eine unendlich kleine Summe geben, weil diese weniger als c betragen muss; diese Bedingung erfordert, dass ϑ und ζ unendlich klein bleiben. Man folgert daraus den Satz:

Wenn im Zustande des Gleichgewichts der Schwerpunkt des Körpers unterhalb des Schwerpunkts der verdrängten Flüssigkeit liegt, so bleibt die Ortsveränderung immer unendlich klein und folglich das Gleichgewicht ein sicheres.

Liegt dagegen der Schwerpunkt des Körpers oberhalb des Schwerpunktes der verdrängten Flüssigkeit, so ändert sich die Gleichung 2) in folgende um

$$\Sigma v^2 dm = -g\varrho b\zeta^2 - g\varrho\,(bh^2 - aV)\,\vartheta^2 + c.$$

Obwohl nun c unendlich klein ist, so könnten ϑ und ζ dennoch aufhören es zu sein, wenn nicht alle Glieder, welche ihre Quadrate enthalten, negativ wären. Es ist also zur Sicherheit des Gleichgewichts die Bedingung

$$bh^2 - aV > 0 \text{ oder } a < \frac{bh^2}{V}$$

erforderlich, und da bh^2 sich gleichzeitig mit IN ändert, so muss die vorige Ungleichheit stattfinden, wenn man den kleinsten Werth nimmt, dessen bh^2 fähig ist, während IN alle Richtungen um den Schwerpunkt C der Fläche $ANBI$ durchläuft.

Das Gleichgewicht kann also noch sicher sein, wenn der Schwerpunkt des Körpers über dem der verdrängten Flüssigkeit liegt, nur muss dann die Entfernung dieser beiden Punkte weniger betragen als das kleinste der Trägheitsmomente der Schnittfläche des Körpers mit der Wasseroberfläche in Bezug auf die durch seinen Schwerpunkt gezogenen Geraden, dividirt durch das eingetauchte Volumen.

Oscillationen eines schwimmenden Körpers.

26. Wir denken uns einen schwimmenden Körper, dessen Gestalt und Dichtigkeit in Bezug auf eine Verticalebene symmetrisch sind, unendlich wenig aus einer seiner sicheren Gleichgewichtslagen entfernt und zwar so, dass seine Ebene der Symmetrie vertical geblieben ist; wir setzen ausserdem voraus, dass die anfänglichen Geschwindigkeiten Null seien. Da Alles, sowohl was die Kräfte als was die Verrückung betrifft, in Bezug auf eine und dieselbe Verticalebene symmetrisch liegt, so erhellt zunächst, dass diese Ebene beständig vertical bleiben muss; die Stellung des Körpers ist daher in jedem Augenblick bestimmt, wenn man die Lage eines seiner Punkte, z. B. seines Schwerpunkts kennt und ausserdem die Richtung einer

festen Geraden in diesem Körper, etwa derjenigen, welche in dem Zustande des Gleichgewichts die Schwerpunkte des Körpers und der verdrängten Flüssigkeit verband. Behalten wir die Bezeichnungen der vorigen Aufgabe bei, so handelt es sich jetzt um die Bestimmung von ϑ und ζ (Fig. 12), durch welche Grössen die Lage des Schwerpunkts angegeben wird. Da nämlich alle Kräfte vertical gerichtet sind, so bewegt sich dieser Punkt auf der Verticalen, welche durch seine Anfangslage geht; man kann ihn daher construiren, sobald der Winkel ϑ und die Entfernung ζ des Punktes C von dem Niveau der Flüssigkeit bekannt sind. Seine Ordinate $FG = z_1$ ist leicht zu finden; für $GH = l$, $CH = p$, wird nämlich

(Fig. 12.)

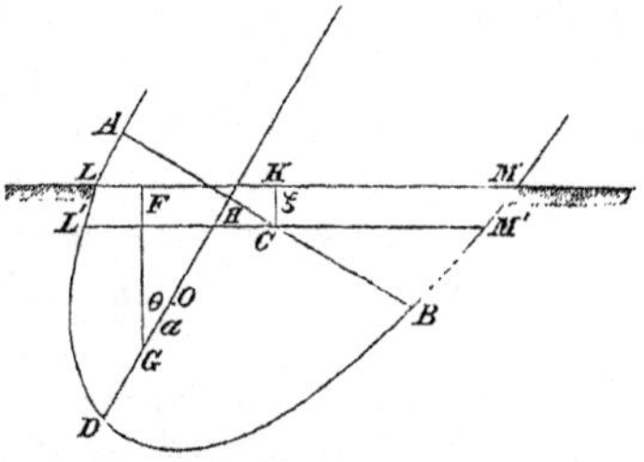

$$z_1 = l \cos \vartheta - p \sin \vartheta + \zeta,$$

oder wenn man die unendlich kleinen Grössen von höherer als erster Ordnung vernachlässigt,

$$z_1 = l + \zeta - p\vartheta.$$

Das Problem ist also ganz und gar auf die Bestimmung von ϑ und ζ zurückgeführt.

Da der Schwerpunkt G sich so bewegt, als wenn die ganze Masse M in ihm vereinigt wäre und alle Kräfte auf ihn wirkten, so kann man hieraus leicht eine erste Gleichung zwischen ϑ und ζ ableiten. In der That genügt es, in G zwei verticale Kräfte anzunehmen, die eine gleich Mg und im Sinne der Schwere gerichtet, die andere, in entgegensetztem Sinne wirkend und gleich dem Gewichte der verdrängten Flüssigkeit. Nun sind die Volumina BCM', ACL' gleich, das Volumen LDM ist $= V + b\zeta$, und sein Gewicht $= g\varrho V + g\varrho b\zeta$; da $M = \varrho V$, so wird die Resultante aller Kräfte durch $- g\varrho b\zeta$ dargestellt. Man erhält demnach

$$M \frac{d^2 z_1}{dt^2} = - g\varrho b\zeta \text{ oder } \frac{d^2 z_1}{dt^2} + \frac{gb}{V}\zeta = 0$$

d. i.

$$1) \qquad \frac{d^2\zeta}{dt^2} - p\frac{d^2\vartheta}{dt^2} + \frac{gb}{V}\zeta = 0.$$

Eine zweite Gleichung erhalten wir durch Betrachtung der Rotation um den als unbeweglich gedachten Schwerpunkt. Da nämlich das Gewicht des Körpers durch die Fixirung des Schwerpunktes aufgehoben ist, so bleibt nur noch die Summe der Momente derjenigen Kräfte zu betrachten, welche von der Flüssigkeit herrühren, und die, wie wir schon bemerkt haben, an allen Punkten des eingetauchten Körpertheiles wirkt. Das resultirende Moment aller auf den Theil $LML'M'$ sich beziehenden Kräfte, das als positiv betrachtet wird, wenn es den Winkel ϑ zu vermindern strebt, ist

$$g\varrho b\zeta\,(l\,\sin\vartheta + p\,\cos\vartheta),$$

und kann auf $g\varrho b p\zeta$ reducirt werden. Hierzu muss man die Momente, welche von ADB, $M'CB$ herrühren, hinzufügen und davon dasjenige abziehen, was von ACL' herkommt. Nun ist die Resultante der verticalen Kräfte, welche an alle Punkte des Volumens ADB in O angebracht sind, gleich $g\varrho V$, das resultirende Moment mithin $= g\varrho Va\,\sin\vartheta$ oder $= g\varrho Va\vartheta$. Zerlegen wir jetzt das Volumen $M'CB$ wie in der vorigen Aufgabe, so wird das Moment des Prismas, dessen Grundfläche $d\lambda$ ist, durch den folgenden Ausdruck gegeben, in welchem u den Abstand des Elements $d\lambda$ von dem auf die Ebene der Symmetrie durch C gefällten Perpendikel bezeichnet,

$$g\varrho\vartheta u\,d\lambda\,(l\,\sin\vartheta + p\,\cos\vartheta + u\,\cos\vartheta),$$

oder bloss

$$g\varrho\vartheta u\,(p + u)\,d\lambda,$$

und man hat die Summe der analogen Ausdrücke, auf die ganze Ausdehnung der nach CB projicirten Fläche bezogen, zu bilden.

Was das Volumen ACL' betrifft, so muss man in allen seinen Punkten Kräfte voraussetzen, welche in dem Sinne der Schwere gerichtet sind; das Moment eines Elementes $d\lambda$ ist

$$g\varrho\vartheta u'\,(p - u')\,d\lambda,$$

wo u' diejenigen Abstände bezeichnet, welche in entgegengesetztem Sinne mit u genommen werden müssen. Wenn man also die Integration von

$$g\varrho\vartheta u\,(p + u)\,d\lambda$$

über die ganze Fläche b ausdehnt, während man u als positiv auf der einen und als negativ auf der anderen Seite von C betrachtet, so erhält man die algebraische Summe der den beiden Theilen $M'CB$, ACL' entsprechenden Momente, nämlich:

$$g\varrho\vartheta p\int u d\lambda + g\varrho\vartheta\int u^2 d\lambda.$$

Nun ist $\int u d\lambda = 0$, weil der Schwerpunkt der Fläche b auf der in C projicirten Geraden liegt; setzt man noch

$$\int u^2 d\lambda = bh^2,$$

so reducirt sich der letzte Ausdruck auf

$$gb\varrho\vartheta h^2.$$

Durch Vereinigung aller Momente ergiebt sich

$$g\varrho b p\zeta + g\varrho\,(bh^2 + aV)\,\vartheta;$$

wobei a in $-a$ zu verwandeln ist, wenn der Punkt O unterhalb G liegt.

Zufolge der Theorie der Bewegung um eine feste Achse ist die obige Summe

$$= -Mk^2\frac{d^2\vartheta}{dt^2},$$

wenn Mk^2 das Trägheitsmoment des Körpers in Bezug auf die Gerade bezeichnet, welche senkrecht auf der Ebene der Symmetrie durch den Schwerpunkt gelegt ist; ersetzt man daher M durch ϱV, so ergiebt sich

$$2)\qquad \frac{d^2\vartheta}{dt^2} + \frac{gbp}{Vk^2}\zeta + \frac{g}{Vk^2}(bh^2 + aV)\,\vartheta = 0.$$

Die Gleichungen 1) und 2) enthalten die vollständige Lösung der Aufgabe; sie beziehen sich auf den Fall, wo in der Gleichgewichtslage der Schwerpunkt des Körpers unter dem der verdrängten Flüssigkeit liegt; bei der umgekehrten Lage ist nur das Vorzeichen von a zu ändern.

27. Wir wollen die betreffende Gleichung zunächst unter der Voraussetzung integriren, dass der Körper ausserdem noch symmetrisch zu der Ebene liegt, welche senkrecht auf die erste durch GO geht, was bei Seefahrzeugen näherungsweis vorkommt. Es ist dann $p = 0$, und die Gleichungen werden:

$$\frac{d^2\zeta}{dt^2} + \frac{gb}{V}\zeta = 0$$

$$\frac{d^2\vartheta}{dt^2} + \frac{g}{Vk^2}(bh^2 + aV)\,\vartheta = 0.$$

Diese Gleichungen können unabhängig von einander integrirt werden, man findet

$$\zeta = a\cos\left(t\sqrt{\frac{gb}{V}} + \alpha'\right),\quad \vartheta = \beta\cos\left[\frac{t}{k}\sqrt{\frac{g(bh^2 + aV)}{V}} + \beta'\right].$$

Nimmt man der Einfachheit wegen die anfänglichen Geschwindigkeiten der Null gleich, so ist für $t = 0$,

$$\frac{d\zeta}{dt} = 0 \text{ und } \frac{d\vartheta}{dt} = 0,$$

woraus $\alpha' = 0$ und $\beta' = 0$ folgt; demnach sind die Werthe von ϑ und ζ

$$3)\qquad \zeta = \alpha\cos\left(t\sqrt{\frac{gb}{V}}\right),\quad \vartheta = \beta\cos\left(\frac{t}{k}\sqrt{\frac{g(bh^2 + aV)}{V}}\right),$$

wo α und β die Anfangswerthe von ζ und ϑ bedeuten; man sieht, dass ϑ und ζ beständig sehr klein bleiben, weil sie höchstens gleich den sehr kleinen α und β werden können.

Wegen $z_1 = l + \zeta$ ist die Bewegung des Schwerpunktes G dieselbe wie die verticale Bewegung des Punktes C. Diese Bewegungen, so wie jene der Geraden GO um den Punkt G sind die nämlichen wie die Bewegungen einfacher Pendel. Liegt der Punkt G über O, so wird

$$\vartheta = \beta\cos\left(\frac{t}{k}\sqrt{\frac{g(bh^2 - aV)}{V}}\right),$$

und wenn dabei $bh^2 - aV > 0$ ist, so bleibt ϑ immer kleiner als β, also überhaupt sehr klein.

Für $bh^2 - aV < 0$ ist ϑ durch Exponentialgrössen auszudrücken und erhält ansehnliche Werthe, wenn t unendlich wächst. Die Bedingung der Sicherheit des Gleichgewichts ist also $bh^2 - aV > 0$, wenn G über O liegt; dieselbe Bedingung haben wir schon allgemeiner als nothwendig gefunden.

28. Um die Gleichungen 1) und 2) zu integriren, hat man zuerst $\frac{d^2\vartheta}{dt^2}$ aus der ersten zu eliminiren, wodurch sich ergiebt

$$\frac{d^2\zeta}{dt^2} + \frac{bg(p^2 + k^2)}{Vk^2}\zeta + \frac{gp(bh^2 + aV)}{Vk^2}\vartheta = 0.$$

Setzt man zur Abkürzung

$$\frac{bg\,(p^2 + k^2)}{Vk^2} = \alpha, \quad \frac{g\,(bh^2 + aV)}{Vk^2} = \beta, \quad \frac{gbp}{Vk^2} = \delta,$$

so nehmen die zu integrirenden Gleichungen folgende Formen an:

$$\frac{d^2\zeta}{dt^2} + \alpha\zeta + p\beta\vartheta = 0$$

$$\frac{d^2\vartheta}{dt^2} + \delta\zeta + \beta\vartheta = 0.$$

Wir wollen die zweite mit einem unbestimmten Factor λ multipliciren und sie zur ersten addiren, ferner

$$\zeta + \lambda\vartheta = x, \quad \frac{\beta\,(p + \lambda)}{\alpha + \lambda\delta} = \lambda$$

setzen, woraus $\delta\lambda^2 + (\alpha - \beta)\,\lambda - \beta p = 0$ folgt; wir erhalten so

$$\frac{d^2x}{dt^2} + (\alpha + \lambda\delta)\,x = 0,$$

woraus

$$x = c \cos\,(t\sqrt{\alpha + \lambda\delta}),$$

wenn die Anfangsgeschwindigkeiten Null sind.

Wir bezeichnen mit λ_1, λ_2 die beiden Wurzeln der Gleichung für λ, setzen dieselben als reell voraus und zwar so, dass $\alpha + \lambda\delta$ positiv ist, ohne welche Bedingung x nicht immer sehr klein bleiben würde, und erhalten

$$4)\qquad \begin{cases} \zeta + \lambda_1\,\vartheta = c \cos\,(t\sqrt{\alpha + \lambda_1\delta}), \\ \zeta + \lambda_2\,\vartheta = c' \cos\,(t\sqrt{\alpha + \lambda_2\delta}), \end{cases}$$

woraus die Werthe von ϑ und ζ als Functionen von t und von den Constanten c, c', welche sich durch die Anfangswerthe von ϑ und ζ bestimmen, leicht abzuleiten sind.

29. Trägt man von C aus auf die Gerade AB zwei den Grössen λ_1, λ_2 gleiche Strecken auf, und zwar nach der einen oder andern Seite je nach den Vorzeichen von λ_1 und λ_2, so erhält man zwei Punkte, deren Abstand vom Niveau der Flüssigkeit durch

$$\zeta + \lambda_1\vartheta \text{ und } \zeta + \lambda_2\vartheta$$

ausgedrückt werden; zufolge der Werthe dieser Ausdrücke als Functionen von t ist die verticale Bewegung jedes dieser Punkte dieselbe wie die eines einfachen Pendels, was zuerst von Cauchy bemerkt wurde.

30. Die Gleichung $\delta\lambda^2 + (\alpha - \beta)\lambda - \beta p = 0$ liefert reelle und mit entgegengesetztem Zeichen versehene Wurzeln, wenn G unter O liegt, weil β und δ positiv sein müssen. Um das Zeichen von $\alpha + \lambda\delta$ zu erkennen, kann man $\alpha + \lambda\delta = \eta$ setzen und erhält

$$\eta^2 - (\alpha + \beta)\eta + \frac{\beta b g}{V} = 0,$$

eine Gleichung, deren Wurzeln positiv sind; der Werth von x besitzt daher in der That die angenommene Form und die Verrückung bleibt unendlich klein.

Wenn G über O liegt und zugleich $bh^2 - aV > 0$ ist, so bleibt β positiv und die beiden Wurzeln sind reell von entgegengesetztem Zeichen; man findet ferner $\alpha + \lambda\delta > 0$, und die Verrückung bleibt immer unendlich klein, wie es sein musste, weil die Bedingung der Sicherheit des Gleichgewichts erfüllt ist. Wenn dagegen G über O liegt und $bh^2 - aV < 0$ ist, so wird β negativ, und der eine der Werthe $\alpha + \lambda\delta$ ist gleichfalls negativ; die Werthe für ϑ und ζ enthalten dann Exponentialgrössen und bleiben nicht mehr sehr klein, so dass die vorigen Rechnungen zu gelten aufhören. In der That entspricht dieser Fall der unsicheren Gleichgewichtslage, wie schon auf anderem Wege gezeigt wurde.

31. Die Gleichungen 3), welche sich auf den Fall beziehen, dass der Körper gegen zwei Ebenen symmetrisch liegt, zeigen, dass dem Anfangswerthe $\zeta = 0$ der Werth $\alpha = 0$ zugehört und dass folglich ζ beständig Null ist. Dann bleibt der Schwerpunkt unbeweglich, und es findet nur eine Rotation um eine durch diesen Punkt gehende Achse statt; ferner bleibt das Volumen des verdrängten Wassers constant, weil der Punkt C sich immer in der Oberfläche des Wassers befindet.

Die Gleichungen 4), welche sich auf eine einzige Ebene der Symmetrie beziehen, beweisen, dass, selbst wenn der Anfangswerth von ζ Null wäre, wie in dem Falle wo das Volumen des verdrängten Wassers nach der Verrückung gleich V würde, nicht beständig $\zeta = 0$ sein muss, und dass folglich das eingetauchte Volumen nicht gleich V bleibt.

32. Bei den früheren Untersuchungen über die Sicherheit des Gleichgewichts schwimmender Körper betrachtete man gewöhnlich einen besonderen Punkt, welchen man das Metacentrum nannte, und dessen Definition wir hier geben wollen, weil man noch heutzutage Gebrauch von ihm macht.

Wenn ein in Beziehung auf eine Verticalebene symmetrischer Körper unendlich wenig aus seiner Gleichgewichtslage verrückt wird, so steht er unter dem Einflusse seines Gewichtes und des Druckes der Flüssigkeit, welcher letztere sich auf eine verticale Kraft durch den Schwerpunkt der verdrängten Flüssigkeit reducirt. Die Richtung dieser Kraft kann die Gerade *GH* ebensowohl oberhalb als unterhalb *G* schneiden; liegt der Durchschnitt über *G*, so wird der Körper seine erste Lage wieder einzunehmen suchen, fällt er unter *G*, so wird der Körper sich von der Gleichgewichtslage zu entfernen streben. Daraus schloss man, dass das Gleichgewicht in dem ersten Falle stabil und in dem zweiten labil sein würde. Jenen Durchschnitt, das sogen. Metacentrum, bestimmte man unter der Voraussetzung, dass das Volumen der verdrängten Flüssigkeit demjenigen gleich wäre, welches sich auf die Gleichgewichtslage bezog, oder dass man wenigstens seinen unendlich kleinen Zuwachs vernachlässigen dürfe, ohne dass daraus ein Fehler auf die Bestimmung des Durchschnittes beider Geraden hervorginge.

Diese Theorie ist mangelhaft, weil das unendlich kleine Volumen, welches man vernachlässigt, trotz dem, dass es den Schwerpunkt der Flüssigkeit nur unendlich wenig verrückt, dennoch um eine endliche Grösse die Lage des Durchschnittes der beiden Geraden ändert, welche einen unendlich kleinen Winkel mit einander bilden*). Man müsste also die verschiedenen Lagen dieses Punktes während der Bewegung des Körpers verfolgen, was erst nach der Lösung des Problems geschehen kann. Aber selbst bei sicherem Gleichgewichte liegt der fragliche Durchschnitt bald über bald unter dem Schwerpunkte des Körpers, ausgenommen in dem besonderen Falle, wo die Gerade *GO* durch den Schwerpunkt des Niveauschnittes geht. Hätte man diess gewusst, so würde man einen Beweis aufgegeben haben, welcher zugleich die Sicherheit und die Unsicherheit des Gleichgewichts nachwies. Nichtsdestoweniger ist es merkwürdig, dass jener Durchschnitt, welchen man bei der ungenauen Voraussetzung bestimmte, die wirkliche Bedingung der Stabilität liefert. Die Wirkungen der Verrückung dieses Punktes auf der Geraden *GH* nach beiden Seiten von *G* hin können den Körper nur dann umwerfen, wenn das Metacentrum unterhalb *G* liegt. Diess lässt sich aber nur durch eine der unsrigen ähnliche Betrachtung nachweisen.

---

*) Journal de l'Ecole Polytechnique XXIV. Heft.

33. Anwendung auf das Ellipsoid. Wir wollen zuerst die Bedingung für die Stabilität des Gleichgewichts eines homogenen Ellipsoids suchen, welches in einer Flüssigkeit schwimmt und unendlich wenig aus seiner Gleichgewichtslage verrückt wird; dabei mögen A, B, C (Fig. 13) die drei Halbachsen des Ellipsoids sein, D bezeichne seine Dichtigkeit, G den Mittelpunkt, O den Schwerpunkt des eingetauchten Theils LMA, welcher nothwendig unterhalb G liegen muss; die verticale Achse sei $2A$ und $B > C$; im Uebrigen wollen wir alle früheren Bezeichnungen beibehalten. Die Bedingung für die Stabilität des Gleichgewichts ist $bh^2 > aV$, wo bh^2 das Trägheitsmoment der Schnittfläche LM in Bezug auf die durch ihren Mittelpunkt gelegte Gerade bezeichnet, welche das Minimum des Moments giebt. Diese Gerade ist die grösste der beiden Hauptachsen der Ellipse und liegt der Achse $2B$ parallel. Bezeichnen wir AB mit x, so dient zur Bestimmung dieser Unbekannten die Gleichung

(Fig. 13.)

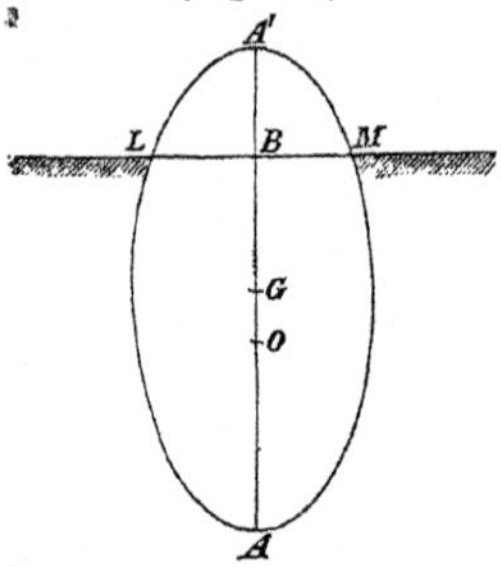

$$1) \qquad \frac{4DA^3}{\varrho} = (3A - x)\,x^2;$$

sie drückt aus, dass das Gewicht des Ellipsoids dem Gewichte der verdrängten Flüssigkeit gleichkommt, deren Volumen ist

$$V = \frac{\pi BC}{3A^2}\,(3A - x)\,x^2.$$

Der Satz über die Momente lässt unmittelbar den Werth von aV erkennen, nämlich

$$aV = \frac{\pi BC}{4A^2}\,(2Ax - x^2)^2.$$

Die Halbachsen des Schnittes LM sind

$$\frac{B}{A}\sqrt{2Ax - x^2} \text{ und } \frac{C}{A}\sqrt{2Ax - x^2};$$

die erste liegt der Achse $2B$ parallel, die zweite und kleinere der Achse $2C$. Nun ist das Trägheitsmoment einer aus den Halbachsen α und β construirten Ellipse, in Beziehung auf die Achse β, $= \frac{1}{4}\pi\alpha^3\beta$, mithin besitzt das kleinste Trägheitsmoment der Fläche LM den Werth

$$\frac{\pi BC^3}{4A^4}(2Ax - x^2)^2,$$

und die Bedingung für die Stabilität des Gleichgewichts besteht darin, dass dieser Ausdruck grösser als aV sein muss; nach Weglassung der gemeinsamen Factoren folgt daraus

$$C^2 > A^2 \text{ oder } C > A;$$

und da schon $B > C$ war, so reducirt sich die Bedingung der Stabilität darauf, dass die kleinste Achse des Ellipsoids vertical stehen muss.

34. Hiernach können wir die Schwingungen des Ellipsoids unter der Voraussetzung bestimmen, dass die Ebene der Achsen $2A$ und $2C$ vertical bleibe, und dass zugleich $A < C$ sei.

Zunächst hat man die Gleichung 1) aufzulösen; sie besitzt, wie man leicht erkennt, nur eine positive Wurzel zwischen 0 und $2A$, welche sich gerade auf unsere Aufgabe bezieht. Durch diese Wurzel wird zugleich a bekannt, ebenso die Fläche b des Schnittes LM und sein Trägheitsmoment bh^2, dessen Werth

$$\frac{\pi BC^3}{4A^4}(2Ax - x^2)^2$$

ist. Die Gleichungen der Bewegung des Ellipsoids sind demnach

$$\frac{d^2\zeta}{dt^2} + \frac{3g\varrho\,(2Ax - x^2)}{4A^3D}\,\zeta = 0,$$

$$\frac{d^2\vartheta}{dt^2} + \frac{5.3\varrho g\,(C^2 - A^2)\,(2Ax - x^2)^2}{16DA^5\,(C^2 + A^2)}\,\vartheta = 0.$$

In dem besondern Falle $\varrho = 2D$ wird $x = A$, und die Gleichungen der Bewegung nehmen folgende Form an:

$$\frac{d^2\zeta}{dt^2} + \frac{3g}{2A}\,\zeta = 0,$$

$$\frac{d^2\vartheta}{dt^2} + \frac{5.3g\,(C^2 - A^2)}{8A\,(C^2 + A^2)}\,\vartheta = 0.$$

Wäre noch $C = 3A$, so würden beide Bewegungen, die fortschreitende und rotirende, in derselben Periode vor sich gehen.

Viertes Capitel.

Das Gleichgewicht elastischer Flüssigkeiten.

Gleichgewicht eines Gemisches von schweren Gasen.

35. In einem verticalen unendlichen Cylinder, der an seiner auf der Erdoberfläche stehenden Basis geschlossen ist, denken wir uns mehrere schwere Gase enthalten; die Temperatur in der ganzen Ausdehnung des Cylinders betrachten wir als constant und die Schwere als veränderlich nach dem umgekehrten Quadrate der Entfernung vom Mittelpunkte der Erde aus. Nun hat die Erfahrung gezeigt, dass mehrere Gase, welche in einem und demselben Gefässe eingeschlossen sind und keine chemische Wirkung auf einander ausüben, sich nicht, wie Flüssigkeiten, nach der Reihenfolge ihrer Dichtigkeiten über einander lagern, sondern dass jedes von ihnen sich ebenso vertheilt, als wenn es allein in dem Gefässe wäre, und dass endlich an jeder Stelle der Mischung der Druck und die Dichtigkeit die Summe von den Spannungen und Dichtigkeiten ausmacht, welche jedes dieser Gase für sich besitzen würde.

Sind p' und ϱ' der Druck und die Dichtigkeit eines jener Gase für irgend einen Werth von z, p_0' und ϱ_0' ihre Werthe für $z = 0$, g die Schwere an der Oberfläche der Erde, so gilt wegen der überall gleichen Temperatur das Mariotte'sche Gesetz $p' = k'\varrho'$, wobei k' eine Constante bezeichnet; ferner hat man, unter r den Erdhalbmesser verstanden,

$$X = 0,\ \ Y = 0,\ \ Z = -\frac{gr^2}{(r+z)^2},$$

mithin

$$dp' = -\varrho' g r^2 \frac{dz}{(r+z)^2},$$

woraus durch Substitution von $\frac{p'}{k'}$ für ϱ' folgt

$$\frac{dp'}{p'} = -\frac{gr^2}{k'} \cdot \frac{dz}{(r+z)^2};$$

durch Integration von $z = 0$ an und bei gehöriger Reduction erhält man

$$l\left(\frac{p'}{p_0'}\right) = -\frac{gr}{k'}\frac{z}{r+z},\; p' = p_0' e^{-\frac{gr}{k'} \cdot \frac{z}{r+z}},$$

endlich

$$\varrho' = \varrho_0' e^{-\frac{gr}{k'} \cdot \frac{z}{r+z}}.$$

Ebenso ist für ein anderes Gas

$$p'' = p_0'' e^{-\frac{gr}{k''} \cdot \frac{z}{r+z}},\; \varrho'' = \varrho_0'' e^{-\frac{gr}{k''} \cdot \frac{z}{r+z}},$$

u. s. w. Der Druck p und die Dichtigkeit ϱ, welche in irgend einer Höhe nach Mischung der verschiedenen Gase stattfinden, sind nun dem Vorigen zufolge

$$p = p_0' e^{-\frac{gr}{k'} \cdot \frac{z}{r+z}} + p_0'' e^{-\frac{gr}{k''} \cdot \frac{z}{r+z}} + \ldots.$$

$$\varrho = \varrho_0' e^{-\frac{gr}{k'} \cdot \frac{z}{r+z}} + \varrho_0'' e^{-\frac{gr}{k''} \cdot \frac{z}{r+z}} + \ldots.$$

Die verschiedenen Gase sind übrigens in verschiedenen Höhen nicht genau in denselben Verhältnissen gemischt, denn die Grössen ϱ', ϱ'', ... verhalten sich zu einander nicht wie ϱ_0', ϱ_0'', ..., wofern nicht die Coëfficienten k', k'', ... gleich sind, was im Allgemeinen nicht stattfindet; da aber diese Coëfficienten meistens grosse Zahlenwerthe besitzen, so wird die Aenderung des Verhältnisses der Gase erst in beträchtlichen Höhen merklich.

Die barometrische Höhenmessung.

36. Wir denken uns die Atmosphäre im Gleichgewicht befindlich und als fest, mit Ausnahme eines verticalen Cylinders, der sich von der Oberfläche der Erde bis zu einer unbegrenzten Höhe er-

hebt; die Beschaffenheit der Luft in seinem Innern ist dann dieselbe wie in der übrigen Atmosphäre, von der wir nun absehen können. Berechnen wir den Druck der Gase in diesem Cylinder als Function der Höhe, so führt die Kenntniss des Druckes in einem beliebigen Punkte zur Kenntniss der Höhe dieses Punktes; jener Druck aber kann mittelst des Barometers bestimmt werden, wenn man einigen begleitenden Umständen Rechnung trägt.

Wir setzen zunächst voraus, dass die Schwere nach dem umgekehrten Quadrate der Entfernung vom Mittelpunkte der Erde variire, ohne die geringe von der Centrifugalkraft herrührende Aenderung zu beachten, und nennen g die Intensität der Schwere am Fusspunkte des Cylinders, r den Abstand dieses Punktes vom Mittelpunkte der Erde, und g' die Schwere in der Entfernung $r + z$, nämlich

$$g' = \frac{gr^2}{(r+z)^2};$$

ist ferner ϑ die Temperatur eines Gases, α der Ausdehnungscoëfficient für die Temperaturerhöhung von 1 Centesimalgrad, und k ein für ein und dasselbe Gas constant bleibender Coëfficient, so gilt die Gleichung:

$$p = k\varrho\,(1 + \alpha\vartheta).$$

Dieselbe Formel ist offenbar auf ein Gemisch von mehreren Gasen oder Dämpfen von unveränderlichen Verhältnissen anwendbar, wenn der Coëfficient k einen gewissen Mittelwerth zwischen denjenigen Werthen erhält, welche sich auf die einzelnen Gase beziehen; einen solchen wollen wir für die Luft nehmen, weil die Erfahrung gezeigt hat, dass das Verhältniss der in ihr gemischten Gase an der Erdoberfläche und in den grössten bekannten Höhen dasselbe ist. Hinsichtlich des Wasserdampfes, dessen Menge in einigermaassen beträchtlichen Höhen sehr gering wird, muss man annehmen, dass er ein constantes Verhältniss zulässt, welches ein Mittelwerth zwischen denjenigen Werthen ist, welche man an den beiden Grenzpunkten beobachtet hat, deren Höhenunterschied gemessen werden soll.

Der Coëfficient α ist fast für alle Gase und Dämpfe derselbe $= 0{,}00366$; da aber die in der Luft enthaltene Dampfmenge mit der Temperatur wächst, und unter demselben Drucke der Dampf eine geringere Dichtigkeit als die Luft besitzt, so muss bei einer Temperaturerhöhung die Dichtigkeit der Luft etwas rascher abnehmen, als es die vorige Formel angiebt. Diesen Umstand berücksichtigt man durch eine Vergrösserung des Coëfficienten α, man nimmt ihn desshalb gewöhnlich $= 0{,}004$.

In der allgemeinen Gleichung des Gleichgewichts der Flüssigkeiten ist nun

$$X = 0, \quad Y = 0, \quad Z = -g'$$

zu nehmen, dadurch wird

$$dp = -\frac{\varrho\, gr^2\, dz}{(r+z)^2},$$

oder wenn man ϱ durch seinen Werth als Function von p ersetzt,

$$\frac{dp}{p} = -\frac{gr^2}{k(1+\alpha\vartheta)} \frac{dz}{(r+z)^2}.$$

Die Temperatur ϑ ändert nach einem unbekannten Gesetze mit der Höhe, man giebt ihr desshalb einen constanten Werth, welcher gleich ist dem Mittel aus den Temperaturen der beiden Endpunkte. Somit liefert die vorige Gleichung durch Integration ihrer beiden Theile

$$lp = \frac{gr^2}{k(1+\alpha\vartheta)(r+z)} + C,$$

wo C eine willkürliche Constante bezeichnet; man bestimmt sie mittelst der an der unteren Station beobachteten Grössen. Sind nämlich z_0 und p_0 die Werthe von z und p an diesem Punkte, so ist

$$lp_0 = \frac{gr^2}{k(1+\alpha\vartheta)(r+z_0)} + C$$

und durch Subtraction beider Gleichungen

$$l\left(\frac{p_0}{p}\right) = \frac{gr^2}{k(1+\alpha\vartheta)(r+z_0)} \frac{z-z_0}{r+z}.$$

Die verticale Höhe der zweiten Station über der ersten sei $Z = z - z_0$, und $r + z_0 = R$, es ist dann

1) $$l\left(\frac{p_0}{p}\right) = \frac{gr^2}{kR(1+\alpha\vartheta)} \frac{Z}{R+Z}.$$

Sind t_0 und t die Temperaturen der Luft an den beiden Stationen so ist $\vartheta = \frac{1}{2}(t_0 + t)$ zu setzen; der Einfachheit wegen möge aber die Bezeichnung ϑ beibehalten werden.

Das Verhältniss $\frac{p_0}{p}$ kann mittelst der barometrischen Höhen ausgedrückt werden, welche den Drucken p und p_0 entsprechen, vorausgesetzt, dass man das Quecksilber auf eine und dieselbe Temperatur zurückgeführt hat, und dass man auf die Aenderung der Schwere von einer Station zur andern Rücksicht nimmt. Bezeichnet man nämlich mit D die Dichtigkeit des Quecksilbers bei 0^0, mit h_0 und h die barometrischen Höhen, welche an den beiden Stationen gemessen und auf eine und dieselbe Temperatur, etwa 0^0, zurückgeführt sind, endlich mit g_0 und g' die Werthe der Schwere an diesen Stationen, so hat man die Beziehungen

$$p_0 = g_0 D h_0,\ p = g' D h,\ \frac{g_0}{g'} = \frac{(R+Z)^2}{R^2} = \left(1+\frac{Z}{R}\right)^2;$$

und folgert daraus

$$\frac{p_0}{p} = \frac{h_0}{h}\left(1+\frac{Z}{R}\right)^2.$$

Nach Substitution dieses Werthes in die Gleichung 1) kann man die natürlichen Logarithmen durch die gewöhnlichen ersetzen, wobei der Modulus 0,4242945 mit M bezeichnet werden möge; es ist dann

$$2) \qquad Z = \frac{k(1+\alpha\vartheta)R^2}{Mgr^2}\left[\log\left(\frac{h_0}{h}\right) + 2\log\left(1+\frac{Z}{R}\right)\right]\left(1+\frac{Z}{R}\right).$$

37. Die Correction für die Ablesungen des Barometers ist sehr leicht und erfordert die gleichzeitige Beobachtung des Barometers und eines mit demselben verbundenen Thermometers; die abgelesenen Barometerstände mögen H_0 und H, die entsprechenden Thermometerhöhen d. h. Quecksilbertemperaturen T_0 und T heissen. Da sich das Quecksilber bei einer Temperaturerhöhung von $1^0 C.$ um $\frac{1}{5550}$ seines Volumens ausdehnt, so stehen seine Dichtigkeiten bei den Temperaturen 0 und T_0 in dem Verhältnisse von $1+\frac{T_0}{5550}$ zur Einheit. Der Luftdruck wird durch das Gewicht einer Quecksilbersäule gemessen, welche die Flächeneinheit zur Basis und den Barometerstand zur Höhe hat, so dass diese Höhe bei demselben Drucke der Dichtigkeit des Quecksilbers umgekehrt proportional ist. Demnach hat man zwischen H_0 und h_0, H und h folgende Beziehungen

$$H_0 = h_0\left(1+\frac{1}{5550}T_0\right) \text{ und } H = h\left(1+\frac{1}{5550}T\right)$$

woraus folgt:

$$\frac{h_0}{h} = \frac{H_0}{H} \frac{1 + \frac{1}{5550} T}{1 + \frac{1}{5550} T_0},$$

oder wenn man bloss die erste Potenz von $\frac{T_0 - T}{5550}$ berücksichtigt,

$$\frac{h_0}{h} = \frac{H_0}{H\left(1 + \frac{T_0 - T}{5550}\right)}.$$

Demgemäss kann man $h_0 = H_0$ nehmen und h durch den Ausdruck

$$H\left(1 + \frac{T_0 - T}{5550}\right)$$

ersetzen. Der Einfachheit wegen wollen wir die Grössen h_0 und h, welche jetzt aus den Beobachtungen an beiden Stationen bestimmt sind, beibehalten.

Für die Formel 2) bleibt noch eine zweite Correction übrig, welche sich auf die geographische Breite des Beobachtungsortes bezieht. Da wir nämlich mit g die Schwere an der Pariser Sternwarte ($g = 9{,}80896$) bezeichnet haben, so würde die obige Formel nur für Beobachtungen an diesem Orte gelten; für andere Orte ist g durch

$$g \frac{1 - 0{,}002588 \cos 2\psi}{1 - 0{,}002588 \cos 2\psi_1}$$

zu ersetzen, wo ψ die Breite des Beobachtungsortes und ψ_1 die von Paris bezeichnet.

Nach diesen Substitutionen enthält die Gleichung 2) auf der rechten Seite noch einen Zahlencoëfficienten, den man ebensowohl direct berechnen als aus der Gleichung selbst ableiten kann, wenn man in dieselbe für z einen aus trigonometrischen Messungen bekannten Werth substituirt. Beide Methoden liefern fast dasselbe Resultat; wenn man ferner annimmt, dass die erste Station dem Niveau des Meeres sehr nahe liegt, also $z_0 = 0$, $R = r$, $Z = z$ ist, so erhält man nach Bestimmung jenes Coëfficienten die Formel

$$3) \quad z = \frac{18336^{\text{m}} (1 + \alpha\vartheta)}{1 - 0{,}002588 \cos 2\psi} \left[\log\left(\frac{h_0}{h}\right) + 2 \log\left(1 + \frac{z}{r}\right) \right] \left(1 + \frac{z}{r}\right).$$

38. Um den Werth von z zu berechnen, setzt man zuerst für ϑ und ψ ihre durch die Beobachtungen gegebenen Werthe ein, und indem man die abkürzende Bezeichnung

$$\frac{18336^{m}(1+\alpha\vartheta)}{1-0{,}002588\,cos\,2\psi}=A$$

einführt, ergiebt sich

$$z=A\left[log\left(\frac{h_0}{h}\right)+2\,log\left(1+\frac{z}{r}\right)\right]\left(1+\frac{z}{r}\right).$$

Durch Vernachlässigung von $\frac{z}{r}$ gegen 1 erhält man einen ersten Näherungswerth

$$z_1=A\,log\left(\frac{h_0}{h}\right);$$

ein zweiter z_2 ergiebt sich dadurch, dass man z_1 in den zweiten Theil von z substituirt, nämlich

$$z_2=A\left[log\left(\frac{h_0}{h}\right)+2\,log\left(1+\frac{z_1}{r}\right)\right]\left(1+\frac{z_1}{r}\right).$$

Diese auf einander folgenden Annäherungen könnte man beliebig weit fortsetzen, für gewöhnlich aber giebt schon z_2 eine hinreichende Genauigkeit. Man kann auch den sehr kleinen Bruch $\frac{z}{r}$ in Formel 3) ganz vernachlässigen, wenn man gleichzeitig den Coëfficienten 18336 etwas vergrössert. Ramond hat zu diesem Zweck eine grosse Zahl Beobachtungen im südlichen Frankreich angestellt und gefunden, dass dann die Zahl 18336 durch 18393 zu ersetzen ist; da in den dortigen Breiten $cos\,2\psi$ beinahe Null war, so gebrauchte er die einfache Formel

$$z=18393\,(1+\alpha\vartheta)\,log\left(\frac{h_0}{h}\right),$$

die in der Nähe der Breite von 45^0 gewöhnlich angewendet wird.

Es hat sich übrigens bei neueren Untersuchungen gezeigt, dass die Uebereinstimmung zwischen den barometrischen und den trigonometrischen Höhenmessungen nicht so gross ist, als man bisher glaubte (vergl. A. J. Pick, Ueber die Sicherheit barometrischer Höhenmessungen. Sitzungsberichte der Wiener Akademie v. J. 1855), was vorzugsweise seinen Grund in der Unkenntniss des Gesetzes haben mag, wonach die Temperatur mit der Höhe abnimmt. Man wird daher wohl thun, den barometrischen Messungen bedeutenderer Höhen kein zu grosses Vertrauen zu schenken.

Fünftes Buch.

Dynamik flüssiger Körper.

Erstes Capitel.

Der Ausfluss von Flüssigkeiten aus Gefässen.

Die Grundgleichungen der Hydrodynamik.

1. Um sich eine genaue Vorstellung von dem allgemeinen Probleme der Hydrodynamik zu bilden, muss man voraussetzen, dass für einen bestimmten Augenblick, den man zum Anfangspunkte der Zeitzählung nehmen kann, die Lage aller Molecüle, aus denen die Flüssigkeit besteht, und ihre Geschwindigkeiten bekannt sind, ebenso die äusseren, auf alle Punkte der Flüssigkeit wirkenden Kräfte und die sonstigen Bedingungen, welche sich auf ihre Grenzen nach allen Seiten hin beziehen. Die Aufgabe der Hydrodynamik ist dann, die Bewegung eines jeden Molecüls insbesondere zu bestimmen, also seine drei Coordinaten als Functionen der Zeit darzustellen, sowie den Druck und die Dichtigkeit in einem beliebigen Punkte und für jeden Augenblick anzugeben. Die Coordinaten x, y, z eines bestimmten Molecüls sind zwar Functionen der Variabeln t allein, aber diese Functionen ändern sich von einem Molecül zum andern und hängen folglich von den Coordinaten a, b, c des Punktes ab, in welchem sich das betrachtete Molecül im Anfange der Bewegung befand. Man kann also x, y, z als Functionen der vier unabhängigen Variabeln a, b, c, t ansehen, und wenn man die allgemeine Form dieser drei Functionen finden kann, so ist die Bewegung eines beliebigen Molecüls von seiner Anfangslage an genau bestimmt.

2. Wenn das Problem gelöst wäre und jene drei Functionen von a, b, c, t bekannt wären, so könnte man daraus a, b, c als Functionen von x, y, z, t ableiten; demnach darf jede Function der unabhängigen Variabeln a, b, c, t als Function der vier unabhängigen Variabeln x, y, z, t betrachtet werden. So kann man z. B. die Com-

ponenten $u = \frac{dx}{dt}$, $v = \frac{dy}{dt}$, $w = \frac{dz}{dt}$ der Geschwindigkeit eines Punktes der Flüssigkeit, als abhängig von x, y, z, t ansehen, weil sie zuletzt von a, b, c, t abhängig sind; dies begreift man übrigens a priori, denn für irgend einen Punkt der Flüssigkeit, dessen Coordinaten x, y, z constant bleiben, ändern sich die auf diesen Punkt bezüglichen Grössen u, v, w mit der Zeit und sind folglich Functionen von t. Lässt man ferner y, z, t constant und variirt x, betrachtet man also für einen und denselben Zeitpunkt die verschiedenen Punkte einer zur Achse der x parallelen Geraden, so ändern sich die Grössen u, v, w und sie sind desshalb Functionen der unabhängigen Variabeln x u. s. w. Daraus folgt, dass u, v, w Functionen der vier unabhängigen Variabeln x, y, z, t sind; dasselbe gilt für jede Function von a, b, c, t.

Die Auflösung des vorliegenden Problemes besteht offenbar darin, dass man u, v, w als Functionen von x, y, z, t bestimmt; denn um die Bewegung eines Molecüls insbesondre kennen zu lernen, hätte man nur x, y, z als Functionen von t zu betrachten und

$$\frac{dx}{dt} = u, \quad \frac{dy}{dt} = v, \quad \frac{dz}{dt} = w$$

zu setzen, nach Substitution der Werthe von u, v, w würde man drei Differentialgleichungen zwischen x, y, z, t und durch Integration derselben x, y, z als Functionen von t ausdrücken, wobei schliesslich die drei Integrationsconstanten aus den Anfangswerthen von x, y, z herzuleiten wären.

3. **Die Gleichungen der Bewegung der Flüssigkeiten.** Im Folgenden bezeichnen Xdm, Ydm, Zdm die Componenten der an das Molecül mit der Masse dm angebrachten Kraft, u, v, w die Componenten seiner Geschwindigkeit und $u'dt$, $v'dt$, $w'dt$ die Zunahmen, welche u, v, w erleiden, wenn sich t um dt, mithin jede der Coordinaten um ihr Differential und in Folge dessen auch jede der Grössen u, v, w ändert; dabei darf man u', v', w' nicht durch $\frac{du}{dt}$, $\frac{dv}{dt}$, $\frac{dw}{dt}$ bezeichnen, weil sie sonst mit den partiellen Differentialquotienten von u, v, w nach t verwechselt werden könnten, endlich sei p der Druck und ϱ die Dichtigkeit, welche mit x, y, z, t variiren können. Zunächst lassen sich drei Gleichungen der Bewegung der Flüssigkeit mit Hülfe des *d'Alembert*schen Princips bilden, indem man beachtet, dass die Flüssigkeit im Gleichgewicht sein muss, wenn

ein beliebiges Molecül dm durch eine Kraft angegriffen wird, deren Componenten sind

$$(X - u')dm, \ (Y - v')dm, \ (Z - w')dm,$$

woraus folgende drei Gleichungen hervorgehen

$$\frac{\partial p}{\partial x} = \varrho\,(X - u'), \ \frac{\partial p}{\partial y} = \varrho\,(Y - v'), \ \frac{\partial p}{\partial z} = \varrho\,(Z - w').$$

Um die Ausdrücke für u', v', w' zu erhalten, muss man beachten, dass u, v, w so differentiirt werden müssen, dass man x, y, z als die Functionen von t betrachtet, welche sich auf die Bewegung des Molecüls dm beziehen, und dass folglich die Werthe der Incremente von x, y, z, welche dem Incremente dt der Zeit entsprechen, folgende sind:

$$dx = u\,dt, \ dy = v\,dt, \ dz = w\,dt.$$

Hiernach erhält man

$$u' = \frac{\partial u}{\partial t} + u\frac{\partial u}{\partial x} + v\frac{\partial u}{\partial y} + w\frac{\partial u}{\partial z},$$

$$v' = \frac{\partial v}{\partial t} + u\frac{\partial v}{\partial x} + v\frac{\partial v}{\partial y} + w\frac{\partial v}{\partial z},$$

$$w' = \frac{\partial w}{\partial t} + u\frac{\partial w}{\partial x} + v\frac{\partial w}{\partial y} + w\frac{\partial w}{\partial z},$$

und die drei vorigen Gleichungen werden

$$1) \quad \begin{cases} \dfrac{1}{\varrho}\dfrac{\partial p}{\partial x} = X - \dfrac{\partial u}{\partial t} - u\dfrac{\partial u}{\partial x} - v\dfrac{\partial u}{\partial y} - w\dfrac{\partial u}{\partial z}, \\[2ex] \dfrac{1}{\varrho}\dfrac{\partial p}{\partial y} = Y - \dfrac{\partial v}{\partial t} - u\dfrac{\partial v}{\partial x} - v\dfrac{\partial v}{\partial y} - w\dfrac{\partial v}{\partial z}, \\[2ex] \dfrac{1}{\varrho}\dfrac{\partial p}{\partial z} = Z - \dfrac{\partial w}{\partial z} - u\dfrac{\partial w}{\partial x} - v\dfrac{\partial w}{\partial y} - w\dfrac{\partial w}{\partial z}. \end{cases}$$

Diese drei Gleichungen genügen nicht zur Bestimmung der fünf Functionen p, ϱ, u, v, w; es sind noch zwei andre Gleichungen nöthig, wofern ϱ nicht constant bleibt, in welchem Falle nur noch eine aufzustellen wäre. Wir wollen jetzt sehen, wie man diese Gleichungen aus der Bedingung, dass die Flüssigkeit ihre Continuität behält, ableiten kann.

4. Denken wir uns den von der Flüssigkeit eingenommenen Raum in unendlich kleine Parallelepipede $dx\ dy\ dz$ getheilt, so müssen dieselben nach der Zeit dt noch von der Flüssigkeit erfüllt sein, und nur bei denen, welche sich an der freien Oberfläche befinden, brauchte diess nicht gerade stattzufinden; dennoch muss die Zunahme der Dichtigkeit in jedem Theilchen dem Zuwachse der darin eingeschlossenen Masse, dividirt durch das Volumen, gleichkommen. Um diese Bedingung auszudrücken, bestimmt man den Ueberschuss der Masse von Flüssigkeit, welche zu irgend einem Theilchen hinzugetreten ist, über diejenige Masse, welche während der Zeit dt herausgetreten ist.

(Fig. 14.)

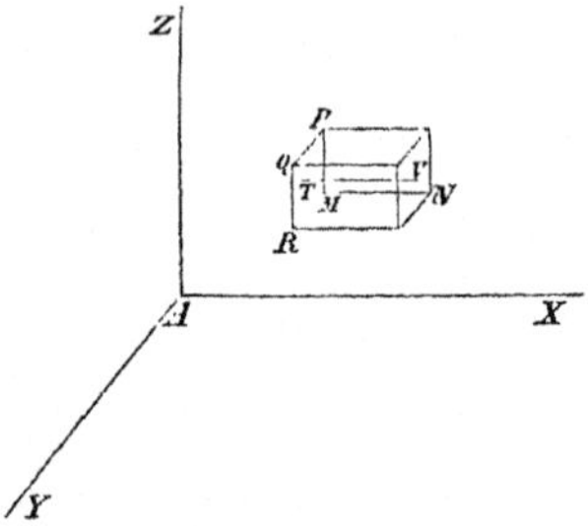

Wir bezeichnen mit x, y, z (Fig. 14) die Coordinaten der Ecke M dieses Parallelepipedes, mit $x + dx$, $y + dy$, $z + dz$ die Coordinaten der gegenüberstehenden Ecke S, mit u, v, w die Componenten der Geschwindigkeit des in M gelegenen Punktes nach der Zeit t, und mit ϱ die Dichtigkeit in diesem Punkte in demselben Augenblicke. Die Richtung der Geschwindigkeit ändert sich stetig; wenn also Flüssigkeit durch eine Seitenfläche eintritt, so geht andererseits Flüssigkeit durch die gegenüberstehende Seitenfläche heraus, und wenn man den Ueberschuss der ersten Quantität über die zweite in Bezug auf die drei Paare paralleler Seitenflächen berechnet, so giebt ihre Summe den Zuwachs an Masse, welchen das Parallelepiped empfangen hat. Wir wollen zunächst die Seitenfläche $MPQR$ und die zu ihr parallele betrachten. Wenn ϱ und u in der ganzen Ausdehnung einer jeden constant wären, so würde die durch die erste eingetretene Masse sein

$$\varrho u\, dy\, dz\, dt,$$

und die durch die zweite herausgetretene

$$\left[\varrho u + \frac{\partial(\varrho u)}{\partial x} dx\right] dy\, dz\, dt;$$

der Ueberschuss wäre demnach

$$-\frac{\partial(\varrho u)}{\partial x} dx\, dy\, dz\, dt.$$

Nun darf man aber annehmen, dass ϱ und u in der ganzen Ausdehnung einer Seitenfläche constant sind; denn wenn man zwei Punkte T, V betrachtet, welche in den beiden Seitenflächen auf derselben zur Achse der x parallel gehenden Geraden liegen, so übertrifft der Unterschied der Werthe von ϱu in diesen beiden Punkten den Unterschied der Werthe von ϱu in den Punkten M und N nur um eine in Bezug auf ihn selbst unendlich kleine Grösse, weil es genügen würde, in diesem letzten die Coordinaten von M durch die von T zu ersetzen, um die Ausdrücke des ersten zu erhalten.

Ebenso ist der Ueberschuss der durch die beiden Flächen $dxdz$, $dxdy$ eingetretenen über die durch die Gegenflächen ausgetretenen Massen

$$-\frac{\partial(\varrho v)}{\partial y}\,dx\,dy\,dz\,dt,\quad -\frac{\partial(\varrho w)}{\partial t}\,dx\,dy\,dz\,dt.$$

Dividirt man die Summe dieser drei Ueberschüsse durch das Volumen $dx\,dy\,dz$, so erhält man den Zuwachs der Dichtigkeit der in dem Parallelepiped enthaltenen Flüssigkeit, oder, was dasselbe ist, der Dichtigkeit in dem Punkte, dessen Coordinaten x, y, z sind. Diess ist nichts Anderes als das partiell in Beziehung auf die Zeit genommene Differential der Dichtigkeit, und man hat somit folgende Gleichung:

$$2)\qquad \frac{\partial\varrho}{\partial t}+\frac{\partial(\varrho u)}{\partial x}+\frac{\partial(\varrho v)}{\partial y}+\frac{\partial(\varrho w)}{\partial z}=0.$$

Wir wollen jetzt untersuchen, wie dieselbe in den verschiedenen Fällen, welche bei Flüssigkeiten eintreten können, gedeutet werden muss.

5. Handelt es sich um eine tropfbare Flüssigkeit, deren Dichtigkeit in allen Punkten dieselbe und unabhängig von der Zeit ist, so reducirt sich die Gleichung 2) auf

$$3)\qquad \frac{\partial u}{\partial x}+\frac{\partial v}{\partial y}+\frac{\partial w}{\partial z}=0.$$

In diesem Falle giebt es nur vier unbekannte Functionen, p, u, v, w, weil ϱ bekannt ist. Die Gleichungen 1) und 3) genügen also zu deren Bestimmung.

Bei einer heterogenen Flüssigkeit ist die Dichtigkeit eines jeden Molecüls unveränderlich, aber trotzdem ϱ eine Function von x, y, z, t. Um kenntlich zu machen, dass diese Function für ein und dasselbe Molecül constant bleibt, muss man ihr totales Differential suchen, indem man ausdrückt, dass dx, dy, dz Werthe haben, welche der Bewegung dieses Molecüls entsprechen, und es gleich Null setzen. So erhält man

$$4)\qquad \frac{d\varrho}{dt} + u\frac{d\varrho}{dx} + v\frac{d\varrho}{dy} + w\frac{d\varrho}{dz} = 0,$$

wodurch die Gleichung 2) zurückkommt auf

$$5)\qquad \frac{du}{dx} + \frac{dv}{dy} + \frac{dw}{dz} = 0.$$

In diesem Falle giebt es fünf unbekannte Functionen p, ϱ, u, v, w und eine ebenso grosse Anzahl von Gleichungen 1), 4), 5).

Bei einer zusammendrückbaren Flüssigkeit von constanter Temperatur hat man zwischen p und ϱ die Relation

$$p = k\varrho,$$

welche in Verbindung mit den Gleichungen 1) und 2) die fünf unbekannten Functionen bestimmt.

6. Bedingungen, welche sich auf die Oberfläche beziehen. Die Gleichungen, welche wir bis hierher erhalten haben, gelten für alle Punkte im Innern der Flüssigkeit, und ist dieselbe unendlich, so hat man mit ihnen nur noch die Bedingungen zu verbinden, welche sich auf den Anfangszustand beziehen. Bei einer begrenzten Flüssigkeit dagegen gelten noch besondere Gleichungen für die an ihrer Oberfläche befindlichen Punkte. Gewöhnlich nimmt man an, dass Punkte, welche anfangs mit einer beweglichen Wand in Berührung waren, es beständig bleiben, und dass diejenigen Punkte, welche anfänglich auf der Oberfläche waren, ihr ebenfalls beständig angehören. Diese Annahmen beschränken die Aufgabe sehr, und dennoch giebt es nur wenige Fälle, in welchen die Rechnungen vollständig ausgeführt werden können.

Wir bezeichnen mit $F(x, y, z, t) = 0$ die Gleichung der Oberfläche, auf welcher ein Punkt der Flüssigkeit bleiben soll und nehmen an, dass seine Coordinaten ihr für einen gewissen Werth von t genügen; wenn jetzt t um dt wächst, so sind die Incremente der Coordinaten

$$u\,dt,\quad v\,dt,\quad w\,dt;$$

diese müssen der Differentialgleichung der Oberfläche genügen, wenn man sie für dx, dy, dz substituirt, und diess giebt folgende Bedingung:

$$\frac{\partial F}{\partial t} + u\frac{\partial F}{\partial x} + v\frac{\partial F}{\partial y} + w\frac{\partial F}{\partial z} = 0.$$

Ist die Wand fest, so verschwindet der Ausdruck $\frac{\partial F}{\partial t}$.

Die obige Gleichung gilt während der ganzen Dauer der Bewegung für die Punkte, welche sich anfänglich in Berührung mit der in Rede stehenden Wand fanden; ähnliche Gleichungen existiren für alle nicht freien Theile der Oberfläche.

Die Punkte der freien Oberfläche sind der Wirkung eines bekannten Drucks unterworfen, welcher gewöhnlich in allen Punkten derselbe ist, aber mit der Zeit variiren kann. Bezeichnet man denselben mit P, so ist die Gleichung jener Oberfläche

$$p - P = 0,$$

woraus man für die auf ihr befindlichen Punkte nachstehende Bedingung ableitet

$$\frac{\partial p}{\partial t} + u\frac{\partial p}{\partial x} + v\frac{\partial p}{\partial y} + w\frac{\partial p}{\partial z} = \frac{\partial P}{\partial t}.$$

Diese verschiedenen Bedingungen, welche sich auf die Grenzen der Flüssigkeit beziehen, helfen in Verbindung mit dem Anfangszustande die willkürlichen Functionen bestimmen, welche durch die Integration der partiellen Differentialgleichungen auftreten.

7. Sind u, v, w die partiell in Beziehung auf x, y und z genommenen Differentialquotienten einer Function $\varphi(x, y, z, t)$, so kann man die Gleichungen 1) auf eine einzige reduciren, und die Lösung der Aufgabe ist auf die Bestimmung von φ zurückgeführt, weil man aus ihr u, v, w durch Differentiationen ableiten kann.

Betrachtet man nur die Variablen x, y, z in φ, so hat man der Voraussetzung zufolge

$$udx + vdy + wdz = d\varphi.$$

Sind ferner X, Y, Z die partiellen Differentialquotienten einer Function V, also

$$Xdx + Ydy + Zdz = dV,$$

so lassen sich die Gleichungen 1) auf folgende Form bringen:

$$\left\{\begin{aligned}
\frac{1}{\varrho}\frac{\partial p}{\partial x} &= \frac{\partial V}{\partial x} - \frac{\partial^2\varphi}{\partial x\,\partial t} - \frac{\partial\varphi}{\partial x}\frac{\partial^2\varphi}{\partial x^2} - \frac{\partial\varphi}{\partial y}\frac{\partial^2\varphi}{\partial x\,\partial y} - \frac{\partial\varphi}{\partial z}\frac{\partial^2\varphi}{\partial x\,\partial z},\\
\frac{1}{\varrho}\frac{\partial p}{\partial y} &= \frac{\partial V}{\partial y} - \frac{\partial^2\varphi}{\partial y\,\partial t} - \frac{\partial\varphi}{\partial x}\frac{\partial^2\varphi}{\partial x\,\partial y} - \frac{\partial\varphi}{\partial y}\frac{\partial^2\varphi}{\partial y^2} - \frac{\partial\varphi}{\partial z}\frac{\partial^2\varphi}{\partial y\,\partial z},\\
\frac{1}{\varrho}\frac{\partial p}{\partial z} &= \frac{\partial V}{\partial z} - \frac{\partial^2\varphi}{\partial z\,\partial t} - \frac{\partial\varphi}{\partial x}\frac{\partial^2\varphi}{\partial x\,\partial z} - \frac{\partial\varphi}{\partial y}\frac{\partial^2\varphi}{\partial y\,\partial z} - \frac{\partial\varphi}{\partial z}\frac{\partial^2\varphi}{\partial z^2}.
\end{aligned}\right.$$

Die Multiplication dieser Gleichungen mit dx, dy, dz und nachherige Addition giebt

$$6)\qquad \frac{dp}{\varrho} = dV - d\left(\frac{d\varphi}{dt}\right) - \tfrac{1}{2}\,d\left[\left(\frac{\partial\varphi}{\partial x}\right)^2 + \left(\frac{\partial\varphi}{\partial y}\right)^2 + \left(\frac{\partial\varphi}{\partial z}\right)^2\right],$$

wo alle Differentiale nach x, y, z genommen sind, während man t als constant betrachtet. Beide Seiten dieser Gleichung können immer in Bezug auf x, y, z integrirt werden, wenn ϱ eine bekannte Function von p oder eine Constante ist.

8. Im letzteren Falle, welcher bei einer homogenen Flüssigkeit stattfindet, erhält man

$$\frac{p}{\varrho} = V - \frac{d\varphi}{dt} - \tfrac{1}{2}\left[\left(\frac{\partial\varphi}{\partial x}\right)^2 + \left(\frac{\partial\varphi}{\partial y}\right)^2 + \left(\frac{\partial\varphi}{\partial z}\right)^2\right];$$

eigentlich wäre eine willkürliche Function der Zeit zu dem zweiten Theile hinzuzufügen, man kann sie aber in φ einrechnen und braucht sie desshalb nicht hinzuschreiben. Die Bedingung der Continuität wird im vorliegenden Falle

$$\frac{\partial u}{\partial x} + \frac{\partial v}{\partial y} + \frac{\partial w}{\partial z} = 0,$$

oder

$$\frac{\partial^2\varphi}{\partial x^2} + \frac{\partial^2\varphi}{\partial y^2} + \frac{\partial^2\varphi}{\partial z^2} = 0.$$

Diese Gleichung liefert φ als Function von x, y, z, und nachdem die willkürlichen Functionen bestimmt sind, kann man u, v, w durch Differentiation von φ ableiten.

9. Bei einer gasförmigen Flüssigkeit von constanter Temperatur ist $p = k\varrho$, und dann wird der erste Theil der Gleichung 6) $= k\,\dfrac{dp}{p}$.

Durch Integration erhält man

$$klp = V - \frac{\partial\varphi}{\partial t} - \frac{1}{2}\left[\left(\frac{\partial\varphi}{\partial x}\right)^2 + \left(\frac{\partial\varphi}{\partial y}\right)^2 + \left(\frac{\partial\varphi}{\partial z}\right)^2\right],$$

woraus man p als Function von φ ableiten kann. Die Gleichung 2) lässt sich auf folgende Form bringen:

$$\frac{\partial p}{\partial t} + \frac{\partial\left(p\frac{\partial\varphi}{\partial x}\right)}{\partial x} + \frac{\partial\left(p\frac{\partial\varphi}{\partial y}\right)}{\partial y} + \frac{\partial\left(p\frac{\partial\varphi}{\partial z}\right)}{\partial z} = 0,$$

und wenn man in diese den Werth von p aus der vorigen einsetzt, so ergiebt sich eine Gleichung zur Bestimmung von φ und u, v, w. Sind die Bewegungen der Flüssigkeitstheile so rasch, dass die Temperatur in den einzelnen Punkten steigt und fällt, so ist die elastische Kraft nicht mehr der Grösse ϱ allein proportional, sondern abhängig von der Zunahme der Temperatur, die als proportional dem Zuwachse der Dichtigkeit angesehen werden kann; p würde also noch von ϱ abhängen und umgekehrt. Der erste Theil der Gleichung 6) kann auch in diesem Falle integrirt werden, das übrige Verfahren bleibt wie vorhin.

10. Wenn die Functionen u, v, w partielle Differentialquotienten einer Function von x, y, z für einen beliebigen Werth von t sind, so müssen sie es auch für $t = 0$ sein; diess ist leicht einzusehen, da ihre Anfangswerthe als Functionen von x, y, z gegeben sind. Andererseits lässt sich auch zeigen, dass, wenn die genannte Bedingung zu irgend einer Zeit stattfindet, sie auch zu jeder anderen Zeit gültig bleibt. Der Beweis dieses wichtigen Satzes ist folgender.

Wir zerlegen die Zeit in unendlich kleine Intervalle und berechnen, um wieviel der Ausdruck $u\,dx + v\,dy + w\,dz$ in einem dieser Intervalle zunimmt, indem wir die Incremente bestimmen, welche u, v, w in derselben Zeit zufolge der allgemeinen Gleichungen der Bewegung der Flüssigkeiten erhalten. Nun ist klar, dass, wenn $u\,dx + v\,dy + w\,dz$ in jedem Augenblicke das Differential einer Function von x, y, z ist, die Grösse, um welche dies Differential wächst, nothwendig selbst immer ein exactes Differential sein muss, und dass umgekehrt, wenn dieser Ausdruck in irgend einem Zeitpunkte ein exactes Differential ausmacht und alle seine successiven unendlich kleinen Incremente selbst exacte Differentiale sind, dasselbe für deren Summe und folglich für den Ausdruck $u\,dx + v\,dy + w\,dz$ in einem beliebigen Zeitpunkte gelten muss. Wir bezeichnen nun mit u_1, v_1, w_1 die Werthe von u, v, w für $t = t_1$, und nehmen an, dass

$$u_1\, dx + v_1\, dy + w_1\, dz = d\varphi_1$$

sei, wo φ_1 eine Function der drei unabhängigen Variabeln x, y, z bezeichnen möge. Da u, v, w als Functionen von x, y, z, t betrachtet werden, so lassen sich die Werthe, welche sie für $t = t_1 + \varepsilon$ erhalten, nach Potenzen von ε entwickeln, und wenn man diesen Zuwachs ε unendlich klein nimmt, so darf man sich auf die beiden ersten Glieder beschränken und erhält

$$u = u_1 + u'\varepsilon,\quad v = v_1 + v'\varepsilon,\quad w = w_1 + w'\varepsilon,$$

wo u', v', w' Functionen von x, y, z sind, und zwar die partiellen Differentialquotienten von u, v, w nach t für $t = t_1$. Aus dem Obigen folgt

$$u\, dx + v\, dy + w\, dz = u_1\, dx + v_1\, dy + w_1\, dz \\ + \varepsilon\,(u'\, dx + v'\, dy + w'\, dz),$$

d. h. wenn $u'\, dx + v'\, dy + w'\, dz$ ein exactes Differential ausmacht, so ist es $u\, dx + v\, dy + w\, dz$ gleichfalls zu der Zeit $t = t_1 + \varepsilon$. Die Gleichungen 1), für den Zeitpunkt $t = t_1$ betrachtet, werden nun

$$\frac{1}{\varrho}\frac{\partial p}{\partial x} = X - u' - \frac{\partial \varphi_1}{\partial x}\frac{\partial^2 \varphi_1}{\partial x^2} - \frac{\partial \varphi_1}{\partial y}\frac{\partial^2 \varphi_1}{\partial x\, \partial y} - \frac{\partial \varphi_1}{\partial z}\frac{\partial^2 \varphi_1}{\partial x\, \partial z},$$

$$\frac{1}{\varrho}\frac{\partial p}{\partial y} = Y - v' - \frac{\partial \varphi_1}{\partial x}\frac{\partial^2 \varphi_1}{\partial x\, \partial y} - \frac{\partial \varphi_1}{\partial y}\frac{\partial^2 \varphi_1}{\partial y^2} - \frac{\partial \varphi_1}{\partial z}\frac{\partial^2 \varphi_1}{\partial y\, \partial z},$$

$$\frac{1}{\varrho}\frac{\partial p}{\partial z} = Z - w' - \frac{\partial \varphi_1}{\partial x}\frac{\partial^2 \varphi_1}{\partial x\, \partial z} - \frac{\partial \varphi_1}{\partial y}\frac{\partial^2 \varphi_1}{\partial y\, \partial z} - \frac{\partial \varphi_1}{\partial z}\frac{\partial^2 \varphi_1}{\partial z^2};$$

wir wollen sie mit dx, dy, dz multipliciren und addiren. Der erste Theil $\frac{dp}{\varrho}$ wird dann zu einem exacten Differential, sowohl bei homogenen Flüssigkeiten, weil ϱ dann constant bleibt, als bei gasförmigen, weil ϱ dann eine Function von p ist, wenn die Temperatur als unveränderlich angenommen wird. Man kann also dP für $\frac{dp}{\varrho}$ setzen, wo P eine gewisse Function x, y, z bezeichnet; sind ferner die äusseren Kräfte so beschaffen, dass $X dx + Y dy + Z dz$ das Differential einer gewissen Function V von x, y, z bildet, so ergiebt sich nach diesen Bemerkungen

$$dP = dV - (u'\, dx + v'\, dy + w'\, dz) \\ - \tfrac{1}{2} d\left[\left(\frac{\partial \varphi_1}{\partial x}\right)^2 + \left(\frac{\partial \varphi_1}{\partial y}\right)^2 + \left(\frac{\partial \varphi_1}{\partial z}\right)^2\right],$$

woraus folgt

$$u'dx + v'dy + w'dz$$
$$= d\left\{V - P - \tfrac{1}{2}\left[\left(\frac{\partial\varphi_1}{\partial x}\right)^2 + \left(\frac{\partial\varphi_1}{\partial y}\right)^2 + \left(\frac{\partial\varphi_1}{\partial z}\right)^2\right]\right\}.$$

Demnach ist $u'dx + v'dy + w'dz$ das Differential einer gewissen Function der drei unabhängigen Variabeln x, y, z; wenn also der Ausdruck $udx + vdy + wdz$ zu irgend einer Zeit ein exactes Differential war, so ist er es auch, nachdem die Bewegung der Flüssigkeit sich in Folge aller Einwirkungen und aller Umstände während einer unendlich kleinen Zeit fortgesetzt hat. Geht man von dem Zustande der Flüssigkeit in diesem neuen Zeitpunkte in derselben Weise wie von dem vorigen aus, so kann man ebenso beweisen, dass $udx + vdy + wdz$ wieder ein exactes Differential nach einem unendlich kleinen Zeitintervalle sein muss u. s. f. War also jene Bedingung im Anfangszustande erfüllt, was man immer unmittelbar wird nachweisen können, so gilt sie auch für jede fernere Zeit; wäre sie dagegen anfangs nicht erfüllt, so würde sie es später ebensowenig sein.

Die fragliche Bedingung ist übrigens stets erfüllt, wenn die Anfangsgeschwindigkeiten in allen Punkten der Flüssigkeit Null sind; denn man hat in diesem Falle

$$udx + vdy + wdz = 0,$$

was ein exactes Differential ist.

11. Wenn eine Flüssigkeit sich gleichförmig um eine feste Achse dreht, ohne dass die Punkte ihre relative Lage ändern, so bildet $u\,dx + v\,dy + w\,dz$ kein exactes Differential; denn bezeichnet man mit ω die constante Winkelgeschwindigkeit und nimmt die Rotationsachse zur Achse der z, so wird

$$u = -\omega y,\quad v = \omega x,\quad w = 0,$$

und folglich

$$u\,dx + v\,dy + w\,dz = \omega\,(x\,dy - y\,dx),$$

was in der That kein exactes Differential ist. Der vorliegende Fall kann also nicht nach dem obigen besonderen Verfahren behandelt werden, vielmehr muss man auf die allgemeinen Gleichungen zurückgehen. Dabei ist

$$\frac{du}{dt} = 0,\ \frac{dv}{dt} = 0,\ \frac{dw}{dt} = 0,\ w = 0,$$

und die Gleichungen 1) werden

$$\frac{1}{\varrho}\frac{\partial p}{\partial x} = X + \omega^2 x,\ \frac{1}{\varrho}\frac{\partial p}{\partial y} = Y + \omega^2 y,\ \frac{1}{\varrho}\frac{\partial p}{\partial z} = Z,$$

woraus folgt

$$\frac{dp}{\varrho} = X dx + Y dy + Z dz + \omega^2 (x\,dx + y\,dy);$$

diese Gleichung stimmt mit jener überein, welche wir in der Hydrostatik gefunden haben.

Bewegung einer Flüssigkeit unter einer speciellen Voraussetzung.

12. Wenn eine homogene in einem Gefässe eingeschlossene Flüssigkeit durch eine Oeffnung ausfliesst, welche in der horizontalen Grundfläche angebracht und in Vergleich zum Querschnitte des Gefässes sehr klein ist, so zeigt die Erfahrung, dass die Molecüle, welche sich zu irgend einer Zeit in einer und derselben horizontalen Schicht befanden, stets in derselben bleiben, so lange sie der Oeffnung nicht sehr nahe kommen. Die horizontalen Geschwindigkeiten kann man vernachlässigen, wenn die Schnitte in der ganzen Höhe des Gefässes wenig variiren und kleine Dimensionen in Bezug auf diese Höhe haben; es sind dann nur zwei Unbekannte zu bestimmen, die verticale Geschwindigkeit und der Druck. Unter Zulassung dieser Hypothese des Parallelismus der Schichten legen wir die Achse der x in die Richtung der Schwere und nehmen

$$Y = 0,\ Z = 0,\ X = g;$$

von den Gleichungen 1) reduciren sich die beiden letzten auf

$$\frac{\partial p}{\partial y} = 0,\ \frac{\partial p}{\partial z} = 0,$$

welche anzeigen, dass der Druck für alle Punkte eines und desselben horizontalen Schnittes derselbe bleibt; und die erste der Gleichungen 3) wird

$$a)\qquad \frac{\partial p}{\partial x} = \varrho\left(g - \frac{\partial u}{\partial t} - u\frac{\partial u}{\partial x}\right).$$

Die Bedingung der Continuität 3) kann im vorliegenden Falle nicht unmittelbar angewendet werden, weil sie die Differentialquotienten von u, v, w enthält, und obgleich v und w sehr klein im Vergleich zu u sind, so kann man doch nicht sagen, dass ihre Differentialquotienten gegen den von u vernachlässigt werden können. Dagegen lässt sich die Bedingung der Continuität sehr einfach dadurch ausdrücken, dass man die Menge Flüssigkeit, welche durch irgend einen Querschnitt geht, derjenigen gleich setzt, welche während einer unendlich kleinen Zeit durch die Oeffnung ausfliesst. Bezeichnen wir nämlich mit ω den Flächeninhalt des durch das Gefäss gelegten Schnittes, dessen Entfernung vom Anfangspunkte der Coordinaten x heissen möge, mit Ω den Flächeninhalt der Oeffnung, und mit U die Geschwindigkeit, mit der die Flüssigkeit durch dieselbe hindurchströmt, so sind $\omega\, u\, dt$ und $\Omega\, U dt$ die Quantitäten Flüssigkeit, welche durch die Schnitte ω und Ω während desselben Zeitintervalles dt hindurchgehen; es ist nun

$$b) \qquad \omega u = \Omega\, U \text{ oder } u = \frac{\Omega\, U}{\omega},$$

wo sich die Werthe von u und U auf einen und denselben Werth von t beziehen. U ist eine Function von t allein, ω eine durch die Gestalt des Gefässes gegebene Function von x, endlich u eine Function von x und t. Lässt man t allein in u sich ändern, so erhält man die successiven Werthe der Geschwindigkeit verschiedener Schichten in dem Augenblicke, wo sie durch einen und denselben Schnitt gehen; ändert man dagegen x allein in u, so findet man die Geschwindigkeiten verschiedener Schichten in einem und demselben Augenblicke, eine gleichzeitige Aenderung von x und t ohne Abhängigkeit zwischen beiden giebt die Geschwindigkeit der Schicht, welche in diesem zweiten Zeitpunkte durch einen andern Schnitt geht. Will man endlich die Geschwindigkeit erfahren, welche nach der Zeit dt derjenige Schnitt hat, der für gegebene Werthe von t und x die Geschwindigkeit u besitzt, so hat man t um dt und x um dx zu ändern, indem man $dx = u\, dt$ setzt.

Mittelst der Gleichung $b)$ kann man u aus der Gleichung $a)$ eliminiren und U einführen, welche Variabele den Vortheil gewährt, dass sie nur von t abhängt; man erhält

$$\frac{\partial p}{\partial x} = \varrho \left(g - \frac{\Omega}{\omega}\frac{dU}{dt} + \frac{\Omega^2 U^2}{\omega^3}\frac{d\omega}{dx}\right).$$

Multiplicirt man beide Seiten dieser Gleichung mit dx, und integrirt in Bezug auf x von der oberen Fläche an, so ergiebt sich

$$p = g\varrho x - \varrho\, \Omega \frac{dU}{dt}\int\frac{dx}{\omega} - \frac{\varrho \Omega^2 U^2}{2\omega^2} + C;$$

das Integral $\int \frac{dx}{\omega}$ kann in jedem Falle als bekannt angesehen werden, weil ω eine gegebene Function von x ist; die Integrationsconstante C enthält kein x, kann aber von t abhängen.

Weiterhin sind zwei sehr verschiedene Fälle zu unterscheiden, ob nämlich das Niveau der Flüssigkeit immer in derselben Höhe erhalten wird, oder ob dasselbe durch den Ausfluss der Flüssigkeit, die nicht wieder ersetzt wird, herabsinkt; wir wollen beide Fälle nach einander untersuchen.

13. Bezeichnet P den constanten auf die Oberfläche der Flüssigkeit ausgeübten Druck, P' den Druck auf die Flüssigkeit, welche aus dem Gefässe heraustritt, so ist nahezu $P' = P$, wenn sich der ganze Apparat in einem und demselben gasförmigen Mittel befindet; ferner sei h der Abstand des Niveau's vom Anfange der x, und l sein Abstand von der Oeffnung. Die Constante der vorigen Gleichung bestimmen wir so, dass $p = P$ wird für $x = h$; es findet sich hiernach

$$C = P - g\varrho h + \varrho \frac{\Omega^2 U^2}{2 O^2},$$

wo O den Werth von ω am Niveau der Flüssigkeit bezeichnet. Weiter folgt daraus

$$c) \quad p = P + g\varrho\,(x - h) - \varrho\Omega \frac{dU}{dt} \int_h^x \frac{dx}{\omega} + \varrho \frac{\Omega^2 U^2}{2} \left(\frac{1}{\omega^2} - \frac{1}{O^2}\right);$$

und für $x = h + l$ giebt diese Gleichung

$$p = P', \; \omega = \Omega.$$

Führen wir die Bezeichnungen

$$\int_h^{h+l} \frac{dx}{\omega} = m, \quad P - P' = g\varrho\delta$$

ein, so erhalten wir statt der obigen Gleichung

$$d) \qquad g\,(l + \delta) = m\,\Omega \frac{dU}{dt} + \left(1 - \frac{\Omega^2}{O^2}\right) \frac{U^2}{2};$$

nehmen wir ferner

$$1-\frac{\Omega^2}{O^2}=\alpha^2 \text{ und } 2g\,(l+\delta)=k^2,$$

so ist α eine sehr wenig von der Einheit verschiedene Grösse, und die vorige Gleichung giebt, wenn man sie nach dt auflöst,

$$dt=\frac{2m\,\Omega\,dU}{k^2-\alpha^2 U^2};$$

durch beiderseitige Integration wird daraus

$$t=\frac{m\,\Omega}{k\,\alpha}\,l\left(\frac{1}{C}\cdot\frac{k+\alpha U}{k-\alpha U}\right),$$

wo C eine willkürliche Constante bezeichnet, welche man mit Hülfe des Anfangswerthes von U bestimmen kann. Setzt man die Geschwindigkeiten $=0$ für $t=0$, so erhält C den Werth 1, und die nach U aufgelöste Gleichung giebt

$$U=\frac{k}{\alpha}\,\frac{1-e^{-\frac{k\alpha t}{m\Omega}}}{1+e^{-\frac{k\alpha t}{m\Omega}}};$$

da U bestimmt ist, so findet man u aus der Gleichung $u=\frac{\Omega U}{\omega}$ und p mittelst der Gleichung c). Der Werth von U zeigt, dass nach einer gewissen Zeit, die um so kürzer sein wird, je kleiner Ω ist, die Exponentialgrössen gegen die Null convergiren, und dass folglich der Werth von U sich der Grenze

$$\sqrt{\frac{2g\,(l+\delta)}{1-\frac{\Omega^2}{O^2}}}$$

und u und p sich entsprechenden Grenzen nähern. Bei Vernachlässigung des Quadrates von $\frac{\Omega}{O}$ wird die Grenze der Geschwindigkeit in der Oeffnung $=\sqrt{2g\,(l+\delta)}$; ist endlich $\delta=0$, also der äussere Druck an der Oeffnung derselbe wie am Niveau der Flüssigkeit, so wird die Geschwindigkeit in der Oeffnung $=\sqrt{2gl}$, d. h.

Die Ausflussgeschwindigkeit ist dieselbe, welche ein schwerer Körper dadurch erhält, dass er im leeren

Raume von einer Höhe herabfällt, die gleich ist der Höhe der Flüssigkeit in dem Gefässe.

Ist die Geschwindigkeit U constant, also $\frac{dU}{dt} = 0$ geworden, so reducirt sich die Gleichung $c)$ auf

$$p = P + \varrho g (x - h) - \varrho \frac{\Omega^2 U^2}{2} \left(\frac{1}{\omega^2} - \frac{1}{O^2}\right).$$

Nun würde im Zustande des Gleichgewichts der Druck gleich

$$P + \varrho g (x - h)$$

sein; er ist also für den Zustand der Bewegung geringer in allen den Schnitten, für welche $\omega < O$ bleibt, d. h. für diejenigen, welche geringeren Flächeninhalt haben als die freie Oberfläche der Flüssigkeit; dagegen ist er grösser als im Zustande des Gleichgewichts für diejenigen Schnitte, deren Flächen grösser als O sind.

Um das Volumen Flüssigkeit kennen zu lernen, welches nach Verlauf der Zeit t aus dem Gefässe herausgetreten ist, muss man $\Omega U dt$ zwischen 0 und t integriren; für dieses Volumen, welches V heissen möge, findet man leicht:

$$V = \frac{2m}{\frac{1}{\Omega^2} - \frac{1}{O^2}}\, l \left(\frac{e^{\frac{k\alpha t}{2m\Omega}} + e^{-\frac{k\alpha t}{2m\Omega}}}{2}\right).$$

Bei grossen t kann man die zweite Exponentialgrösse vernachlässigen, und wenn man für k seinen Werth $\sqrt{2g(l + \delta)}$ zurücksetzt, so ergiebt sich angenähert:

$$V = \frac{\sqrt{2g(l + \delta)}}{\sqrt{\frac{1}{\Omega^2} - \frac{1}{O^2}}}\, t - \frac{2m\, l2}{\frac{1}{\Omega^2} - \frac{1}{O^2}}.$$

Der erste Ausdruck ist das Volumen, welches herausgetreten sein würde, wenn die Geschwindigkeit von Anfang an gleich der Grenze

$$\frac{\sqrt{2g(l + \delta)}}{\sqrt{1 - \frac{\Omega^2}{O^2}}}$$

gewesen wäre.

14. Wir wollen jetzt zu dem Falle übergehen, wo die Flüssigkeit nicht wieder ersetzt wird, sondern das Niveau sich senkt und h also eine unbekannte Function von t ist. Die Gleichung a), b), c), d) finden immer statt, aber m und O sind jetzt bekannte Functionen von h, und l hängt von h ab vermittelst der Gleichung

$$h + l = a,$$

wo a den unveränderlichen Abstand der Oeffnung vom Anfangspunkte der x bezeichnet. Diesen Gleichungen muss man noch eine hinzufügen, welche ausdrückt, dass die während eines beliebigen Zeitintervalles dt ausgeflossene Flüssigkeit dem Volumen gleichkommt, das zwischen den beiden Niveau's enthalten ist, welche dem Anfange und dem Ende dieses Intervalles entsprechen; die Gleichung ist

$$e)\qquad \frac{dh}{dt} = \frac{\Omega U}{O}.$$

Die Gleichung d) wird, wenn man $a - h$ für l einsetzt,

$$f)\qquad g(a + \delta - h) = m\Omega \frac{dU}{dt} + \frac{\Omega^2 U^2}{2}\left(\frac{1}{\Omega^2} - \frac{1}{O^2}\right).$$

Man hat also das System der beiden simultanen Gleichungen e) und f) zu integriren.

Durch Elimination von dt aus beiden Gleichungen erhält man:

$$g(a + \delta - h) = \frac{m\Omega^2}{O} U \frac{dU}{dh} + \frac{\Omega^2 U^2}{2}\left(\frac{1}{\Omega^2} - \frac{1}{O^2}\right),$$

oder wenn man $U^2 = 2gz$ setzt,

$$\frac{dz}{dh} + \frac{O}{m}\left(\frac{1}{\Omega^2} - \frac{1}{O^2}\right) z + \frac{O}{m\Omega^2}(h - a - \delta) = 0,$$

eine Gleichung vom ersten Grade und erster Ordnung in Bezug auf z, die man in jedem Falle integriren kann, weil O und m bekannte Functionen von h sind.

Wenn z als Function von h bekannt ist, so kann man U und folglich aus Gleichung e) auch t erhalten, umgekehrt werden h und U bekannte Functionen von t sein. Der Werth von u wird durch die Gleichung b), und derjenige von p durch die Gleichung c) gegeben; die ausgeflossene Flüssigkeitsmenge bestimmt sich dadurch, dass man das Volumen berechnet, welches zwischen dem anfänglichen und variabeln Niveau enthalten ist, und die Dauer des ganzen Ausflusses findet sich, indem man in dem Werthe für t die Höhe $h = a$ setzt.

15. Ist Ω sehr klein im Vergleich zu den horizontalen Schnitten des Gefässes, so vereinfacht sich die Gleichung d). In der That kann man $\frac{\Omega}{O}$ und $m\Omega$ vernachlässigen (bei der Annahme eines variabeln sowohl als constanten Niveau's), wofern $\frac{dU}{dt}$ keinen beträchtlichen Werth hat, was im Anfange der Bewegung der Fall ist; man erhält somit

$$U^2 = 2g\,(l + \delta),$$

welche Gleichung zeigt, dass die Geschwindigkeit U die Grenze ist, welche wir für $t = \infty$ gefunden hatten. Bei derselben Annahme einer sehr kleinen Ausflussöffnung sind die Resultate beinahe dieselben, welches auch die Richtung ihrer Ebene sein mag.

Die wirklich beobachteten Geschwindigkeiten, womit z. B. Wasser aus sehr kleinen horizontalen Bodenöffnungen ausströmt, sind übrigens, hauptsächlich in Folge der Reibung des Wassers an den Gefässwänden, etwas geringer, als sie die theoretische Formel $U = \sqrt{2gl}$ giebt, obschon ziemlich genau proportional den Quadratwurzeln der Druckhöhen. Man erhält daher die wirkliche Geschwindigkeit, indem man die theoretisch bestimmte Geschwindigkeit mit einem durch Versuche ermittelten Coëfficienten, dem sogen. Geschwindigkeitscoëfficienten, multiplicirt, also

$$U = \beta \sqrt{2gl}$$

setzt; für Druckhöhen bis zu 2 Meter ist dieser Coëfficient β durchschnittlich $= 0{,}96$.

Ein zweiter Umstand, der bei Anwendungen der hydraulischen Grundformel berücksichtigt werden muss, ist die sogen. Contraction des Wasserstrahles. Innerhalb des Gefässes hört nämlich nahe vor der Mündung der Parallelismus der Schichten auf und die Wassertheilchen strömen seitwärts nach der Mündung; hierdurch und wohl auch noch durch andere Umstände entsteht eine Zusammenziehung des Strahles, welche an einer nicht weit hinter der Oeffnung (ausserhalb des Gefässes) befindlichen Stelle ihr Maximum erreicht. Dieser kleinste Querschnitt des Strahles wäre eigentlich an die Stelle des Mündungsquerschnittes zu setzen, man hat daher den letzteren mit einem gewissen ächten Bruche α zu multipliciren, welcher das Verhältniss beider Querschnitte angiebt und der Contractionscoëfficient heisst. Bezeichnet Ω den Querschnitt der Mündung und U die theoretische Ausflussgeschwindigkeit, von welcher vorausgesetzt werden möge, dass sie während der Zeiteinheit constant bleibe, so ist die innerhalb dieser Zeit ausgeflossene Wassermenge theoretisch $= \Omega U$, effectiv aber $= \alpha\Omega \,.\, \beta U$. Die beiden Coëfficienten α und β lassen sich hier zu einem einzigen Factor, dem sogen. Ausflusscoëfficienten μ zusammenziehen und daher ist die effectiv ausgeflossene Wassermenge $= \mu\Omega U = \mu\Omega \sqrt{2gl}$. Der Coëfficient μ hängt von vielerlei Umständen ab, die wir hier nicht erörtern können; als Mittelwerth desselben für horizontale Oeffnungen in einem Gefässboden von geringer Dicke hat man 0,62 gefunden *).

Permanente Bewegung einer Flüssigkeit.

16. Erhält man das Niveau einer Flüssigkeit auf einer constanten Höhe, so tritt nach Verlauf einer gewissen Zeit ein permanenter Zustand ein, bei welchem alle Umstände in einem und demselben Punkte dieselben bleiben und sich nur von einem Punkte zum andern ändern; dann ist die Geschwindigkeit in einem beliebigen Punkte der Flüssigkeit der Richtung und Grösse nach constant, und folglich werden zwei Molecüle, welche in verschiedenen Zeitpunkten eine und dieselbe Lage eingenommen haben, dieselbe Curve und in identischer Weise beschreiben.

Nimmt man die Achse der x in dem Sinne der Schwere, so gelten dem d'Alembert'schen Princip zufolge die Gleichungen

$$\frac{\partial p}{\partial x} = \varrho\,(g - u'),\ \frac{\partial p}{\partial y} = -\,\varrho v',\ \frac{\partial p}{\partial z} = -\,\varrho w',$$

und zwar sind hier u', v', w' die, in Beziehung auf die Zeit genommenen Differentialquotienten der Seitengeschwindigkeiten eines beliebigen Punktes xyz. Bezeichnen wir mit dx, dy, dz die Incremente, welche die Coordinaten des in diesem Punkte liegenden Molecüls nach der Zeit dt angenommen haben, multipliciren die vorigen Gleichungen mit dx, dy, dz und addiren sie, so erhalten wir die neue Beziehung

---

*) Vergl. Weisbach, Ingenieur- und Maschinen-Mechanik, Bd. 1, sowie dessen Hydraulische Versuche; ferner: Rühlmann, Hydromechanik, 3. Abth.

$$dp = g\varrho dx - \varrho\,(u'dx + v'dy + w'dz),$$

oder wenn man mit V die Geschwindigkeit dieses Molecüls in irgend einem Punkte seiner Trajectorie bezeichnet,

$$dp = g\varrho dx - \frac{\varrho}{2}\,d(V^2);$$

durch Integration zwischen zwei beliebigen Punkten dieser Trajectorie, welche den Abscissen x_0, x entsprechen, folgt weiter

$$a) \qquad p - p_0 = g\varrho\,(x - x_0) - \frac{\varrho}{2}\,(V^2 - V_0^2),$$

wo p_0, V_0 die Werthe von p und V in dem ersten dieser beiden Punkte bezeichnen. Diese Gleichung führt zu einem merkwürdigen Resultate, welches wir schon bei der Discussion der vorigen Aufgabe unter specielleren Voraussetzungen erhielten. Nehmen wir an, dass die freie Oberfläche der Flüssigkeit eben und in allen ihren Punkten einem gleichen und constanten Drucke P unterworfen sei, zählen wir ferner die x von dieser Ebene an, und nehmen in der Gleichung a)

$$x_0 = 0,\; p_0 = P,$$

so dass der erste der beiden Punkte auf der Trajectorie in der oberen Fläche der Flüssigkeit liegt, so erhalten wir

$$p - P = g\varrho x - \frac{\varrho}{2}\,(V^2 - V_0^2).$$

Bei einer sehr kleinen Bodenöffnung, welche um die Entfernung h von dem oberen Niveau absteht, kann man annehmen, dass in der ganzen Ausdehnung dieser Oeffnung die Geschwindigkeit aller Punkte dieselbe ist, so dass es für $x = h$ nur einen einzigen Werth für V giebt. Nimmt man ferner den äusseren Druck um die Grösse $g\varrho\delta$ geringer als an dem oberen Theile, so geht die vorige Gleichung für $x = h$ in folgende über

$$-g\varrho\delta = g\varrho h - \frac{\varrho}{2}\,(V^2 - V_0^2),$$

oder

$$V^2 - V_0^2 = 2g\,(h + \delta).$$

Bezeichnet k das Verhältniss des Flächeninhalts der Ausflussöffnung zu dem Flächeninhalte des Wasserspiegels, so erhält man

$$V_0 = kV \text{ folglich } V^2\,(1 - k^2) = 2g\,(h + \delta),$$

woraus

$$V = \sqrt{\frac{2g\,(h+\delta)}{1-k^2}};$$

bei sehr kleinem k darf man k^2 vernachlässigen und es wird dann

$$V = \sqrt{2g\,(h+\delta)};$$

ist ferner der Druck an dem oberen Theile der Flüssigkeit fast derselbe wie an der Ausflussöffnung, so kann man δ vernachlässigen und erhält

$$V = \sqrt{2gh}.$$

Man kommt somit auf die schon oben erhaltenen Resultate zurück.

Anwendungen der vorigen Formeln.

17. Will man die Flüssigkeitsmenge bestimmen, welche bei constantem Niveau und im Beharrungszustande während der Zeiteinheit aus einer verticalen Wandöffnung ausströmt, so hat man zu berücksichtigen, dass die oberen Theile des Strahles unter einer geringeren Druckhöhe stehen als die tiefer liegenden und daher eine kleinere Geschwindigkeit besitzen. Um diess genauer zu erörtern betrachten wir AB in Fig. 15. als das Niveau der Flüssigkeit, $ABDC$ als eine verticale Gefässwand, in welcher sich die beliebig gestaltete Oeffnung PN_0QN_1 befindet. Die Curve PN_0QN_1 beziehen wir auf ein ebenes rechtwinkliges Coordinatensystem, dessen y-Achse in das Niveau fällt und dessen z-Achse vertical abwärts gerichtet ist; die Abscisse OM sei $= z$, die ihr entsprechenden Ordinaten mögen $MN_0 = y_0$ und $MN_1 = y_1$ heissen, endlich bezeichne $OM_0 = h_0$ das kleinste, $OM_1 = h_1$ das grösste der vorkommenden z. Alle Punkte der horizontalen Geraden N_0N_1 stehen unter der gleichen Druckhöhe z, welcher die theoretische Geschwindigkeit $\sqrt{2gz}$ entspricht; denken wir uns daher ein Rechteck construirt, dessen obere horizontale Seite $N_0N_1 = y_1 - y_0$ und dessen Höhe unendlich klein $= dz$ ist,

(Fig. 15.)

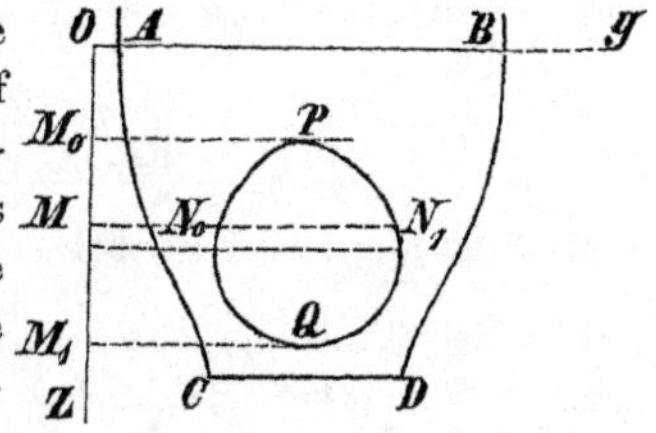

so strömt durch dieses Flächenelement in jeder Zeiteinheit die Flüssigkeitsmenge

$$\mu\,(y_1 - y_0)\,dz\sqrt{2gz}.$$

Die Summe aller analogen, von $z = h_0$ bis $z = h_1$ genommenen Flüssigkeitsmengen giebt das gesammte ausgeströmte Quantum, nämlich das Volumen

$$1)\qquad M = \mu\sqrt{2g}\int_{h_0}^{h_1}(y_1 - y_0)\sqrt{z}\,dz.$$

Hiernach ist z. B. für eine rechteckförmige Oeffnung von der Breite $y_1 - y_0 = b$

$$2)\qquad M = \tfrac{2}{3}\,\mu\sqrt{2g}\,.\,b\left(h_1^{\frac{3}{2}} - h_0^{\frac{3}{2}}\right),$$

oder wenn die Oeffnungshöhe $h_1 - h_0$ mit c, und die mittlere Druckhöhe $\frac{1}{2}(h_1 + h_0)$ mit h bezeichnet wird,

$$M = \tfrac{2}{3}\mu\sqrt{2g}\,.\,b\left[(h + \tfrac{1}{2}c)^{\frac{3}{2}} - (h - \tfrac{1}{2}c)^{\frac{3}{2}}\right].$$

Durch Reihenentwickelung erhält man leicht

$$M = \mu\,bc\sqrt{2gh}\left[1 - \frac{1}{96}\left(\frac{c}{h}\right)^2 - \frac{1}{2048}\left(\frac{c}{h}\right)^4 - \ldots\right]$$

und näherungsweis, wenn $\frac{c}{h}$ ein kleiner Bruch ist

$$3)\qquad M = \mu\,bc\sqrt{2gh}.$$

Man sieht hieraus, dass bei kleinen $\frac{c}{h}$ die ausgeströmte Wassermenge fast ebenso berechnet werden kann, als wenn sich die Oeffnung im Boden befände, und der Wasserstand gleich der mittleren Druckhöhe wäre. In der Praxis macht man von diesem Satze häufig Gebrauch.

Wir betrachten als zweites Beispiel eine elliptische Seitenöffnung. Die Halbachsen der Ellipse mögen $b \parallel OY$ und $c \parallel OZ$ sein; die Druckhöhe über dem Mittelpunkte der Ellipse bezeichnen wir mit h und legen die Achse der z durch das Ellipsencentrum. Wir erhalten jetzt

$$M = \mu \sqrt{2g} \int_{h-c}^{h+c} 2b \sqrt{1 - \left(\frac{z-h}{c}\right)^2} \sqrt{z}\, dz$$

und durch Einführung der neuen Variabeln φ mittelst der Substitution $z = h - c \cos\varphi$,

$$M = 2\mu \sqrt{2g}\, bc \int_0^{\pi} \sin^2\varphi \sqrt{h - c\cos\varphi}\, d\varphi.$$

Das vorstehende elliptische Integral ist leicht in eine unendliche Reihe zu verwandeln, sobald h mehr als c beträgt; man hat zunächst

$$\sqrt{h - c\cos\varphi} = \sqrt{h}\left(1 - \frac{c}{h}\cos\varphi\right)^{\frac{1}{2}}$$

$$= \sqrt{h}\left\{1 - \frac{1}{2}\frac{c\cos\varphi}{h} - \frac{1}{8}\frac{c^2\cos^2\varphi}{h^2} - \frac{1}{16}\frac{c^3\cos^3\varphi}{h^3} - \dots\right\},$$

und wenn man bemerkt, dass

$$\int_0^{\pi} \sin^2\varphi \cos^{2n-1}\varphi\, d\varphi = 0,$$

$$\int_0^{\pi} \sin^2\varphi \cos^{2n}\varphi\, d\varphi = 2\int_0^{\frac{1}{2}\pi} (1 - \cos^2\varphi) \cos^{2n}\varphi\, d\varphi$$

$$= \frac{1.3.5\dots(2n-1)}{2.4.6\dots\ (2n)}\pi - \frac{1.3.5\dots(2n+1)}{2.4.6\dots(2n+2)}\pi = \frac{1.3.5\dots(2n-1)}{2.4.6\dots(2n+2)}\pi,$$

so gelangt man sofort zu der Formel

$$4) \quad M = \mu\pi bc\sqrt{2gh}\left\{1 - \frac{1}{32}\left(\frac{c}{h}\right)^2 - \frac{5}{1024}\left(\frac{c}{h}\right)^4 - \dots\right\}.$$

Bei kleinen $\frac{c}{h}$ gilt hier derselbe Satz wie vorhin, wenn man auf die geometrische Bedeutung von πbc Rücksicht nimmt.

Ueberhaupt lässt sich die Formel 1) auf folgende Weise durch eine Näherungsformel ersetzen. Es ist identisch

$$\sqrt{z} = \sqrt{h_0\left(1 + \frac{z - h_0}{h_0}\right)},$$

und hierbei liegt der Bruch $\frac{z - h_0}{h_0}$ zwischen den Grenzen

$$\frac{h_1 - h_0}{h_0} \text{ und } \frac{h_0 - h_0}{h_0} = 0;$$

beträgt nun $h_1 - h_0$, d. h. die Höhe der Mündung, bedeutend weniger als die kleinste Druckhöhe h_0, wie es beim Abflusse durch Röhren etc. meistens der Fall ist, so hat der Bruch $\frac{z - h_0}{h_0}$ immer nur einen sehr kleinen Werth und es darf daher näherungsweis

$$5) \qquad \sqrt{z} = \sqrt{h_0}\left(1 + \frac{1}{2}\frac{z - h_0}{h_0}\right) = \sqrt{h_0} + \frac{1}{2}\frac{z - h_0}{\sqrt{h_0}}$$

gesetzt werden; diess giebt

$$M = \mu \sqrt{2g} \int_{h_0}^{h_1} (y_1 - y_0) \left(\sqrt{h_0} + \frac{1}{2}\frac{z - h_0}{\sqrt{h_0}}\right) dz.$$

Bei der Integration der einzelnen Theile kommt man auf die zwei Integrale

$$\int_{h_0}^{h_1} (y_1 - y_0)\, dz \text{ und } \int_{h_0}^{h_1} (y_1 - y_0)\, z\, dz;$$

das erste bedeutet geometrisch die Fläche Ω der Ausströmungsöffnung; das zweite ist die Summe der statischen Momente aller Flächenelemente $(y_1 - y_0)\, dz$, bezogen auf die Achse der y, mithin gleich dem Producte Ωh, wenn h das z des Schwerpunktes der ganzen Fläche Ω bezeichnet. Nach diesen Bemerkungen ergiebt sich

$$M = \mu \sqrt{2g}\, \Omega \left(\sqrt{h_0} + \frac{1}{2}\frac{h - h_0}{\sqrt{h_0}}\right)$$

d. i. nach Formel 5), wenn man darin h für z schreibt,

$$M = \mu \Omega \sqrt{2gh}.$$

Diese Gleichung zeigt, dass bei kleinen Seitenöffnungen und nicht zu geringen Druckhöhen die ausgeströmte Flüssigkeitsmenge nahezu dieselbe ist, als wenn sich die Oeffnung im Boden befände und die Druckhöhe darüber gleich wäre der Entfernung des Niveau's vom Schwerpunkte der seitlichen Oeffnung.

18. Wir betrachten noch den Ausfluss aus einem Gefässe, welches von oben her einen constanten Zufluss erhält. (Fig. 16.)

Zu Anfange der Zeitzählung sei der Wasserstand $OC = h$, am Ende der Zeit t sei er $ON = z$ und zwar grösser oder kleiner als h, je nach dem der Zufluss mehr beträgt als der Abfluss oder weniger; ferner bedeute Ω die Fläche des, in der Höhe z genommenen Gefässquerschnittes, ω die Fläche der Bodenöffnung, endlich Q das Flüssigkeitsvolumen, welches dem Gefässe in jeder Zeiteinheit zugeführt wird.

(Fig. 16.)

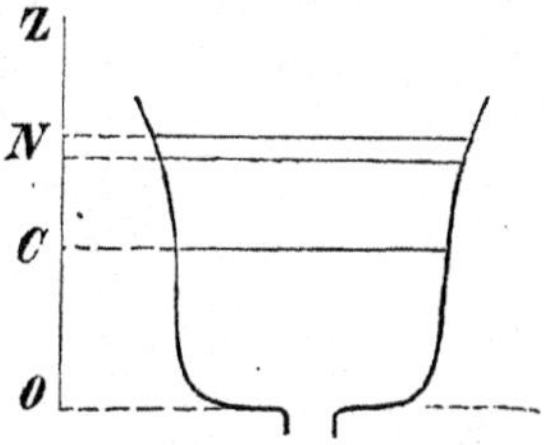

Während der Zeit dt gewinnt das Gefäss durch Zufluss das Flüssigkeitsquantum dt und verliert durch Abfluss das Quantum

$$\mu\omega\sqrt{\frac{2gz}{1-\left(\frac{\omega}{\Omega}\right)^2}}\,dt,$$

wobei die Druckhöhe z während der Zeit dt als constant betrachtet werden darf; der wirkliche Zuwachs beträgt daher nur

$$\left[Q-\mu\omega\sqrt{\frac{2gz}{1-\left(\frac{\omega}{\Omega}\right)^2}}\right]dt.$$

Um das gleiche Volumen muss der Wasserspiegel im Gefässe gestiegen, also der vorstehende Ausdruck $= \Omega\, dz$ sein; man hat daher die Differentialgleichung

$$1)\qquad \left[Q-\mu\omega\sqrt{\frac{2gz}{1-\left(\frac{\omega}{\Omega}\right)^2}}\right]dt = \Omega dz.$$

Diese Betrachtung setzt voraus, dass der Wasserspiegel steigt, aber auch im entgegengesetzten Falle gelangt man zu derselben Gleichung. Die Abnahme durch Ausfluss wird dann vermindert durch den Zufluss, so dass der wirkliche Verlust beträgt

$$\left[\mu\omega\sqrt{\frac{2gz}{1-\left(\frac{\omega}{\Omega}\right)^2}}-Q\right]dt;$$

um das gleiche Volumen muss sich der Wasserspiegel gesenkt haben, also der vorstehende Ausdruck $= \Omega\, d(h-z) = -\Omega\, dz$ sein, was auf eine beiderseitige Aenderung der Vorzeichen in No. 1) hinauskommt.

Sondert man die Variabeln und integrirt mit der Bemerkung, dass dem Werthe $t=0$ der Werth $z=h$ entspricht, so erhält man aus No. 1)

$$2)\qquad t = \int_h^z \frac{\Omega\, dz}{Q - \mu\omega\sqrt{\dfrac{2gz}{1-\left(\dfrac{\omega}{\Omega}\right)^2}}},$$

wofür man bei sinkendem Wasserspiegel schreiben würde

$$3)\qquad t = \int_z^h \frac{\Omega\, dz}{\mu\omega\sqrt{\dfrac{2gz}{1-\left(\dfrac{\omega}{\Omega}\right)^2}} - Q}.$$

Im Allgemeinen ist Ω von z abhängig und daher die Integration meistens nicht ohne Hülfe unendlicher Reihen ausführbar; nur bei einem prismatischen Gefässe wird die Sache einfach. Setzt man zur Abkürzung

$$\frac{Q}{\mu\omega\sqrt{\dfrac{2g}{1-\left(\dfrac{\omega}{\Omega}\right)^2}}} = \varkappa,$$

so ergiebt sich aus No. 2)

$$t = \frac{\varkappa\Omega}{Q}\int_h^z \frac{dz}{\varkappa - \sqrt{z}}$$

und nach Ausführung der Integration

$$4)\qquad t = \frac{2\varkappa\Omega}{Q}\left[\varkappa\, l\left(\frac{\varkappa-\sqrt{h}}{\varkappa-\sqrt{z}}\right) - (\sqrt{z}-\sqrt{h})\right];$$

bei sinkendem Wasserspiegel dagegen ist

$$5)\qquad t = \frac{2\varkappa\Omega}{Q}\left[\sqrt{h} - \sqrt{z} + \varkappa\, l\left(\frac{\sqrt{h}-\varkappa}{\sqrt{z}-\varkappa}\right)\right].$$

Die erste Formel setzt $\varkappa > \sqrt{h}$ voraus, was in der That die Bedingung dafür ist, dass gleich zu Anfang der Zufluss den Abfluss übersteigt; lässt man z von h an wachsen, so wird die Differenz $\varkappa - \sqrt{z}$ immer kleiner und t immer grösser, bis endlich für $z = \varkappa^2$ das zugehörige $t = \infty$ wird. Das Niveau nähert sich also durch fortwährendes Steigen der Grenze

$$\frac{Q^2}{\mu^2\omega^2\left(\frac{2g}{1-\frac{\omega^2}{\Omega^2}}\right)}.$$

Für den zweiten Fall gilt eine ähnliche Bemerkung; hier ist $\sqrt{h} > \varkappa$, folglich auch anfangs $\sqrt{z} > \varkappa$, nachher wird z immer kleiner, bis $z = \varkappa^2$ und damit $t = \infty$ geworden ist. Der Grenzwerth von z wird jetzt durch den nämlichen Ausdruck dargestellt, nur mit dem Unterschiede, dass er weniger als h beträgt.

Soll zu einem gegebenen t das entsprechende z bestimmt werden, so setzt man in No. 4) $\varkappa - \sqrt{z} = x$ und hat dann eine transcendente Gleichung von der Form

$$x - \varkappa l x = s$$

aufzulösen, wo s eine bekannte Grösse ist; nachher ergiebt sich

$$z = (\varkappa - x)^2.$$

Für die Gleichung 5) verhält sich die Sache ganz ähnlich.

Weitere Beispiele der Art muss man in speciellen Werken über Hydraulik suchen, namentlich in den obengenannten Schriften von Weisbach und Rühlmann.

Ausfluss einer elastischen Flüssigkeit.

19. Unter Zulassung der Hypothese des Parallelismus der Schichten wird die vorliegende Aufgabe der früheren sehr ähnlich, dabei sehen wir von der Schwere ab, weil sie keinen merklichen Einfluss auf den Druck hat.

Die Gleichung a), No. 12, reducirt sich auf nachstehende

$$\frac{\partial p}{\partial x} + \varrho\frac{\partial u}{\partial t} + \varrho u\frac{\partial u}{\partial x} = 0.$$

Um die Bedingung der Continuität zu erhalten, betrachtet man zwei horizontale Schnitte, welche den Werthen x und $x + dx$ entsprechen, und bestimmt die Masse der Flüssigkeit, welche während der Zeit dt durch die obere Fläche eintritt, ebenso diejenige, welche während derselben Zeit durch die untere Fläche austritt; der Ueberschuss der ersten über die zweite, dividirt durch das Volumen ωdx, giebt den, partiell in Beziehung auf die Zeit genommenen Zuwachs der Dichtigkeit; man findet so

$$\omega \frac{\partial \varrho}{\partial t} + \frac{\partial (\varrho \omega u)}{\partial x} = 0.$$

Bei constanter Temperatur ist endlich

$$p = k\varrho,$$

wo k eine gegebene Constante bezeichnet. Diese drei Gleichungen bestimmen p, ϱ und u als Functionen von t und x.

Durch Elimination von ϱ erhält man

$$\frac{k}{p}\frac{\partial p}{\partial x} + \frac{\partial u}{\partial t} + u\frac{\partial u}{\partial x} = 0, \quad \omega \frac{\partial p}{\partial t} + \frac{\partial (p\omega u)}{\partial x} = 0.$$

Diese partiellen Differentialgleichungen sind nicht in endlicher Form integrirbar; gleichwohl ist es von Werth, die Ausflussgeschwindigkeit für die Zeit kennen zu lernen, wo der Druck und die Geschwindigkeit in jedem Punkte constant geworden sind; dieser Zustand tritt sehr schnell ein, wenn man voraussetzt, dass das Gefäss mit einem Behälter communicirt, welcher das Gas ersetzt und an dem oberen Theile einen constanten Druck erhält. Für diesen Fall ist $\frac{\partial u}{\partial t} = 0$, $\frac{\partial p}{\partial t} = 0$, und die vorigen Gleichungen werden

$$\frac{k}{p}\frac{dp}{dx} + u\frac{du}{dx} = 0, \quad \frac{d(p\omega u)}{dx} = 0.$$

Die Integrale dieser beiden Gleichungen sind

$$p\omega u = c, \quad k\,lp + \frac{u^2}{2} = c',$$

wo c und c' willkürliche Constanten bezeichnen. Sind ferner P, U, O der Druck, die Geschwindigkeit und die Fläche des Schnittes, welche sich auf den oberen Theil des Gefässes beziehen, P', U', O' die Werthe derselben Grössen an der Oeffnung, so hat man die Beziehungen

$$PUO = c, \ 2k\,l P + U^2 = 2c'$$
$$P'U'O' = c, \ 2k\,l P' + U'^2 = 2c'.$$

Diese vier Gleichungen bestimmen die Constanten c, c', so wie die Geschwindigkeiten der Flüssigkeiten an der Oeffnung und an der oberen Fläche. Durch Elimination von c und c' erhält man

$$U' = \frac{PO}{P'O'}\,U, \ U'^2 = U^2 + 2k\,l\left(\frac{P}{P'}\right);$$

und durch Elimination von U'

$$U = \frac{\sqrt{2k\,l\left(\frac{P}{P'}\right)}}{\sqrt{\frac{P^2\,O^2}{P'^2\,O'^2} - 1}}.$$

Wenn die Oeffnung O' kleiner als O, und der Druck P' kleiner als P ist, ohne welche Bedingungen kein Ausfluss stattfindet, so sind die beiden Theile des Bruches unter dem Wurzelzeichen positiv, und U wird nothwendig reell. Der Werth von U' ergiebt sich leicht aus dem von U, nämlich

$$U' = \frac{\sqrt{2k\,l\left(\frac{P}{P'}\right)}}{\sqrt{1 - \frac{P'^2\,O'^2}{P^2 O^2}}}.$$

Daraus lassen sich die Werthe von c und c' leicht ableiten, und damit sind die Werthe von p und u als Functionen von ω und folglich von x bestimmt.

Für sehr kleine $\frac{O'}{O}$ wird auch U sehr klein und

$$U' = \sqrt{2k\,l\left(\frac{P}{P'}\right)}.$$

Diess ist die Ausflussgeschwindigkeit des Gases, wenn die Druckkräfte P, P' an dem oberen Theile und an der Oeffnung constant sind.

Bemerkungen über den Widerstand der Flüssigkeiten.

20. Wenn ein fester Körper sich in einer Flüssigkeit bewegt, so erfährt er einen Widerstand, der von seiner Gestalt, seiner Ge-

schwindigkeit und der Natur der Flüssigkeit abhängt. Der Druck, welcher auf die verschiedenen Punkte seiner Oberfläche ausgeübt wird, ist sehr verschieden von demjenigen, welcher im Zustande des Gleichgewichts stattfinden würde, und die Analysis hat noch nicht mit Erfolg auf die Bestimmung desselben angewendet werden können. Selbst die Versuche haben noch keine allgemeinen empirischen Gesetze geliefert, die auf Körper von beliebiger Gestalt angewendet werden könnten. Indessen hat man in Bezug auf den Widerstand bewegter Flüssigkeiten gegen Ebenen, die sich parallel mit sich selbst bewegen, hinlänglich allgemeine Resultate erhalten. Diese Ergebnisse und die Versuche, aus denen man dieselben abgeleitet hat, gehören in die Maschinenlehre und wir wollen uns hier nicht damit beschäftigen, sondern uns auf einen Fall beschränken, der analytisch behandelt werden kann, und welcher den Druck trifft, der von einem Flüssigkeitsstrome auf eine Ebene ausgeübt wird.

21. Druck eines fliessenden Stromes auf eine Ebene. Wir denken uns eine Flüssigkeit, deren Dichtigkeit ϱ ist, durch eine Oeffnung von der Fläche ω fliessend; die Geschwindigkeiten aller durch die Oeffnung gehenden Molecüle mögen gleich, parallel und unabhängig von der Zeit sein, auch wollen wir von der Schwere absehen, um nur die Wirkung zu betrachten, welche die Geschwindigkeit der Flüssigkeit ausübt. Die Bewegung dieses Wasserstrahls wird durch eine Ebene modificirt, welche entweder fest ist oder sich parallel mit sich selbst bewegt; auch wollen wir voraussetzen, dass die Flüssigkeit längs der Ebene abfliesse, und dass diese gross genug sei, damit alle Molecüle, bevor sie dieselbe verlassen, Geschwindigkeiten angenommen haben, welche dieser Ebene parallel sind. Man verlangt die Kraft zu wissen, die nothwendig ist, um die Ebene in der Ruhelage oder in einem gegebenen Zustande gleichförmiger Bewegung zu erhalten.

Zuerst betrachten wir den Fall, wenn die Ebene in Ruhe ist und senkrecht auf der Richtung des Wasserstrahls steht, und, um uns das System bewegter Punkte bequemer vorzustellen, nehmen wir an, dass der Wasserstrahl unendlich lang sei und eine constante Geschwindigkeit v besitze. Die Molecüle der Flüssigkeit bilden sowohl vor als nach dem Zusammenstosse mit der Ebene ein System von freien Punkten, welche ihren gegenseitigen Wirkungen und normalen Kräften unterworfen sind, die auf einen Theil von ihnen durch die Ebene ausgeübt werden. Vermöge der allgemeinen Principe der Bewegung ist nun, wenn man die Achse der positiven x im Sinne der Bewegung der Flüssigkeit nimmt,

$$\Sigma X\, d\lambda = \Sigma m \frac{d^2x}{dt^2}, \quad \Sigma m \frac{d^2y}{dt^2} = 0, \quad \Sigma m \frac{d^2z}{dt^2} = 0,$$

wo man mit X die Kraft bezeichnet, welche durch das Flächenelement $d\lambda$ der Ebene hervorgebracht wird, und welche dem Drucke, den die Flüssigkeit auf sie ausübt, gleich und entgegengesetzt ist. Bezeichnet man mit R die Summe aller dieser elementaren Druckkräfte, oder den Gesammtwiderstand der Ebene, so ist ferner

$$R = \Sigma m \frac{d^2x}{dt^2}.$$

Unter der Voraussetzung, dass sich Alles im Beharrungszustande befindet, integriren wir beide Seiten dieser Gleichung nach der Zeit und zwar zwischen zwei Epochen, welche um die Einheit der Zeit von einander entfernt sind. Wir erhalten auf diese Weise

$$R = \Sigma m \frac{dx}{dt} - \Sigma m \left(\frac{dx}{dt}\right)_0.$$

Die rechte Seite dieser Gleichung giebt den Unterschied zwischen den senkrecht auf der Ebene stehenden Componenten der Bewegungsquantitäten der Flüssigkeit in diesen beiden Zeitpunkten; da nun alle Punkte, deren senkrecht gegen die Ebene gerichteten Geschwindigkeiten veränderlich sind, in jedem Augenblicke ein identisches System bilden, so folgt, dass der Werth des zweiten Theils nichts Anderes ist, als der Unterschied zwischen den Componenten der Bewegungsquantitäten desjenigen Theils der Flüssigkeit, welcher die Ebene verlassen hat, und desjenigen, um welchen der unbegrenzte Strahl vermindert ist. Nun verschwindet die erste Grösse, weil die Flüssigkeit die Ebene mit einer Geschwindigkeit verlässt, deren normal gegen die Ebene gerichtete Componente der Null gleich ist, es bleibt also nur die zweite Grösse übrig, deren Werth das Product aus der in der Zeiteinheit abgeflossenen Flüssigkeitsmenge, oder aus $\varrho\omega v$ in die Geschwindigkeit v, also $= \varrho\omega v^2$ ist. Demnach wird die vorige Gleichung

$$R = -\varrho\omega v^2.$$

Der gleiche und entgegengesetzte Druck, welchen die Ebene erfährt, ist daher $= \varrho\omega v^2$.

22. Wir nehmen jetzt an, dass die Ebene parallel mit sich selbst fortbewegt werde, und dass sie in jedem Punkte nur normale Kräfte erzeuge; wir brauchen dann die Componente ihrer Geschwindigkeit in der Richtung der Ebene selbst nicht zu beachten, und können uns auf die Betrachtung der normalen Geschwindigkeit u beschränken, welche als positiv oder negativ gilt, jenachdem sie mit v dieselbe oder die entgegengesetzte Richtung hat. Man ändert aber nichts an den Druckkräften, wenn man allen Punkten des Systems eine gemeinschaftliche Bewegung mittheilt, und folglich kann man die Ebene als ruhend betrachten, was auf den vorigen Fall führt. Zu diesem Zwecke braucht man nur $-u$ zur Geschwindigkeit eines jeden Punktes hinzuzufügen, und man hat denselben Fall, als wenn die Geschwindigkeit der Flüssigkeit in der Oeffnung $v-u$ wäre, während die Ebene in Ruhe bliebe; der Widerstand gegen die Ebene ist daher $= \varrho\omega\,(v-u)^2$.

23. Wir setzen endlich voraus, dass die Ebene mit der Richtung des Strahls einen beliebigen Winkel ϑ bilde und parallel mit sich selbst fortrücke. Ihre Geschwindigkeit zerlegen wir in zwei Seitengeschwindigkeiten, deren eine in die Richtung der Ebene fällt und nicht zu berücksichtigen ist, und deren andere parallel zur Richtung des Strahls liegt. Letztere wollen wir mit u bezeichnen und dem ganzen Systeme eine gleiche und entgegengesetzte Geschwindigkeit ertheilen; die Ebene gilt dann als unbeweglich und die Geschwindigkeit der Flüssigkeit ist auf $v-u$ zurückgeführt.

Nehmen wir jetzt die Achse der x senkrecht zu der festen Ebene, so haben wir immer die Gleichung

$$\Sigma X' d\lambda = \Sigma m \frac{dx}{dt} - \Sigma m \frac{dx_0}{dt}$$

und sobald der Zustand der Flüssigkeit permanent geworden ist, reducirt sich die rechte Seite wieder auf die während der Zeiteinheit abgeflossene Masse oder $\varrho\omega\,(v-u)$, multiplicirt in die normale Componente der Geschwindigkeit $v-u$, d. h. in $(v-u)\sin\vartheta$. Der gegen die bewegte Ebene ausgeübte Druck ist also $\varrho\omega(v-u)^2 \sin\vartheta$. Man kann diesem Ausdrucke eine andre Form ertheilen, wenn man mit a die Geschwindigkeit der Ebene in der Richtung der Normalen bezeichnet; es ist dann $u = \frac{a}{\sin\vartheta}$, und der Druck

$$= \varrho\omega\,\frac{(v\,sin\,\vartheta - a)^2}{sin\,\vartheta}.$$

Befindet sich die Ebene in Ruhe, so wird $a = 0$, und der Druck reducirt sich auf $\varrho\omega v^2\,sin\,\vartheta$.

Durch Betrachtungen andrer Art ist Coriolis zu denselben Formeln gelangt in seiner Abhandlung: *sur le principe des forces vives dans les mouvements relatifs des machines (Journal de l'Ecole Polytechnique XXI. Heft).*

Zweites Capitel.

Die Schwingungen elastischer Körper.

Die Grundgleichungen der Luftschwingungen.

24. Wenn alle Punkte einer Flüsssigkeit nur sehr kleine Bewegungen haben, so reduciren sich die allgemeinen Gleichungen bedeutend und führen zu einigen einfachen Gesetzen, welche wir entwickeln wollen. Wir setzen dabei voraus, dass der Ausdruck $udx + vdy + wdz$ in jedem Augenblick das Differential einer Function φ von x, y, z, t, nach den Variabeln x, y, z allein genommen, bilde, wozu nur erfordert wird, dass die bekannten Componenten u, v, w der Geschwindigkeit eines beliebigen Punktes anfänglich die partiell nach x, y, z genommenen Differentialquotienten einer und derselben Function dieser drei, als unabhängig betrachteten Variabeln bilden, wie es z. B. der Fall ist, wenn die anfänglichen Geschwindigkeiten Null sind. Wir werden also in den folgenden Untersuchungen von der Gleichung 6) in Nr. 7 Gebrauch machen, und erwähnen zunächst die Vereinfachungen, welche aus der Annahme folgen, dass die Bewegungen sehr klein bleiben.

Die Dichtigkeit des Gases in seinem natürlichen Zustande des Gleichgewichts, wenn die Dichtigkeit des Quecksilbers zur Einheit genommen wird, heisse D, p_0 die elastische Kraft des Gases, h die Höhe des Quecksilbers, welche sie misst, und g die Schwerkraft; es ist dann

$$p_0 = gh.$$

Zwischen der variabelen Dichtigkeit ϱ des Gases, zwischen seiner positiven oder negativen Verdichtung γ und seiner elastischen Kraft p findet die Beziehung

$$\varrho = D(1 + \gamma)$$

statt, und wenn wir die Temperatur gleich der des Anfangszustandes nehmen, so ist noch

$$p = gh(1 + \gamma).$$

Aber die Verdichtung entwickelt eine gewisse Wärmemenge, welche ihr solange proportional bleibt als sie nur sehr gering ist, wie wir hier voraussetzen wollen. Diese Wärme hat keine Zeit sich zu vertheilen, sobald die Abwechselungen der Ausdehnung und Verdichtung schnell auf einander folgen, wie es bei den hier zu behandelnden Fragen der Fall sein wird; die Wirkung der Wärme besteht also darin, dass sie die Temperatur der Punkte, in denen sie entwickelt wird, um eine Grösse erhöhet, welche dasselbe Vorzeichen mit der Verdichtung hat und der Grösse dieser letzteren proportional ist. Hätte dagegen die Wärme Zeit, sich in dem Mittel zu vertheilen, so würde man sie nicht in Rechnung bringen. Wir bezeichnen nun mit ϑ die positive oder negative Anzahl von Centesimalgraden, um welche die anfängliche Temperatur v des Gases in Folge der Verdichtung γ steigt, mit c und c' die specifischen Wärmen des Gases bei constantem Drucke und constantem Volumen, mit α den Ausdehnungscoëfficienten dieses Gases, und erinnern an das physikalische Gesetz, dass diese Grössen in folgender Beziehung zu einander stehen:

$$\alpha\vartheta = \gamma\left(\frac{c}{c'} - 1\right).$$

Man hat ferner die Proportion

$$p : p_0 = D(1 + \gamma)\,[1 + \alpha\,(v + \vartheta)] : D\,(1 + \alpha v);$$

setzt man jetzt gh für p_0, berücksichtigt nur die erste Potenz von α und vernachlässigt das Product der sehr kleinen Grössen γ, ϑ, so erhält man

$$p = gh\,(1 + \gamma + \alpha\vartheta),$$

oder, wenn man für $\alpha\vartheta$ seinen Werth als Function von γ substituirt,

$$p = gh\left(1 + \gamma\,\frac{c}{c'}\right),$$

woraus

$$\frac{dp}{\varrho} = \frac{ghc}{Dc'}\cdot\frac{d\gamma}{1+\gamma}.$$

Die erwähnte Gleichung 6) giebt jetzt

$$\frac{ghc}{Dc'}\,l(1 + \gamma) = -\,\frac{\partial\varphi}{\partial t} - \tfrac{1}{2}\left[\left(\frac{\partial\varphi}{\partial x}\right)^2 + \left(\frac{\partial\varphi}{\partial y}\right)^2 + \left(\frac{\partial\varphi}{\partial z}\right)^2\right].$$

Unter der Voraussetzung, dass die Verdichtungen und anfänglichen Geschwindigkeiten sehr kleine Grössen erster Ordnung sind und es zu jeder Zeit bleiben, kann man die Quadrate der Componenten $\frac{\partial\varphi}{\partial x}, \frac{\partial\varphi}{\partial y}, \frac{\partial\varphi}{\partial z}$ im Vergleich zu $\dot{l}(1+\gamma)$ vernachlässigen, und dann reducirt sich die letzte Gleichung auf

$$\frac{ghc}{Dc'}\gamma = -\frac{\partial\varphi}{\partial t},$$

oder, wenn man $\frac{ghc}{Dc'} = a^2$ setzt, auf

$$1) \qquad \gamma = -\frac{1}{a^2}\cdot\frac{\partial\varphi}{\partial t}.$$

Die Gleichung der Continuität

$$\frac{\partial\varrho}{\partial t} + \frac{\partial(\varrho u)}{\partial x} + \frac{\partial(\varrho v)}{\partial y} + \frac{\partial(\varrho w)}{\partial z} = 0$$

giebt zunächst

$$\frac{\partial\gamma}{\partial t} + \frac{\partial\left[(1+\gamma)\frac{\partial\varphi}{\partial x}\right]}{\partial x} + \frac{\partial\left[(1+\gamma)\frac{\partial\varphi}{\partial y}\right]}{\partial y} + \frac{\partial\left[(1+\gamma)\frac{\partial\varphi}{\partial z}\right]}{\partial z} = 0,$$

oder bei Vernachlässigung der sehr kleinen Grössen in Bezug auf die übrigen

$$2) \qquad \frac{\partial\gamma}{\partial t} + \frac{\partial^2\varphi}{\partial x^2} + \frac{\partial^2\varphi}{\partial y^2} + \frac{\partial^2\varphi}{\partial z^2} = 0.$$

Die Gleichungen 1) und 2) bestimmen γ und φ.

Durch Elimination von γ erhält man

$$3) \qquad \frac{\partial^2\varphi}{\partial t^2} = a^2\left(\frac{\partial^2\varphi}{\partial x^2} + \frac{\partial^2\varphi}{\partial y^2} + \frac{\partial^2\varphi}{\partial z^2}\right),$$

und damit reducirt sich das Problem auf die Integration einer linearen partiellen Differentialgleichung zweiter Ordnung mit constanten Coëfficienten. Die willkürlichen Functionen bestimmen sich durch die Anfangswerthe von φ und $\frac{\partial\varphi}{\partial t}$, und man erhält keine sonstigen Bedingungen weiter, wenn die Flüssigkeit nach allen Seiten hin unendlich ist. Im entgegengesetzten Falle giebt es, wie wir wissen, besondere Grenzbedingungen, welche die Schwierigkeiten der Rechnung bedeutend vergrössern.

Der Anfangswerth von $\frac{\partial \varphi}{\partial t}$ ist bekannt durch den von γ, welcher nothwendig gegeben sein muss; der Anfangswerth von φ folgt aus den Anfangswerthen der Seitengeschwindigkeiten $\frac{\partial \varphi}{\partial x}, \frac{\partial \varphi}{\partial y}, \frac{\partial \varphi}{\partial z}$, welche ebenfalls gegeben sein müssen. Diese drei Functionen von x, y, z bestimmen die Function φ bis auf eine Constante, und da letztere keinen Einfluss auf die gesuchten Grössen haben kann, weil sie alle durch Differentiation der Function φ erhalten werden, so braucht man derselben keine Rechnung zu tragen. Das mechanische Problem ist hiermit auf eine Frage der Integralrechnung zurückgeführt, zu deren Feststellung alle Bedingungen vorhanden sind. Wir werden uns darauf beschränken, sie für einige specielle Fälle zu behandeln.

25. Uebereinanderlagerung der Wirkungen. Wenn man sich in einer Flüssigkeit, die nach allen Seiten hin als unbegrenzt angenommen werden soll, verschiedene Anfangszustände denkt und die partiellen Bewegungen betrachtet, welche ihnen entsprechen und der Gleichung 3) genügen würden, so erkennt man leicht, dass für einen neuen Anfangszustand, der aus der Zusammensetzung der ersten hervorgeht, die entsprechende Bewegung in einem beliebigen Zeitpunkte durch die Zusammensetzung der partiellen Bewegungen erhalten werden kann, welche sich auf eben denselben Zeitpunkt beziehen, wobei diese Zusammensetzung in dem gewöhnlichen Sinne wie bei den Geschwindigkeiten gemeint ist, und in einer algebraischen Addition in Beziehung auf die Verdichtungen besteht.

Sind nämlich $\varphi_1, \varphi_2, \varphi_3, \ldots$ die Werthe von φ, welche den partiellen Bewegungen entsprechen und einzeln der Gleichung 3) genügen, und ist ferner

$$\varphi = \varphi_1 + \varphi_2 + \varphi_3 + \ldots,$$

so genügt die Function φ selbst der Gleichung 3) und stellt folglich eine besondere Bewegung der Flüssigkeit dar; ihr nach t genommener Differentialquotient ist die Summe der Differentialquotienten von den Functionen φ_1, φ_2, φ_3 etc. Betrachtet man letztere für den Werth $t = 0$, so folgt zunächst, dass die anfängliche Verdichtung der Flüssigkeit bei der Bewegung, welche durch φ dargestellt wird, die Summe der anfänglichen Verdichtungen ist, welche sich auf die verschiedenen partiellen Bewegungen beziehen, und ferner, dass die Differentialquotienten von φ nach x, y, z die Summen der Differentialquotienten der Functionen $\varphi_1, \varphi_2, \varphi_3, \ldots$ sind; für $t = 0$ schliesst man daraus, dass in der durch φ dargestellten Bewegung die anfänglichen Bewegungen dadurch erhalten werden, dass man diejenigen zusammensetzt, welche sich auf ein und dasselbe Molecül in den partiellen Anfangszuständen beziehen. Also ist der Anfangszustand der Flüssigkeit in der durch φ dargestellten Bewegung in Bezug auf die Verdichtungen und die Geschwindigkeiten identisch mit demjenigen, dessen Bestimmung wir uns zur Aufgabe gestellt haben, beide Bewegungen sind daher auch für einen beliebigen Zeitpunkt identisch. Wenn man jetzt, statt $t = 0$ in den Functionen $\frac{\partial \varphi}{\partial t}, \frac{\partial \varphi}{\partial x}, \frac{\partial \varphi}{\partial y}, \frac{\partial \varphi}{\partial z}$ zu nehmen, dieser Variabeln einen beliebigen Werth ertheilt, so bleiben diese Functionen immer die Summen von den Differentialquotienten, welche den Functionen $\varphi_1, \varphi_2, \varphi_3, \ldots$ entsprechen. Endlich sind die Verdichtungen und die Componenten der Geschwindigkeit in der gesuchten Bewegung in jedem Augenblicke die algebraischen Summen von denjenigen, welche man zu eben derselben Zeit und in denselben Punkten an jenen Bewegungen beobachten würde, welche durch die partiellen Anfangszustände bestimmt sind.

Luftschwingung in einer unendlichen cylindrischen Röhre.

26. Einen hohlen unendlichen Cylinder, dessen senkrechter Schnitt eine beliebige Curve bilden möge, denken wir uns mit einem homogenen Gase gefüllt und in einer beliebigen Ausdehnung dieses Rohrs die Molecüle so verschoben, dass diejenigen Molecüle, welche in einem und demselben orthogonalen Schnitte lagen, darin geblieben sind und sich parallel mit den Kanten des Cylinders fortbewegt haben; darauf mögen alle diese Molecüle Geschwindigkeiten erhalten haben, welche den Kanten parallel und für die in demselben Schnitte befindlichen Molecüle gleich sind, endlich denken wir uns das Fluidum sich selbst überlassen, ohne irgend eine äussere Kraft hinzuzubringen; es handelt sich darum, alle Umstände der Bewegung zu bestimmen, welche aus diesen Bedingungen hervorgeht.

Zunächst bemerken wir, dass die Bewegung aller in einem und demselben Schnitte liegenden Molecüle dieselbe und zwar parallel den Kanten des Cylinders sein wird; nehmen wir also diese Richtung zur Achse der x, so hängen die Verdichtung γ und die Geschwindigkeit $u = \frac{\partial \varphi}{\partial x}$ nur von x und t ab. Dabei sind die Gleichungen der Bewegung

$$1) \qquad \gamma = -\frac{1}{a^2}\frac{\partial \varphi}{\partial t}, \quad \frac{\partial^2 \varphi}{\partial t^2} = a^2 \frac{\partial^2 \varphi}{\partial x^2},$$

und wenn man voraussetzt, dass die anfänglichen Geschwindigkeiten durch die Function $\psi(x)$, und die anfänglichen Verdichtungen durch $\chi(x)$ ausgedrückt sind, so wird

$$2) \qquad \frac{\partial \varphi}{\partial x} = \psi(x), \ \frac{\partial \varphi}{\partial t} = -a^2\chi(x) \text{ für } t = 0.$$

Das Integral der Gleichung 1) ist

$$3) \qquad \varphi = F_1(x + at) + f_1(x - at,)$$

wo F_1 und f_1 willkürliche Functionen bezeichnen, deren Differentialquotienten F und f heissen mögen. Die Gleichungen 2) geben zur Bestimmung dieser Functionen die beiden folgenden Gleichungen:

$$f(x) + F(x) = \psi(x) \text{ und } f(x) - F(x) = a\chi(x),$$

woraus folgt

$$f(x) = \frac{\psi(x) + a\chi(x)}{2}, \ F(x) = \frac{\psi(x) - a\chi(x)}{2}$$

Differentiirt man jetzt die Gleichung 3) nach x und t, so findet sich vermöge der für die Functionen f und F angegebenen Werthe

$$u = \frac{\psi(x + at) - a\chi(x + at)}{2} + \frac{\psi(x - at) + a\chi(x - at)}{2},$$

$$a\gamma = \frac{\psi(x - at) + a\chi(x - at)}{2} - \frac{\psi(x + at) - a\chi(x + at)}{2},$$

wobei wir der Einfachheit wegen die Functionen F und f beibehalten und nur schreiben

$$4) \qquad u = F(x + at) + f(x - at).$$

$$5) \qquad a\gamma = -F(x + at) + f(x - at).$$

Sind die Functionen ψ und χ für alle Werthe der Variabeln zwischen $-\infty$ und $+\infty$ gegeben, so kennt man jetzt auch u und γ für beliebige Werthe von x und t.

Um die Bewegung der Molecüle in einem besonderen Schnitte, welcher im Anfangszustande der Abscisse α entspricht, kennen zu lernen, hat man in der Gleichung 4) die Grösse u durch $\frac{\partial x}{\partial t}$ zu ersetzen und diejenige Gleichung zu integriren, welche dadurch zwischen x und t entsteht; man erhält so die Abscisse der fraglichen Molecüle als Function der Zeit. Die durch die Integration eingeführte Constante bestimmt sich durch die Bedingung, dass $x = \alpha$ wird für $t = 0$. Es ist nicht nöthig, sich mit der Anfangsgeschwindigkeit zu beschäftigen, weil der allgemeine Werth von u der Bedingung der Anfangsgeschwindigkeiten für alle Punkte des Fluidums genügt.

27. Wir wollen den besonderen Fall untersuchen, wenn die anfängliche Erschütterung begrenzt ist, und sich von $x = 0$ bis $x = l$ erstreckt, oder von dem Anfange A bis B (Fig. 15). Die gegebenen Functionen ψ und χ sind dann Null für jeden Werth der Variabeln, der kleiner als 0 oder grösser als l ist; ebenso verhält es sich mit den Functionen F und f. Wir wollen unsre Discussion in drei Theile theilen, welche den drei Abschnitten entsprechen, in welche die Achse der x durch die Strecke AB zerlegt wird.

(Fig. 19.)

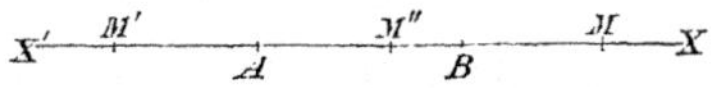

a. Zunächst betrachten wir irgend einen Punkt M ausserhalb AB auf der Seite der positiven x, für welchen also $x > l$ ist, und nehmen $t > 0$, d. h. wir fassen solche Epochen ins Auge, welche auf den Anfangspunkt der Zeitzählung folgen. Es ist in diesem Falle

$$x + at > l$$

und folglich

$$F(x + at) = 0, \quad f(x + at) = 0.$$

Die Formeln 4) und 5) reduciren sich nunmehr auf die Glieder, in welchen $x - at$ vorkommt, und man erhält

$$6) \qquad u = f(x - at), \quad a\gamma = f(x - at),$$

woraus zwischen der Geschwindigkeit und der Verdichtung die merkwürdige Beziehung

$$u = a\gamma$$

folgt. Damit aber die Werthe von u und γ nicht verschwinden, muss

$$x - at < l \text{ und } x - at > 0,$$

oder

$$t > \frac{x-l}{a}, \; t < \frac{x}{a}$$

sein. Der Punkt M bleibt also in Ruhe bis zu dem Augenblicke, wo

$$t = \frac{x-l}{a} = \frac{BM}{a}$$

wird, er ist nachher in Bewegung bis zur Zeit

$$t = \frac{x}{a} = \frac{AM}{a},$$

kehrt darauf in die Ruhelage zurück und bleibt fortwährend darin. Die Bewegung pflanzt sich also in der Richtung BX mit einer Geschwindigkeit a fort und besteht für jeden Punkt während einer Zeit $\frac{l}{a}$, so dass der erschütterte Theil die Länge l besitzt und mit sich der Geschwindigkeit a zu bewegen scheint, während er beständig denselben Anblick darbietet, weil die Variable $x - at$ in ihm alle Werthe von 0 bis l besitzt. Aber diese Bewegung ist nur scheinbar, denn diese Welle besteht aus Molecülen, welche sich in jedem Augenblicke ersetzen, und man kann sagen, dass nur die geometrische Figur sich mit der Geschwindigkeit a bewegt, nicht aber die Molecüle der Flüssigkeit, welche in ihr enthalten sind.

b. Für einen Punkt M', bei welchem $x < 0$, also sicher auch $x - at < 0$ ist, erhält man

$$F(x-at) = 0, \; f(x-at) = 0.$$

und die Formeln 4) und 5) reduciren sich auf die Glieder, in welchen $x + at$ vorkommt; es wird daher

$$7) \qquad u = F(x + at), \; a\gamma = - F(x + at).$$

Bis auf das Vorzeichen findet hier dasselbe constante Verhältniss zwischen der Geschwindigkeit und der Verdichtung statt, nämlich die Gleichung

$$u = - a\gamma.$$

Man erkennt leicht, dass u und γ von der Null nicht verschieden sind, wofern

$$x + at > 0, \; x + at < l,$$

woraus

$$t > -\frac{x}{a},\ t < \frac{l-x}{a},$$

oder auch

$$t > \frac{AM'}{a},\ t < \frac{BM'}{a};$$

wie man erwarten konnte, folgt daraus, dass die Bewegung sich in dem Theile AX' ebenso wie in dem Theile BX mit einer Geschwindigkeit a fortpflanzt, dass jeder Punkt sich während der Zeit $\frac{l}{a}$ bewegt, dass der erschütterte Theil oder die Welle die Länge l besitzt und in immer gleicher Weise mit der Geschwindigkeit a im Sinne der negativen x fortrückt.

c. Betrachten wir zuletzt einen Punkt M'' zwischen A und B, so haben wir gleichzeitig $x > 0$ und $x < l$, sodass $x - at$ und $x + at$ während einer gewissen Zeit immer zwischen 0 und l liegen; es bestehen dann alle Glieder der Gleichungen 4) und 5). Dabei wird $x + at > l$, sobald

$$at = BM''$$

geworden ist, und von diesem Moment an verschwinden die Functionen von $x + at$. Ebenso wird $x - at$ negativ nach einer Zeit, für welche

$$at = AM''$$

ist; demnach hat man die von $x + at$ abhängigen Glieder, welche sich auf die gegen die negativen x fortschreitende Welle beziehen, nur so weit zu beachten, bis der Punkt B in M'' angekommen ist, während er sich mit der Geschwindigkeit a bewegt; ebenso sind die von $x - at$ abhängigen Glieder, welche sich auf die gegen die positiven x fortschreitende Welle beziehen, nur so weit zu berücksichtigen, bis der Punkt A, welcher sich mit der Geschwindigkeit a bewegt, in M'' angekommen ist. Wenn man also die beiden Theile, welche die Formeln 4) und 5) bilden, so ansieht, als ob sie die Geschwindigkeiten und Verdichtungen in zwei verschiedenen Wellen ausdrückten, und voraussetzt, dass jede dieser Wellen sich mit einer Geschwindigkeit a, die eine in der einen Richtung, die andere in der entgegengesetzten, fortpflanzt, während sie immer dieselbe Beschaffenheit behalten, so kann man für einen beliebigen Augenblick den Zustand des Fluidums dadurch erhalten, dass man diese beiden Wellen in die Lage bringt, in welche ihre Bewegung sie in diesem Zeitpunkte übergeführt hat, und die Verdichtungen und Geschwindigkeiten an den Stellen addirt, wo sie sich durchdringen, wenn sie noch nicht gänzlich getrennt sind.

Diejenigen Zustände, welche dem Anfange der Zeitzählung vorausgehen, würde man dadurch erhalten, dass man dieselben Wellen in entgegengesetztem Sinne mit der Geschwindigkeit a während eines Zeitraums fortschreiten liesse, welcher gleich demjenigen ist, der die fragliche Epoche vom Anfange der Zeiten trennt.

28. Wir haben so eben gesehen, dass eine anfängliche Erschütterung von endlicher Länge zwei Wellen von derselben Länge erzeugt, die gleiche Geschwindigkeiten besitzen und in entgegengesetzter Richtung fortschreiten; doch ist es möglich, dass die eine dieser Wellen nicht existirt. Die erste z. B., welche den Gleichungen 6) entspricht, verschwindet, wenn für alle Werthe von z zwischen 0 und l die Gleichung

$$\psi(z) + a\,\chi(z) = 0$$

stattfindet; es bleibt dann nur die den Formeln 7) entsprechende Welle. Umgekehrt verschwindet die letztere und existirt nur die erste, wenn

$$\psi(z) - a\,\chi(z) = 0.$$

Zum Vorhandensein von nur einer Welle ist also die Gleichung $\frac{\psi(z)}{\chi(z)} = \pm a$ erforderlich und ausreichend, d. h. es muss im Anfangszustande das Verhältniss der Geschwindigkeit zu der Dichtigkeit in einem beliebigen Punkte des erschütterten Theils entweder $= + a$ oder $= - a$ sein.

Luftschwingung in einem einseitig begrenzten Cylinder.

29. Nachdem wir das Gesetz der Bewegung in einem nach beiden Seiten hin unendlichen Cylinder kennen gelernt haben, wollen wir die Aenderung untersuchen, welche für den Fall eintritt, dass das Rohr in der einen Richtung begrenzt und durch eine feste Ebene geschlossen ist, oder dass es mit einem unendlich grossen Gasbehälter communicirt, der einem constanten Drucke unterliegt, wie z. B. die Atmosphäre. Wir werden beide Fälle einzeln untersuchen.

a. Wir denken uns das Rohr durch eine feste Ebene geschlossen und zählen die positiven x von dieser Ebene an in der Richtung der Röhre; ferner setzen wir immer voraus, dass die Molecüle, die anfangs in Berührung mit der Wand sind, es beständig bleiben. In dem vorliegenden Falle besitzt der zur Abscisse $x = 0$ gehörende Schnitt in jedem Augenblicke die Geschwindigkeit Null und es ist daher für jedes t

$$1) \qquad \frac{\partial \varphi}{\partial x} = 0 \text{ für } x = 0.$$

Diese neue Bedingung muss mit den Gleichungen verbunden werden, welche für den Anfangszustand des Gases gelten, der andererseits für die ganze Ausdehnung des Rohrs d. h. für alle positiven x gegeben ist. Wir bezeichnen ferner die anfängliche Geschwindigkeit und Verdichtung immer mit $\psi(x)$ und $\chi(x)$ und denken uns diese Functionen nur für die positiven Werthe der Variabeln als gegeben, dagegen für negative Werthe der letzteren als ganz willkürlich. Diese Unbestimmtheit gestattet die Erfüllung der auf das Ende des Rohrs bezüglichen Bedingung; denn wir haben gesehen, dass, wenn diese Functionen für alle Werthe der Variabeln gegeben sind, der Werth von φ vollkommen bestimmt ist, und dass man ihn also keiner besonderen Bedingung unterwerfen kann.

Der allgemeine Werth von φ, welcher der Differentialgleichung genügt, ist immer

$$2) \qquad \varphi = F_1(x + at) + f_1(x - at).$$

Die Bedingung 1) führt zu folgender Gleichung:

$$F(at) + f(-at) = 0,$$

und da sie für jeden Werth von t gelten muss, so hat man durch Substitution von z statt at für jeden Werth von z die Gleichung:

$$3) \qquad F(z) + f(-z) = 0.$$

Mittelst dieser Gleichung werden die Functionen F und f, welche für die positiven Werthe der Variabeln gegeben sind, auch für deren negative Werthe bestimmt, in sofern

$$f(-z) = -F(z)$$

wird; vertauscht man in der Gleichung 3) z gegen $-z$, so wird ferner

$$F(-z) = -f(z),$$

welche Gleichung F für alle negativen Werthe der Variabeln giebt.

Diese Bedingungen können geometrisch auf eine sehr einfache Weise dargestellt werden. Denkt man sich nämlich in der ganzen Ausdehnung der Achse der x die Curven construirt, deren Gleichungen

$$y = F(x) \text{ und } y = f(x)$$

sind, so hat der geometrische Ort, welcher aus dem auf der Seite der positiven x liegenden Theile irgend einer von beiden Curven und aus demjenigen Theile der andern, welcher auf der Seite der negativen x liegt, zusammengesetzt ist, den Coordinatenanfang zum Mittelpunkt; ausserdem werden diejenigen Zweige beider Curven, welche auf der Seite der positiven x liegen, wie wir schon gesehen haben, durch die Functionen ψ und χ bestimmt, die in jedem besonderen Falle gegeben sind. Diese Construction, welche nur die Darstellung der analytischen Bedingungen ist, kann letztere immer vertreten und bisweilen die Discussionen erleichtern.

Man sieht also, wie die Bedingung 1), welche die Unbeweglichkeit eines Querschnittes des Gases ausdrückt, zur vollständigen Kenntniss der Functionen F und f und folglich zur Lösung der gestellten Aufgabe dient.

Der Werth von $\frac{\partial \varphi}{\partial x}$ oder der Geschwindigkeit u, und der Verdichtung $\gamma = -\frac{1}{a^2}\frac{\partial \varphi}{\partial t}$, werden nach Gleichung 2) auf folgende Weise ausgedrückt:

$$4) \qquad u = F(x + at) + f(x - at),$$

$$5) \qquad a\gamma = -F(x + at) + f(x - at).$$

Diese Formeln führen zunächst zu der merkwürdigen Folgerung, dass zu irgend einer Zeit in zwei Punkten, welche in gleicher Entfernung von der festen Ebene und auf verschiedenen Seiten von derselben liegen, die Geschwindigkeit bis auf das Zeichen und die Verdichtung dieselbe ist. Aendert man nämlich in u die Variable x in $-x$ und bezeichnet mit u_1 ihren neuen Werth, so hat man

$$u_1 = F(-x + at) + f(-x - at)$$
$$= -f(x - at) - F(x + at) = -u,$$

und ebenso, wenn man in $a\gamma$ die Variable x in $-x$ verwandelt,

$$a\gamma_1 = -F(-x + at) + f(-x - at)$$
$$= f(x - at) - F(x + at) = a\gamma.$$

Diese Eigenschaft, welche für jeden Werth von t existirt, findet auch für $t = 0$ im Anfangszustande statt, und wir wollen hier insbesondere bei dem Verfahren verweilen, mittelst dessen man die Bedingungen, welche sich auf die Grenzen der Systeme beziehen, durch die Rechnung ausdrückt.

Die partielle Differentialgleichung der Bewegung würde dieselbe bleiben, wenn man die feste Wand wegnähme und den Cylinder rückwärts in's Unendliche verlängerte. Ueber den Anfangszustand in dem hinzugekommenen Raume kann man willkürlich verfügen, und die ganze Schwierigkeit besteht darin, eine solche Wahl für ihn zu treffen, dass, wenn man das gesammte System sich selbst überlässt, diese Bedingungen in jedem Augenblicke von selbst erfüllt werden, ohne dass man Rücksicht auf die physischen Bedingungen zu nehmen hätte, welche an den Grenzen existiren. Kann man hierzu gelangen, so geht die Aufgabe über das begrenzte System in die immer leichtere Aufgabe des unendlichen Systems über, in welchem der Anfangszustand bekannt ist. Im vorliegenden Falle war leicht vorauszusehen, was die Rechnung rücksichtlich des Anfangszustandes zeigte, welchen man der Flüssigkeit in der Verlängerung des Rohrs auf der Seite der negativen x geben musste. Ertheilt man nämlich den Molecülen, welche in gleich weit vom Anfang entfernten Querschnitten liegen, gleiche und mit entgegengesetztem Zeichen versehene Geschwindigkeiten, so ist, unter der Annahme identischer Verdichtungen, Alles in Beziehung auf den Anfang symmetrisch, und wenn man die feste Ebene ausser Acht lässt, so werden die Molecüle, welche sie ersetzen, in jedem Augenblicke von gleichen und entgegengesetzten Kräften getrieben und bleiben desshalb immer in Ruhe.

30. Wir wollen insbesondere den Fall untersuchen, wenn die anfängliche Erschütterung sich nur von $x = d$ bis $x = d + l$ erstreckt. Die Functionen F und f verschwinden dann für alle positiven Werthe der Variabeln, welche nicht zwischen d und $d + l$ lie-

gen, und nach Gleichung 3) für alle negativen Werthe, die nicht zwischen $-d$ und $-(d+l)$ enthalten sind. Dies stellt Fig. 18 dar, in welcher $AB = AB' = d$

und $BC = B'C' = l$.

(Fig. 18.)

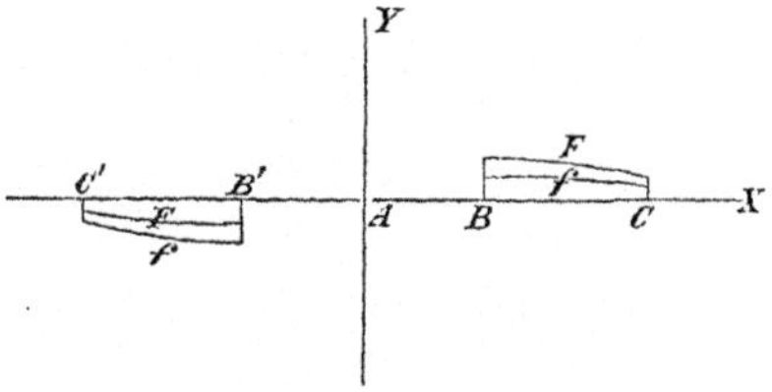

Der Theil BC der Erschütterung erzeugt zwei Wellen, die eine mit der Geschwindigkeit $+a$, die andere mit der Geschwindigkeit $-a$; der Theil $B'C'$ bringt zwei Wellen hervor, welche in Bezug auf den Punkt A beständig mit den beiden andern symmetrisch liegen. Wenn beide in A angekommen sind, so setzen sie ihren Gang fort, lagern sich über einander und durchdringen sich nach dem allgemein bewiesenen Principe. Hieraus ersieht man, dass die Wirkung in dem geschlossenen Rohre AX dieselbe ist, als wenn die von BC nach der festen Ebene A fortschreitende Welle, sobald sie in A angekommen ist, sich so umwendete, dass ihre verschiedenen Punkte mit Beibehaltung derselben Verdichtung und derselben, aber entgegengesetzten, Geschwindigkeit sich immer mit denjenigen Theilen auf einander lagerten, welche derselben Abscisse entsprechen und nach der festen Ebene fortrücken; und wenn das zweite Ende der von BC ausgegangenen Welle in A angelangt ist, so findet sich die ganze Welle in umgekehrter Ordnung umgewendet und rückt bis ins Unendliche auf der Seite der positiven x fort. Hierin besteht die Reflexion einer Welle von einer ihr parallelen Ebene. Diese Wirkung wird bei jeder beliebigen Länge des erschütterten Theils BC hervorgebracht; sie kann sich von der Ebene A bis $x = \infty$ erstrecken, sie kann auch eine unendlich kleine Länge haben. Findet man es in gewissen Fällen vortheilhaft, die Erschütterung in unendlich kleine Theile zu zerlegen, so hat man immer nur die Wirkungen zusammenzusetzen, welche den einzelnen Elementen nach einer beliebigen Zeit entsprechen, um die Totalwirkung zu erhalten, welche der gegebenen Erschütterung nach eben derselben Zeit entspricht.

b. Wir wollen jetzt annehmen, dass die Röhre in A offen sei und in Verbindung mit einem Gasbehälter stehe, der nach allen Seiten hin unendlich ist, wie z. B. die Atmosphäre; zugleich sei der an der Oberfläche der Verbindung stattfindende Druck immer derselbe wie der im Behälter stattfindende, welchen wir als constant voraussetzen. Denselben Druck würde man in dem Gase des Rohrs beobachten, wenn Gleichgewicht vorhanden ist; γ möge die Vermehrung der Dichtigkeit bezeichnen, wenn man von der dem Gleichgewicht entsprechenden Dichtigkeit ausgeht. Hiernach ist für alle Punkte des Gases in dem Rohre

$$1)\qquad \frac{\partial^2 \varphi}{\partial t^2} = a^2 \frac{\partial^2 \varphi}{\partial x^2},$$

und bei jedem t

$$2)\qquad \frac{\partial \varphi}{\partial t} = 0 \text{ für } x = 0.$$

Ferner wollen wir die anfängliche Geschwindigkeit und Verdichtung mit $\psi(x)$ und $\chi(x)$ bezeichnen, welche Functionen zwischen $x = 0$ und $x = +\infty$ gegeben und zwischen $x = 0$ und $x = -\infty$ vollkommen willkürlich sind. Mittelst dieser Unbestimmtheit genügt man der Bedingung, welche sich auf das Ende des Rohrs bezieht. Das allgemeine Integral der Gleichung 1) ist noch

$$\varphi = F_1(x + at) + f_1(x - at),$$

und die Bedingung 2) führt zu folgender Gleichung, in welcher z nach Grösse und Zeichen durchaus unbestimmt ist, und F, f die Differentialquotienten der Functionen F_1, f_1 sind:

$$3)\qquad F(z) = f(-z).$$

Denkt man sich zwei Curven durch die Gleichungen

$$y = F(x) \text{ und } y = f(x)$$

bestimmt, so ist der geometrische Ort, welcher aus dem auf der Seite der positiven x liegenden Theile irgend einer von beiden Curven und aus demjenigen Theile der andern, welcher auf der Seite der negativen x liegt, zusammengesetzt werden kann, symmetrisch in Beziehung auf die Achse der y. Mit Hülfe der Gleichung 3) sind also die Functionen F und f, welche den Functionen ψ und χ gemäss nur für die positiven Werthe der Variabeln gegeben sind, auch für ihre negativen Werthe bestimmt. Ferner gilt hier wie im vorigen Falle die Bemerkung, dass die Aufgabe dieselbe ist, als wenn man das Rohr auf der Seite der negativen x unendlich verlängerte und dem Gase in dieser Verlängerung einen Anfangszustand beilegte, der durch die Functionen F und f dargestellt wird, wie wir sie oben für die negativen Werthe der Variabeln bestimmt haben.

Die Werthe von u und γ werden durch folgende Formeln dargestellt:

4) $$u = F(x + at) + f(x - at)$$

5) $$a\gamma = - F(x + at) + f(x - at).$$

Vertauscht man in den Gleichungen 4) und 5) x gegen $-x$, so findet man mit Rücksichtnahme auf die Gleichung 3), wenn man die neuen Werthe von u und γ mit u_1 und γ_1 bezeichnet,

$$u_1 = F(-x + at) + f(-x - at) = f(x - at) + F(x + at) = u,$$

$$a\gamma_1 = - F(-x + at) + f(-x - at)$$
$$= - f(x - at) + F(x + at) = - a\gamma.$$

Also sind in zwei beliebigen Punkten, welche zu beiden Seiten und in gleichem Abstande vom Anfang liegen, die Geschwindigkeiten gleich und von gleicher Richtung, und die Verdichtungen gleich aber von entgegengesetztem Zeichen.

Diese Anordnung, welche für jeden Augenblick gilt, findet auch im Anfangszustande statt. Unter der Voraussetzung eines offenen Rohrs besteht also das Mittel zur Reduction des vorliegenden Falles auf den eines unendlichen Rohrs darin, dass man sich die Röhre verlängert und mit einem dem ersten identischen Gase erfüllt denkt und über den Anfang der Bewegung so verfügt, dass zwei gleich weit vom Anfang abstehende und zu verschiedenen Seiten desselben liegende Punkte gleiche und gleichgerichtete Geschwindigkeiten und gleiche aber mit entgegengesetztem Zeichen versehene Verdichtungen erhalten.

31. Wir untersuchen noch den besondern Fall, wenn die anfängliche Erschütterung in einer begrenzten Ausdehnung BC (Fig. 19) zwischen den Abscissen d und $d + l$ gegeben ist. Die Functionen F und f verschwinden dann für alle Werthe der Variabeln, die nicht zwischen d und $d + l$ liegen, und nach Gleichung 3) für alle negativen Werthe,

(Fig. 19.)

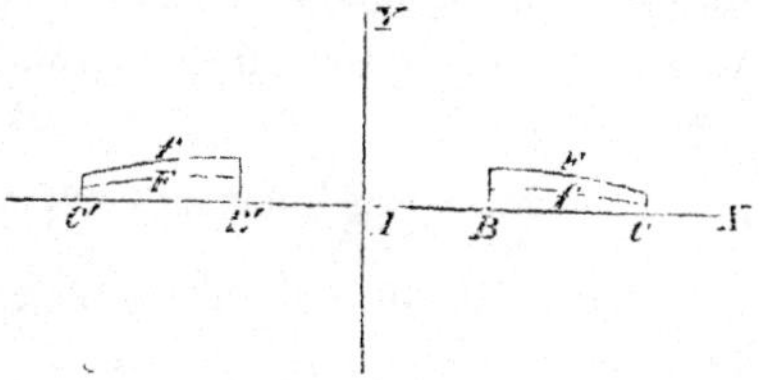

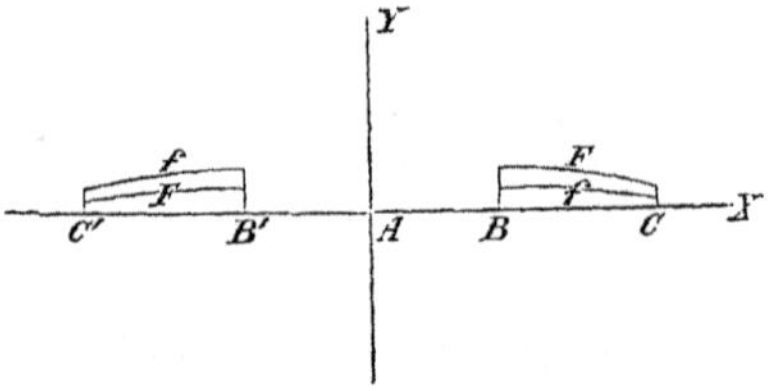

die nicht zwischen $-d$ und $-d$ $-l$ fallen; sie sind durch die krummen Linien der Figur bezeichnet. Die Wellen, welche einer jeden der beiden Erschütterungen BC, $C'B'$ entsprechen, gehen mit einer constanten Geschwindigkeit a fort; die beiden, welche sich von A entfernen, geben zu keiner besonderen Bemerkung Veranlassung; die beiden andern kommen zusammen in dem Punkte A an und setzen ihren Gang fort, indem sie sich in dem gemeinschaftlichen Punkte auf einander lagern. Wenn das zweite Ende einer jeden in A angekommen ist, so sind beide Wellen völlig getrennt, und diejenige, welche von $C'B'$ hergekommen ist, setzt ihre Bewegung in der Richtung der positiven x bis ins Unendliche fort. In der bei A offenen Röhre erzeugt also die in diesem Punkte eintretende Reflexion genau die letztere Welle.

Die Beziehung zwischen der zurückgeworfenen und einfallenden Welle folgt aus der oben gemachten Bemerkung, welche sich auf die Punkte bezieht, welche gleiche und mit verschiedenen Zeichen versehene Abscissen haben. Wenn nämlich die einfallende Welle ohne Störung ihre Bewegung auf der Seite der negativen Abscissen fortsetzt, so ergiebt sich zufolge der in Erinnerung gebrachten Bemerkung, dass man, um die reflectirte Welle zu erhalten, den Vorgang so auffassen muss, als wenn jedes in A ankommende Element der Welle sich mit der Geschwindigkeit a umwendete, und zwar so, dass die absolute Geschwindigkeit desselben nach Grösse und Zeichen dieselbe bleibt, während die Verdichtung ihr Zeichen mit Beibehaltung ihrer Grösse ändert.

Stiesse die zurückgeworfene Welle von Neuem auf eine Oeffnung, welche mit dem unendlichen Behälter communicirt, so würde sie eine neue Reflexion nach denselben Gesetzen erleiden und identisch mit der ersten einfallenden Welle werden; diese Erscheinung könnte sich bis ins Unendliche wiederholen.

Luftschwingung in einem beiderseits begrenzten Cylinder.

32. Wenn ein Rohr nach beiden Richtungen begrenzt ist, so erscheinen an seinen Enden, mögen sie nun geschlossen oder geöff-

net sein, ähnliche Wirkungen wie die eben betrachteten. Jedes Element der Erschütterung erzeugt zwei Wellen, welche in verschiedener Richtung fortschreiten und an den Enden nach den vorhin aufgestellten Gesetzen reflectirt werden. Man kann somit die Periodicität dieser Bewegung und die Dauer der Periode kennen lernen.

Wir betrachten zunächst ein an beiden Enden geschlossenes Rohr, worin ein unendlich kleines Element der anfänglichen Erschütterung zwei elementare Wellen erzeugt. Ist eine derselben am Ende angekommen, so wird sie in der Weise zurückgeworfen, dass die Verdichtung dieselbe bleibt und auch die Geschwindigkeit nur das Zeichen ändert; am zweiten Ende angekommen wird sie von Neuem zurückgeworfen, wobei sie dieselbe Dichtigkeit und dieselbe Geschwindigkeit mit verändertem Zeichen behält; sie ist also in denselben Zustand wie im Momente ihres Ausgangs zurückgekommen. Sie nimmt jetzt ihre anfängliche Lage wieder ein, nachdem sie mit der Geschwindigkeit a einen Raum durchlaufen hat, welcher das Doppelte von der Länge des Rohrs ist; ebenso verhält es sich mit allen Elementen der anfänglichen Erschütterung, und folglich ist der Zustand des Gases in diesem Augenblicke in der ganzen Ausdehnung des Rohrs derselbe wie im Anfange der Bewegung. Die folgenden Zustände sind daher nur Wiederholungen der früheren, und diese Bewegung kehrt immer periodisch wieder. Bezeichnet man mit l die Länge des Rohrs, so ist die Dauer der Periode $= \frac{2l}{a}$. Eine analoge Betrachtung zeigt, dass in einer an beiden Enden offenen Röhre der Zustand des Gases wieder derselbe wird, wenn die elementare Welle den Raum $2l$ durchlaufen hat.

Ist aber das Rohr an dem einen Ende geschlossen und am andern offen, so sind die Umstände nicht ganz dieselben; denn damit der nämliche Zustand des Gases wiederkehre, ist es nöthig, dass die elementare Welle zweimal dieselbe Art der Reflexion erfahre, und da die beiden Enden verschiedene Zurückwerfungen erzeugen, so muss diese Welle die Länge des Rohrs vier Mal durchlaufen haben, und folglich wird die Dauer der Periode $\frac{4l}{a}$ sein.

Bekanntlich versteht man unter Schwingung eine periodisch sich wiederholende Bewegung, und man weiss aus der Physik, dass der von ihr erzeugte Ton um so höher wird, je grösser die Anzahl der Schwingungen in einer und derselben Zeit ist. Der obigen Erörterung zufolge muss der Ton, welcher durch eine an dem einen

Ende geschlossene und am andern offene Röhre erzeugt wird, die untere Octave von demjenigen sein, welchen ein Rohr von derselben Länge hervorbringen würde, das an beiden Enden geschlossen oder offen ist.

Die Dauer, welche wir für die Periode gefunden haben, ist übrigens eine obere Grenze. Wir haben nämlich bewiesen, dass nach diesem Zeitraume derselbe Zustand des Gases wieder eintritt, und im Allgemeinen wird er nicht früher zurückkehren; möglicherweise könnte aber der anfängliche Zustand so beschaffen sein, dass er sich identisch wiedererzeugt, bevor jener Zeitraum vollendet ist, und dann wird diese Periode nur ein Bruchtheil der ersten sein können. Wir deuten dies Resultat hier nur an; wir werden es aber demnächst bei der directen und vollständigen Discussion der drei Fälle wiederfinden.

(Fig. 20.)

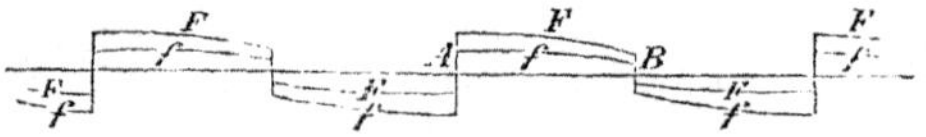

a. Bezeichnen wir mit l die Länge des an beiden Enden geschlossenen Rohrs AB (Fig. 20), so haben wir unter Beibehaltung der früheren Zeichen folgenden Gleichungen zu genügen:

$$1)\qquad \frac{\partial^2\varphi}{\partial t^2} = a^2\,\frac{\partial^2\varphi}{\partial x^2}\,.$$

$$2)\qquad \frac{\partial\varphi}{\partial x} = 0 \text{ für } x = 0 \text{ und für } x = l,$$

$$3)\qquad \frac{\partial\varphi}{\partial x} = \psi(x),\ \ \frac{\partial\varphi}{\partial t} = a^2\,\chi(x) \text{ für } t = 0.$$

Das allgemeine Integral der Gleichung 1) ist

$$\varphi = F_1\,(x + at) + f_1\,(x - at).$$

Die Bedingung 2), welche sich auf $x = 0$ bezieht, führt zu folgender Gleichung, in welcher z eine willkürliche Grösse bezeichnet:

$$4)\qquad F\,(z) + f\,(-z) = 0.$$

Dieselbe Bedingung 2), für $x = l$ betrachtet, giebt:

$$5)\qquad F\,(l + z) + f\,(l - z) = 0.$$

Die Functionen F und f, welche sich wie früher aus den gegebenen Functionen ψ, χ ableiten lassen, sind wie letztere nur für diejenigen,

Werthe der Variabeln bestimmt, welche zwischen 0 und l liegen. Die Gleichungen 4) und 5) bestimmen sie vollständig, und dann erkennt man, welches der Anfangszustand des Gases in einer nach beiden Seiten hin unendlichen Röhre sein müsste, um zwischen 0 und l alle dieselben Wirkungen darzustellen, welche in dem vorliegenden Rohre entstehen.

Die Gleichung 4) drückt wie früher aus, dass, wenn man die Curven betrachtet, deren Gleichungen

$$y = F(x),\ y = f(x)$$

von $x = -\infty$ bis $x = +\infty$ sind, der geometrische Ort, der von dem auf der einen Seite von A liegenden Theile der einen und von dem auf der andern Seite von A liegenden Theile der anderen gebildet wird, zum Mittelpunkte den Punkt A hat. In ähnlicher Weise sagt die Gleichung 5), dass dasselbe für den Punkt B gilt. Da dieser Ort zwei Mittelpunkte A und B hat, so besitzt er noch unendlich viele andere, welche um eine und dieselbe Grösse l von einander abstehen und rechts und links von dem Anfange A liegen, wie die Figur zeigt. Jede der Functionen F und f ist daher periodisch in Bezug auf die Variable und behält denselben Werth, wenn diese Variable um $2l$ wächst oder abnimmt.

Diese wichtige Eigenschaft kann übrigens auch leicht aus den Gleichungen 4) und 5) hergeleitet werden. Wenn man nämlich in der letzten z in $z + l$ ändert, so wird sie

$$F(2l + z) + f(-z) = 0,$$

ein Resultat, welches, mit Gleichung 4) combinirt, folgende Gleichung für einen beliebigen Werth von z giebt:

$$F(z) = F(2l + z);$$

daraus folgt, dass die Function F periodisch ist, und dass die Periode zum Index den Werth $2l$ hat. Auf ähnliche Weise kann man die Periodicität der Function f beweisen. Man verwandelt nämlich in Gleichung 5) die Variable z in $z - l$, was

$$F(z) + f(2l - z)$$

giebt, und erhält vermöge der Gleichung 4)

$$f(2l - z) = f(-z).$$

Da diese für jeden Werth von z gilt, er mag positiv oder negativ sein, so beweist sie die Periodicität der Function f, und dass der Index der Periode, ebenso wie für die Function F, den Werth $2l$ besitzt.

Aus dem Werthe von φ erhält man wie früher die Grössen u und $a\gamma$ nämlich:

$$u = F(x + at) + f(x - at)$$

$$a\gamma = - F(x + at) + f(x - at).$$

Nun folgt aus der Periodicität der Functionen F und f, dass die Geschwindigkeit und die Verdichtung eines beliebigen Punktes in solchen Augenblicken, die um eine Grösse T von einander entfernt sind, immer wieder dieselben Werthe annehmen, wenn T durch die Gleichung

$$aT = 2l$$

bestimmt wird. Der Zustand des Rohrs ist also ein periodischer und wiederholt sich in den Zeiträumen $\frac{2l}{a}$, wie wir schon gefunden hatten.

b. Wenn die Röhre an beiden Enden offen ist, so muss die Verdichtung in jedem Augenblicke an beiden Enden $= 0$ sein, mithin für jedes t

$$\frac{\partial \varphi}{\partial t} = 0 \text{ für } x = 0 \text{ und für } x = l,$$

woraus für jedes z folgt

$$1) \qquad F(z) = f(-z),$$

$$2) \qquad F(l + z) = f(l - z);$$

ändert man in Gleichung 2) z in $z + l$, so wird

$$F(2l + z) = f(-z),$$

und nach Gleichung 1)

$$F(2l + z) = F(z);$$

demnach ist auch die Function F periodisch und ihre Periode entspricht der Ausdehnung $2l$ der Variabeln.

Man gelangt zu derselben Folgerung für die Function f, indem man in Gleichung 2) die Grösse z in $z - l$ verwandelt; diess giebt

$$F(z) = f(2l - z),$$

und nach Gleichung 1)

$$f(2l - z) = f(-z).$$

Der Zustand des Rohrs ist also periodisch derselbe nach je zwei um das Intervall $\frac{2l}{a}$ von einander entfernten Zeiten.

c. Ist die Röhre an dem einen Ende geschlossen und am andern offen, so legen wir den Coordinatenanfang an das geschlossene Ende und erhalten für jeden Werth von t

$$1) \qquad \frac{\partial \varphi}{\partial x} = 0 \text{ für } x = 0,$$

$$2) \qquad \frac{\partial \varphi}{\partial t} = 0 \text{ für } x = l.$$

Diese beiden Bedingungen führen zu folgenden:

$$3) \qquad F(z) + f(-z) = 0,$$

$$4) \qquad F(l + z) = f(l - z).$$

Aendert man in Gleichung 4) z in $z + l$, so wird

$$F(2l + z) = f(-z),$$

und nach Gleichung 3),

$$F(2l + z) = -F(z).$$

Die Function F nimmt also nicht wieder denselben Werth an, wenn die Variable um $2l$ wächst. Jedoch unterscheiden sich diese beiden Werthe nur durch das Zeichen. Vermehrt man die Variable von Neuem um $2l$, so erhält die Function ihren ersten Werth wieder, ist also periodisch mit dem Intervalle $4l$ der Variabeln.

Dieselbe Eigenschaft ergiebt sich für die Function f, wenn man in Gleichung 4) z in $z - l$ verwandelt. Daraus folgt, dass in dem vorliegenden Falle der Zustand des Rohrs auch periodisch wiederkehrt und zwar im Allgemeinen erst nach dem Intervalle $\frac{4l}{a}$, wie wir schon anfangs gezeigt hatten.

Auflösung der vorigen Aufgaben mittelst trigonometrischer Reihen.

33. Wir wollen jetzt die Frage über die Bewegung der Luft oder eines beliebigen Gases in einer endlichen Röhre mittelst einer sehr fruchtbaren und in den meisten Fällen viel bequemeren Me-

thode behandeln. Sie besteht darin, nicht sogleich das allgemeine Integral der partiellen Differentialgleichungen, sondern eine unendliche Anzahl particulärer Integrale aufzusuchen, welche man so bestimmt, dass jedes einzelne den Grenzbedingungen der Aufgabe genügt. Richtet man die Gleichungen so ein, dass sie keine von der Function oder deren Differentialquotienten unabhängigen Glieder enthalten, so ist eine Summe von particulären Integralen, deren jedes mit einer willkürlichen Constanten multiplicirt wird, gleichfalls ein Integral der Differentialgleichung, und es genügt auch den Grenzbedingungen, wenn jedes der particulären Integrale ihnen genügt. Es handelt sich also nur noch darum, die unendliche Anzahl der Constanten, welche diess Integral einschliesst, so zu bestimmen, dass man für $t = 0$ den gegebenen Anfangszustand erhält. Indem wir diesen Gang befolgen, wollen wir die Lösung der letzten Probleme wieder aufnehmen.

Bewegung eines Gases in einem an beiden Enden geschlossenen Cylinder. Bei denselben Bezeichnungen wie vorher hat man folgenden Gleichungen zu genügen:

$$1)\qquad \frac{\partial^2\varphi}{\partial t^2} = a^2\frac{\partial^2\varphi}{\partial x^2},$$

$$2)\qquad \frac{\partial\varphi}{\partial x} = 0 \text{ für } x = 0 \text{ und für } x = l,$$

$$3)\qquad \frac{\partial\varphi}{\partial x} = \psi(x) \text{ für } t = 0,$$

$$4)\qquad \frac{\partial\varphi}{\partial t} = -a^2\chi(x) \text{ für } t = 0.$$

Man sieht unmittelbar, dass die Gleichung 1) durch folgenden Werth von φ erfüllt wird

$$\varphi = (M\cos mx + N\sin mx)\,(A\sin amt + B\cos amt),$$

wo M, N, A, B willkürliche Constanten bezeichnen. Um der Gleichung 2) zu genügen, muss man für jeden Werth von t die Bedingung haben, dass der Differentialquotient des ersten Factors, nämlich

$$-m\,(M\sin mx - N\cos mx)$$

sowohl für $x = 0$ als für $x = l$ verschwindet; hieraus folgen die Gleichungen:

$$N = 0, \; sin\, ml = 0, \quad \text{mithin } m = \frac{n\pi}{l},$$

wo n eine beliebige ganze positive oder negative Zahl bezeichnet. Man kann sich jedoch auf die positiven Werthe beschränken, weil die Werthe von φ, welche den negativen Werthen von n entsprechen, sich nicht von den ersteren unterscheiden würden, wofern man die Unbestimmtheit der Coëfficienten berücksichtigt.

Bezeichnen wir mit Σ eine Summe, welche sich auf alle ganzen und positiven Werthe von n erstreckt, lassen wir ferner A und B sich willkürlich mit n ändern und werfen wir endlich den unnützen Factor M weg, so erhalten wir ein allgemeineres Integral der Gleichung 1), welches den Grenzbedingungen des Rohrs genügt; dieses Integral ist

$$\varphi = \Sigma \cos \frac{n\pi x}{l} \left(A \sin \frac{an\pi t}{l} + B \cos \frac{an\pi t}{l} \right).$$

Indem wir diesen Ausdruck nach x und t differentiiren, um daraus u und y abzuleiten, welche die Lösung der Frage geben, und für A und B die willkürlichen Constanten $A \frac{n\pi}{l} + B \frac{n\pi}{l}$ substituiren, erhalten wir

$$5) \quad u = - \Sigma \sin \frac{n\pi x}{l} \left(A \sin \frac{an\pi t}{l} + B \cos \frac{an\pi t}{l} \right),$$

$$6) \quad ay = - \Sigma \cos \frac{n\pi x}{l} \left(A \cos \frac{an\pi t}{l} - B \sin \frac{an\pi t}{l} \right).$$

Für $t = 0$ geben die Gleichungen 3) und 4) folgende Bedingungen zur Bestimmung von A und B:

$$7) \qquad \Sigma B \sin \frac{n\pi x}{l} = - \psi(x),$$

$$8) \qquad \Sigma A \cos \frac{n\pi x}{l} = - a\, \chi(x).$$

Um die Coëfficienten B zu bestimmen, wollen wir die Function $\psi(x)$, welche bloss von $x = 0$ bis $x = l$ gegeben ist, in eine Reihe nach den Sinus der Vielfachen von x entwickeln; wir setzen dabei die Eigenschaft

$$\psi(-x) = - \psi(x)$$

voraus, die aber desswegen zulässig ist, weil $\psi(x)$ ausserhalb der Grenzen 0 und l ganz willkürlich bleibt. Mittelst der bekannten Formel

$$\varphi(x) = \frac{2}{l} \sum_{1}^{\infty} \sin \frac{n\pi x}{l} \int_{0}^{l} \varphi(\vartheta) \sin \frac{n\pi\vartheta}{l} \, d\vartheta$$

erkennt man, dass die Bedingung 7) erfüllt wird, wenn man für B folgenden Ausdruck nimmt:

$$B = -\frac{2}{l} \int_{0}^{l} \psi(\vartheta) \sin \frac{n\pi\vartheta}{l} \, d\vartheta.$$

Um der Gleichung 8) zu genügen, muss man von einer Entwickelung Gebrauch machen, in welcher nur die Cosinus der Vielfachen von x vorkommen; die hierzu nöthige Eigenschaft

$$\chi(-x) = \chi(x)$$

darf man voraussetzen, weil die Function χ ausserhalb der Grenzen 0 und l beliebig ist. Benutzt man die Formel

$$\varphi(x) = \frac{1}{l} \int_{0}^{l} \varphi(\vartheta) \, d\vartheta + \frac{2}{l} \sum_{1}^{\infty} \cos \frac{n\pi x}{l} \int_{0}^{l} \varphi(\vartheta) \cos \frac{n\pi\vartheta}{l} \, d\vartheta,$$

so ist im vorliegenden Falle

$$\frac{1}{l} \int_{0}^{l} \varphi(\vartheta) \, d\vartheta = -\frac{a}{l} \int_{0}^{l} \chi(\vartheta) \, d\vartheta = 0,$$

denn die mittlere Verdichtung des Gases in dem Rohre ist Null, weil die äussersten Querschnitte unbeweglich geblieben sind. Man genügt also der Gleichung 8) bei ganzen $n > 0$ durch die Annahme

$$A = -\frac{2a}{l} \int_{0}^{l} \chi(\vartheta) \cos \frac{n\pi\vartheta}{l} \, d\vartheta.$$

Die Formeln 5) und 6) werden jetzt

$$9)\quad u = \frac{2}{l}\,\Sigma \sin\frac{n\pi x}{l}\left\{\begin{array}{l} a \sin\frac{an\pi t}{l}\int\limits_0^l \chi(\vartheta)\cos\frac{n\pi\vartheta}{l}\,d\vartheta \\ + \cos\frac{an\pi t}{l}\int\limits_0^l \psi(\vartheta)\sin\frac{n\pi\vartheta}{l}\,d\vartheta \end{array}\right\},$$

$$\gamma = \frac{2}{l}\,\Sigma \cos\frac{n\pi x}{l}\left\{\begin{array}{l} \cos\frac{an\pi t}{l}\int\limits_0^l \chi(\vartheta)\cos\frac{n\pi\vartheta}{l}\,d\vartheta \\ - \frac{1}{a}\sin\frac{an\pi t}{l}\int\limits_0^l \psi(\vartheta)\sin\frac{n\pi\vartheta}{l}\,d\vartheta \end{array}\right\}.$$

Nimmt man bei einem und demselben t solche Werthe für x, welche sich von einander um $2l$ unterscheiden, so sind die ihnen entsprechenden Werthe von u und γ dieselben; letztere Functionen sind also periodisch in Bezug auf x, und die Periode entspricht der Strecke $2l$ auf der Achse der x. Wenn man ebenso x constant und t um $\frac{2l}{a}$ variiren lässt, so behalten u und γ noch dieselben Werthe; die Bewegung eines jeden Punktes ist also periodisch, und die Dauer der Periode $= \frac{2l}{a}$.

Die Formeln 9) und 10) würde man für eine unendliche Röhre erhalten, wenn man von dem für $t = 0$ vorhandenen Anfangszustande ausginge. Dieser unbestimmte Anfangszustand könnte die Grenzbedingungen vertreten.

34. Wenn man insbesondere denjenigen Anfangszustand betrachtet, für welchen die Reihe sich auf ein einziges, einem beliebigen Werthe von n entsprechendes, Glied reducirt, so erhält man eine sogenannte einfache Bewegung des Systems, sie wird durch Gleichungen von folgender Form dargestellt:

$$u = \sin\frac{n\pi x}{l}\left(P \sin\frac{an\pi t}{l} + Q\cos\frac{an\pi t}{l}\right),$$

$$a\gamma = \cos\frac{n\pi x}{l}\left(P\cos\frac{an\pi t}{l} - Q\sin\frac{an\pi t}{l}\right).$$

Die Dauer der Schwingung ist in diesem Falle $\frac{2l}{na}$ statt $\frac{2l}{a}$. Die Werthe von u sind Null für alle Werthe von x, welche der Gleichung

$$\sin\frac{n\pi x}{l} = 0$$

genügen und in der Formel $x = \frac{kl}{n}$ enthalten sind, wo k eine beliebige ganze Zahl bezeichnet.

Die Stellen, an welchen das Gas in dem Rohre unbeweglich bleibt, nennt man Knoten; sie sind die Theilpunkte, wenn man das Rohr in n gleiche Theile zerlegt. Die Punkte, in denen die Verdichtung Null ist, und welche man Bäuche nennt, werden durch folgende Gleichung bestimmt

$$\cos\frac{n\pi x}{l} = 0, \text{ woraus } x = \frac{(2k+1)\,l}{2n};$$

sie liegen also in den Mitten der auf einander folgenden Intervalle zwischen den Knoten.

35. Bei einer an beiden Seiten offenen Röhre sind die auf die Enden bezüglichen Gleichungen

$$\frac{\partial\varphi}{\partial t} = 0 \text{ für } x = 0 \text{ und für } x = l.$$

Die übrigen Gleichungen bleiben dieselben wie im vorigen Falle, und man erhält einen Werth für φ, welcher allen Bedingungen, mit Ausnahme des Anfangszustandes, genügt, durch die Formel

$$\varphi = \Sigma\sin\frac{n\pi x}{l}\left(A\sin\frac{an\pi t}{l} + B\cos\frac{an\pi t}{l}\right),$$

worin sich die Summe Σ auf alle ganzen und positiven Werthe von n bezieht, und A, B willkürliche Constanten sind, die mit n variiren können. Aus diesem Werthe von φ leitet man folgende Ausdrücke für u und γ ab, welche die einzigen sind, deren man bedarf und in welchen die unbestimmten Grössen A und B sich durch den Factor $\frac{n\pi}{l}$ von denjenigen unterscheiden, welche in φ vorkommen:

$$u = \Sigma \cos \frac{n\pi x}{l} \left(A \sin \frac{an\pi t}{l} + B \cos \frac{an\pi t}{l} \right),$$

$$a\gamma = - \Sigma \sin \frac{n\pi x}{l} \left(A \cos \frac{an\pi t}{l} - B \sin \frac{an\pi t}{l} \right).$$

Damit diese Werthe auch dem anfänglichen Zustande genügen, muss man zwischen den Grenzen $x = 0$ und $x = l$ folgende beiden Gleichungen haben:

$$\Sigma B \cos \frac{n\pi x}{l} = \psi(x),$$

$$\Sigma A \sin \frac{n\pi x}{l} = - a\chi(x);$$

hieraus erkennt man erstens, dass die Functionen ψ und χ in Bezug auf x periodisch sein müssen und dass der Index dieser Periode gleich $2l$ ist, ferner dass die Function ψ denselben Werth behält, wenn man x in $-x$ verwandelt, während die Function χ durch eben diese Aenderung einen gleichen Werth mit entgegengesetztem Zeichen erhält. Alle diese Bedingungen darf man zulassen, weil jene Functionen ausserhalb der Grenzen $x = 0$ und $x = l$ willkürlich sind. Die beiden vorigen Gleichungen geben für einen beliebigen Werth von n

$$A = - \frac{2a}{l} \int_0^l \chi(\vartheta) \sin \frac{n\pi\vartheta}{l} \, d\vartheta,$$

$$B = + \frac{2}{l} \int_0^l \psi(\vartheta) \cos \frac{n\pi\vartheta}{l} \, d\vartheta.$$

Der Werth von B, welcher sich auf $n = 0$ bezieht, würde in u das constante Glied

$$\frac{1}{l} \int_0^l \psi(\vartheta) \, d\vartheta$$

liefern, was nichts Anderes ist als der mittlere Werth von $\psi(x) = u$, oder die Anfangsgeschwindigkeit des Schwerpunktes des in dem Rohre eingeschlossenen Gases. Setzt man voraus, das weder das Gas noch die endliche Röhre, welches dasselbe immer einschliessen muss, eine gleichförmige fortschreitende Bewegung im Raume habe, so ist das obige Integral $= 0$, und man hat n nur von 1 bis ∞ gehen zu lassen; die Auflösung des Problems wird also durch folgende Gleichungen gegeben:

$$u = \frac{2}{l}\, \Sigma \cos \frac{n\pi x}{l} \left\{ \begin{array}{l} - a \sin \dfrac{an\pi t}{l} \displaystyle\int_0^l \chi(\vartheta) \sin \frac{n\pi\vartheta}{l}\, d\vartheta \\ + \cos \dfrac{an\pi t}{l} \displaystyle\int_0^l \psi(\vartheta) \cos \frac{n\pi\vartheta}{l}\, d\vartheta \end{array} \right\},$$

$$\gamma = \frac{2}{l}\, \Sigma \sin \frac{n\pi x}{l} \left\{ \begin{array}{l} + \cos \dfrac{an\pi t}{l} \displaystyle\int_0^l \chi(\vartheta) \sin \frac{n\pi\vartheta}{l}\, d\vartheta \\ + \dfrac{1}{a} \sin \dfrac{an\pi t}{l} \displaystyle\int_0^l \psi(\vartheta) \cos \frac{n\pi\vartheta}{l}\, d\vartheta \end{array} \right\}.$$

Man erkennt sofort, dass der Zustand des Gases zu einer beliebigen Zeit in solchen Punkten derselbe ist, welche um $2l$ von einander abstehen. Man sieht ferner, dass in einem und demselben, sonst aber beliebigen, Punkte ein und derselbe Zustand nach Verlauf der Zeit $\frac{2l}{a}$ wiederkehrt, dass folglich die Schwingungen in jedem Punkte periodisch sind, und dass die Dauer der Periode $\frac{2l}{a}$ ist, wie in dem Falle, wo die beiden Enden geschlossen sind.

36. Irgend eine der möglichen einfachen Bewegungen wird durch folgende Gleichungen, in denen n eine beliebige ganze Zahl und A, B willkürliche Constanten bezeichnen, dargestellt

$$u = \cos \frac{n\pi x}{l} \left(A \sin \frac{an\pi t}{l} + B \cos \frac{an\pi t}{l} \right),$$

$$a\gamma = \sin \frac{n\pi x}{l} \left(B \sin \frac{an\pi t}{l} - A \cos \frac{an\pi t}{l} \right).$$

Da in diesem Falle nur ein Bogen $\frac{an\pi t}{l}$ vorhanden ist, so kehren die Werthe von u und γ nach einer Zeit $\frac{2l}{na}$ wieder. Die Bäuche bestimmen sich durch die Gleichung

$$\sin\frac{n\pi x}{l} = 0, \text{ woraus } x = \frac{kl}{n},$$

wo k eine beliebige ganze Zahl bezeichnet. Diese Punkte theilen die Röhre in n gleiche Theile. Die Knoten ergeben sich mittelst der Gleichung

$$\cos\frac{n\pi x}{l} = 0, \text{ woraus } x = \frac{(2k+1)\,l}{2n}.$$

Diese Punkte liegen in den Mitten zwischen den auf einander folgenden Bäuchen.

37. Ist die Röhre an dem einen Ende geschlossen und am andern offen, so verlegen wir den Anfangspunkt der Coordinaten an das offene Ende; dann muss sein

$$\frac{\partial\varphi}{\partial t} = 0 \text{ für } x = 0, \text{ und } \frac{\partial\varphi}{\partial x} = 0 \text{ für } x = l;$$

man genügt allen Bedingungen, mit Ausnahme der des Anfangszustandes, durch den Werth

$$\varphi = \Sigma \sin\frac{(2n+1)\,\pi x}{2l}\left\{A \sin\frac{(2n+1)\,\pi at}{2l} + B\cos\frac{(2n+1)\,\pi at}{2l}\right\},$$

worin A und B willkürliche Constanten bezeichnen, welche mit n variiren, und die Summe Σ sich auf alle ganzen und positiven Werthe von n erstreckt. Daraus leitet man für u und γ folgende Werthe ab, in welchen A und B neue unbestimmte Grössen bezeichnen, welche sich von den vorhergehenden durch den Factor $\frac{(2n+1)\,\pi}{2l}$ unterscheiden:

$$u = \Sigma\cos\frac{(2n+1)\,\pi x}{2l}\left\{A\sin\frac{(2n+1)\,\pi at}{2l} + B\cos\frac{(2n+1)\,\pi at}{2l}\right\},$$

$$a\gamma = -\Sigma\sin\frac{(2n+1)\,\pi x}{2l}\left\{A\cos\frac{(2n+1)\,\pi at}{2l} - B\sin\frac{(2n+1)\,\pi at}{2l}\right\}.$$

Damit diese Ausdrücke dem Anfangszustande genügen, müssen zwischen den Grenzen $x = 0$ und $x = l$ die beiden Bedingungen stattfinden

$$\Sigma\, B \cos \frac{(2n+1)\,\pi x}{2l} = \psi(x),$$

$$\Sigma\, A \sin \frac{(2n+1)\,\pi x}{2l} = -a\chi(x).$$

Vermöge dieser Gleichungen besitzen die Functionen $\psi(x)$ und $\chi(x)$, in der unendlichen Ausdehnung der Achse der x betrachtet, folgende Eigenschaften:

$$\psi(-x) = \psi(x),\quad \chi(-x) = -\chi(x),$$
$$\psi(l+\xi) = -\psi(l-\xi),\quad \chi(l+\xi) = \chi(l-\xi),$$
$$\psi(4l+\xi) = \psi(\xi),\quad \chi(4l+\xi) = \chi(\xi);$$

die letzte Gleichung sagt, dass diese Functionen in Bezug auf x periodisch um den Index $4l$ sind. Diese Bedingungen dürfen angenommen werden, weil jene Functionen nur zwischen $x = 0$ und $x = l$ gegeben sind, und der Anfangszustand die Grenzbedingungen fest bestimmen würde, wenn man die Röhre in beiden Richtungen unendlich und das Gas als vollkommen frei betrachtete.

Die allgemeinen Werthe von A und B, welche den vorigen Bedingungen genügen, sind

$$B = \frac{2}{l}\int_0^l \psi(\vartheta) \cos \frac{(2n+1)\,\pi\vartheta}{2l}\, d\vartheta,$$

$$A = -\frac{2a}{l}\int_0^l \chi(\vartheta) \sin \frac{(2n+1)\,\pi\vartheta}{2l}\, d\vartheta.$$

Die Auflösung der Aufgabe ist also in folgenden Formeln enthalten:

$$u = \frac{2}{l}\,\Sigma \cos \frac{(2n+1)\pi x}{2l} \left\{ \begin{array}{l} -a \sin \dfrac{(2n+1)\pi a t}{2l} \displaystyle\int_0^l \chi(\vartheta) \sin \frac{(2n+1)\pi\vartheta}{2l} d\vartheta \\ + \cos \dfrac{(2n+1)\pi a t}{2l} \displaystyle\int_0^l \psi(\vartheta) \cos \frac{(2n+1)\pi\vartheta}{2l} d\vartheta \end{array} \right\},$$

$$y = \frac{2}{l} \Sigma \sin \frac{(2n+1)\pi x}{2l} \left\{ \begin{array}{l} + \cos \frac{(2n+1)\pi a t}{2l} \int\limits_0^l \chi(\vartheta) \sin \frac{(2n+1)\pi\vartheta}{2l} d\vartheta \\ \\ + \frac{1}{a} \sin \frac{(2n+1)\pi a t}{2l} \int\limits_0^l \psi(\vartheta) \cos \frac{(2n+1)\pi\vartheta}{2l} d\vartheta \end{array} \right\},$$

wo die Summen Σ sich auf alle positiven und ganzen Werthe für n von 0 bis ∞ erstrecken.

Die vorliegenden Ausdrücke sind periodisch in Bezug auf x und t, und zwar hinsichtlich des x um den Index $4l$, und rücksichtlich des t um den Index $\frac{4l}{a}$. Die Dauer der Periode ist in diesem Falle das Doppelte von dem, was sie in den beiden vorigen Fällen war, und der von der Röhre hervorgebrachte Grundton ist um eine Octave tiefer als derjenige, welchen eine gleich lange an beiden Enden offene oder geschlossene Röhre angiebt.

38. Die einfache Bewegung, welche einem einzelnen Werthe von n entspricht, hat die Periode $\frac{4l}{(2n+1)a}$. Die Knoten bestimmen sich durch die Gleichung

$$\cos \frac{(2n+1)\pi x}{2l} = 0, \text{ woraus } x = \frac{(2k+1)l}{2n+1},$$

wenn k eine ganze Zahl bezeichnet. Die Abstände der Knoten vom Anfang sind der Reihe nach

$$\frac{l}{2n+1}, \frac{3l}{2n+1}, \frac{5l}{2n+1}, \ldots l,$$

also von einander um $\frac{2l}{2n+1}$ entfernt, und folglich hat man, vom ersten Knoten an gerechnet, gewissermaassen eine Reihenfolge geschlossener Röhren von der gemeinschaftlichen Länge $\frac{2l}{2n+1}$. Die Bäuche ergeben sich aus der Gleichung

$$\sin \frac{(2n+1)\pi x}{2l} = 0 \text{ oder } x = \frac{2kl}{2n+1},$$

worin k eine unbestimmte ganze Zahl bezeichnet; die Abstände der Bäuche vom Anfange sind:

$$0, \frac{2l}{2n+1}, \frac{4l}{2n+1}, \ldots \frac{2nl}{2n+l},$$

also die Mitten zwischen den auf einander folgenden Knoten; sie stehen von einander um $\frac{2l}{2n+1}$ ab, und das zwischen zwei auf einanderfolgenden Bäuchen enthaltene Gas befindet sich in demselben Falle, als wenn es in einer an beiden Enden offenen Röhre von der Länge $\frac{2l}{2n+1}$ enthalten wäre.

Bewegung in einer nach allen Seiten hin unendlichen Gasmasse.

39. Für die kleinen Bewegungen der Molecüle eines homogenen nach allen Richtungen unendlichen Gases haben wir die früher bewiesene Gleichung

1) $$\frac{\partial^2\varphi}{\partial t^2} = a^2\left(\frac{\partial^2\varphi}{\partial x^2} + \frac{\partial^2\varphi}{\partial y^2} + \frac{\partial^2\varphi}{\partial z^2}\right).$$

Grenzbedingungen sind in diesem Falle nicht vorhanden, doch muss man immer dem Anfangszustande genügen, wozu erfordert wird, dass $\frac{\partial\varphi}{\partial t}, \frac{\partial\varphi}{\partial x}, \frac{\partial\varphi}{\partial y}, \frac{\partial\varphi}{\partial z}$ für $t = 0$ in willkürlich gegebene Functionen der Variabeln x, y, z übergehen. Kennt man nun die drei partiellen Differentialquotienten einer Function von x, y, z, so ist die Function selbst bis auf eine Constante bestimmt, die in der vorliegenden Frage keine Rücksicht verdient; daraus folgt, dass mit dem Anfangszustande die Werthe von φ und $\frac{d\varphi}{dt}$ für $t = 0$ zugleich bekannt sind. Bezeichnet man mit F und f willkürliche Functionen von x, y, z, so werden jetzt die Bedingungen des Anfangszustandes durch die Gleichungen

2) $$\varphi = f(x, y, z), \frac{d\varphi}{dt} = F(x, y, z) \text{ für } t = 0$$

ausgedrückt, und es kommt nur darauf an, den Gleichungen 1) und 2) zu genügen. Diess geschieht mittelst der von Poisson gegebenen Formel*)

*) S. den Anhang.

$$3)\quad \begin{cases} \varphi = \dfrac{1}{4\pi}\displaystyle\int_0^\pi\int_0^{2\pi} t \sin\vartheta d\vartheta d\psi F(x + at\cos\vartheta,\ y + at\sin\vartheta\cos\psi, \\ \qquad\qquad z + at\sin\vartheta\sin\psi) \\ + \dfrac{1}{4\pi}\dfrac{\partial}{\partial t}\displaystyle\int_0^\pi\int_0^{2\pi} t\sin\vartheta d\vartheta d\psi f(x + at\cos\vartheta,\ y + at\sin\vartheta\cos\psi, \\ \qquad\qquad z + at\sin\vartheta\sin\psi). \end{cases}$$

Die Integrationen in Bezug auf ϑ sind zwischen den Grenzen 0 und π, und die nach ψ zwischen 0 und 2π auszuführen. Dieser Ausdruck für φ kann auch noch unter folgender Form geschrieben werden:

$$4)\quad \begin{cases} \varphi = \dfrac{1}{4\pi}\mathbf{S}\, td\omega\, F(x + at\cos\alpha,\ y + at\cos\beta,\ z + at\cos\gamma) \\ + \dfrac{1}{4\pi}\dfrac{\partial}{\partial t}\mathbf{S}\, td\omega\, f(x + at\cos\alpha,\ y + at\cos\beta,\ z + at\cos\gamma), \end{cases}$$

wo $d\omega$ das unendliche kleine Element der Kugeloberfläche bedeutet, welche um den Anfang als Mittelpunkt mit dem Radius 1 beschrieben ist, α, β, γ die Winkel bezeichnen, welche der Radius vector dieses Elementes mit den Achsen bildet, und die Summe S sich auf alle Elemente der Kugeloberfläche bezieht.

Diese wichtige Formel gestattet eine sehr bequeme Anwendung, wenn die Functionen F und f, wie im vorliegenden Falle, für alle reellen Werthe der Variabeln x, y, z gegeben sind; wäre aber die Flüssigkeit begrenzt, so würden die besonderen hieraus hervorgehenden Bedingungen schwierig auszudrücken sein, und man würde sich genöthigt sehen, andre Formen für das Integral der Gleichung 1) aufzusuchen. Wir wollen uns mit diesem letzten Falle nicht beschäftigen. Die Formel 3) liefert die vollständige Lösung der Aufgabe, weil sie die Function φ giebt, mithin auch die Verdichtungen und die Componenten der Geschwindigkeit in einem beliebigen Punkte und zu einer beliebigen Zeit. Wir wollen uns darauf beschränken, die Geschwindigkeit abzuleiten, mit welcher eine beliebige Erschütterung sich in dem Fluidum fortpflanzt; damit die Resultate eine leichtere und klarere Deutung zulassen, setzen wir voraus, dass die Erschütterung nur in einem nach allen Richtungen hin unendlich kleinen Theile stattfinde, in dessen Inneres wir zugleich den Coordinatenanfang verlegen.

Unter der gemachten Voraussetzung verschwinden die Functionen $f(x, y, z)$ und $F(x, y, z)$ für alle Werthe von x, y, z, welche nicht Coordinaten eines Punktes des erschütterten Theils sind; nehmen wir

$$5)\qquad x + at\cos\alpha = x',\ y + at\cos\beta = y',\ z + at\cos\gamma = z',$$

so kann der Werth von φ für den Punkt M, dessen Coordinaten x, y, z sind, nur von Null verschieden sein, wenn der Werth von t so beschaffen ist, dass x', y', z' für passende Werthe von α, β, γ die Coordinaten von Punkten darstellen, welche in dem anfänglich erschütterten Theile liegen; diese Werthe von α, β, γ sind die einzigen, welche in den für φ angegebenen bestimmten Integralen zu betrachten sind.

Es ist leicht, sich geometrisch die Richtungen zu veranschaulichen, welche denjenigen Werthen von α, β, γ oder von ϑ und ψ entsprechen, die keine in den Integralen verschwindenden Elemente liefern. Der Punkt nämlich, dessen Coordinaten die durch die Gleichung 5) gegebenen Werthe von x', y', z' sind, wird dadurch construirt, dass man eine der Grösse at gleiche Länge auf die den Winkeln α, β, γ entsprechende Richtung abträgt. Wenn man also mit dem Radius at um M als Mittelpunkt eine Kugel beschreibt, so sind die Punkte ihrer Oberfläche, welche sich in der anfänglichen Erschütterung befinden, die einzigen, für welche die Functionen f und F nicht verschwinden; und die Richtungen der Vectoren, welche von dem Punkte M an diese verschiedenen Punkte gezogen werden können, sind die einzigen, auf welche man Rücksicht zu nehmen hat. Daraus ersieht man, dass die Function φ bis zu der Stelle Null bleibt, wo die Oberfläche der Kugel mit dem Mittelpunkt M und dem variabeln Radius at in die anfängliche Erschütterung einzudringen beginnt, und dass sie wieder verschwindet, wenn diese Oberfläche, deren Radius gleichförmig wächst, die Erschütterung passirt hat; in jedem zwischenliegenden Augenblicke bestimmt allein derjenige Theil der Erschütterung den Werth von φ, welcher sich auf der Kugel mit dem Radius at befindet. Die unmittelbare Folgerung aus diesem Satze ist, dass eine nach allen Richtungen unendlich kleine Erschütterung sich nach allen Richtungen hin mit einer und derselben Geschwindigkeit a fortpflanzt, weil die Punkte, welche in der Entfernung at liegen, sich nach Verlauf der Zeit t in Bewegung setzen. Die Dauer der Erschütterung in einem beliebigen Punkte M wird durch die beiden Kugeln bestimmt, welche um diesen Punkt als Mittelpunkt beschrieben werden, und welche die Eigenschaft besitzen, dass der erschütterte Theil ganz ausserhalb der ersten und ganz innerhalb der zweiten liegt, während er mit jeder der beiden Oberflächen einen Punkt gemein hat.

Die Fortpflanzungsgeschwindigkeit der Bewegung in einem homogenen Gase, das nach allen Seiten hin unbegrenzt ist, hat also mit derjenigen in einer cylindrischen Röhre denselben Werth.

Von dem Gleichgewichte und den unendlich kleinen Bewegungen eines elastischen Fadens.

40. Die Aehnlichkeit zwischen dieser und der vorigen Aufgabe hat uns bestimmt, dieselbe hier folgen zu lassen, obgleich sie nicht in die Theorie der Bewegung der Flüssigkeiten gehört.

Bisher haben wir die Fäden als unausdehnbar betrachtet, was eine reine Abstraction ist; wir wollen jetzt annehmen, dass sie unter dem Einflusse von Kräften, welche in ihnen eine beliebige Spannung erzeugen, einer Verlängerung fähig sind, und ferner, dass der Faden nicht reisst und seine ursprüngliche Länge wieder annimmt, wenn die spannende Kraft zu wirken aufhört; mit anderen Worten, wir betrachten den Faden nur innerhalb der Grenze seiner Elasticität. Erfahrungsmässig ist dann die Verlängerung des Fadens direct proportional seiner Spannung. Als den natürlichen Zustand des Fadens bezeichnen wir denjenigen, in welchem er von keiner Kraft angegriffen wird. Bringen wir dann an die Längeneinheit eines homogenen Fadens eine der Krafteinheit gleiche Spannung an, so verlängert er sich um eine gewisse Grösse δ, welche in allen Fällen gegeben sein muss. Läge eine der Einheit gleiche Spannung ausserhalb der oben bezeichneten Grenze, so würde man dieselbe in dem Faden nicht wirklich hervorbringen können, aber der Gleichförmigkeit der Bezeichnungen wegen wollen wir immer voraussetzen, dass die Verlängerung δ sich auf die Einheit des Fadens beziehe, wenn er der Einheit der Spannung unterworfen ist, während er denselben Gesetzen wie innerhalb der Grenze seiner Elasticität unterliegen möge. Nur wird man bei jeder besonderen Anwendung untersuchen müssen, ob diese Grenze nicht überschritten wird, da ausserdem die Resultate der Erfahrung mit den durch die Rechnung erhaltenen nicht übereinstimmen können.

41. Sei AB (Fig. 21.) ein homogener elastischer Faden, dessen Enden A und B fest sind und der eine Spannung τ erfährt, während er keiner äusseren Wirkung unterworfen ist, mithin alle seine Punkte auf der Geraden AB liegen; sei ferner ε die Masse der Längeneinheit, A der Anfang eines rechtwinkligen Coordinatensystems, dessen x-Achse in der Richtung AB liegt, endlich X, Y, Z das System der Componenten der an alle Punkte des Fadens angebrachten und auf die Masseneinheit bezogenen Kraft, so ist es unsre Aufgabe, für jeden Punkt des Fadens die Werthe seiner drei Coordinaten zu bestimmen, welche im Falle des Gleichgewichts constant sind, bei der Bewegung aber von der Zeit abhängen.

Fig. 21.

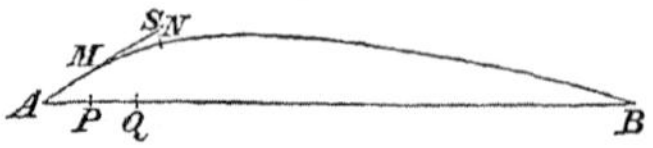

Der Einfluss der Kräfte X, Y, Z, welche auf alle Punkte des Fadens wirken, wird eine allgemeine Verrückung zur Folge haben; ist z. B. M in einem beliebigen Augenblicke die Lage des materiellen Punktes, welcher anfänglich in P war, so wollen wir zuerst den allgemeinen Ausdruck für die Spannung des Fadens in diesem Punkte M aufsuchen. Zu diesem Behufe betrachten wir einen zweiten Punkt Q, welcher im anfänglichen Zustande in einer unendlich kleinen Entfernung α von P liegt, und sich in dem Augenblicke in N befindet, wo P nach M gekommen ist; der Ueberschuss der Länge MN über PQ, dividirt durch PQ oder α, giebt jetzt die Dehnung, welche die Längeneinheit des Fadens in der Nachbarschaft des Punktes P erfährt, woraus man leicht den Zuwachs der Spannung ableiten kann. Bezeichnen wir mit x die Abscisse AP des Punktes P im Anfangszustande, und mit $x + u$, y, z die Coordinaten des Punktes M, so bilden die drei unendlich kleinen Grössen u, y, z die Unbekannten der Aufgabe; im Falle des Gleichgewichts sind sie Functionen von x, bei der Bewegung dagegen Functionen von x und t; x bleibt während der Bewegung des materiellen Punktes constant und ändert sich nur wenn man von einem Molecül zum andern übergeht.

Da die Differenz $MN - PQ$ sehr klein im Vergleich zu PQ ist, so darf man in ihrem Werthe nur die unendlich kleinen Grössen zweiter Ordnung in Bezug auf PQ vernachlässigen; beschränkt man sich ferner auf die Fälle, wo die Winkel der verschiedenen Elemente des Fadens mit der Achse der x sehr klein bleiben, so kann man den Unterschied zwischen MN und ihrer Projection auf die Achse der x vernachlässigen, und es ist dann, wenn u' den Werth von u im Punkte Q bezeichnet,

$$MN - PQ = u' - u.$$

Nun geht aber u' aus u dadurch hervor, dass man in diesem Ausdrucke $x + \alpha$ für x setzt, es ist daher

$$u' - u = \frac{\partial u}{\partial x}\alpha,$$

indem man die Glieder vernachlässigt, welche unendlich klein im Vergleich zum ersten sind. Nach dem oben Gesagten giebt jetzt der Quotient

$$\frac{u' - u}{\alpha} = \frac{\partial u}{\partial x}$$

die auf die Längeneinheit bezogene Dehnung, welche der Faden in demjenigen Punkte erfährt, dessen Abscisse in dem anfänglichen Zustande x war. Da ferner die Zunahme der Länge dem Zuwachs der Spannung proportional ist, so wird letztere durch $\frac{1}{\delta}\frac{\partial u}{\partial x}$ ausgedrückt; für die Spannung T, die zu einer beliebigen Zeit in M stattfinde, ergiebt sich hiernach

$$T = \tau + \frac{1}{\delta}\frac{\partial u}{\partial x}.$$

Nachdem man den allgemeinen Werth der Spannung kennen gelernt hat, lässt sich derselbe Gang wie bei der Betrachtung unelastischer Fäden befolgen. Man bestimmt zunächst alle äusseren Kräfte, welche auf ein Element MN wirken; diese Kräfte sind erstens die Spannungen in M und N, zweitens die Kräfte X, Y, Z, deren Werth durch die unendlich kleine Verrückung der Punkte nicht merklich geändert wird; letztere geben für das Element PQ und folglich für MN die drei Componenten

$$\alpha\varepsilon X,\ \alpha\varepsilon Y,\ \alpha\varepsilon Z.$$

Nennen wir λ, μ, ν die Winkel, welche die Richtung MS der Tangente mit den Achsen bildet, so sind die Componenten der in M auf das Element MN wirkenden Spannung

$$-T\cos\lambda,\ -T\cos\mu,\ -T\cos\nu,$$

und die Componenten der in N wirkenden

$$T\cos\lambda + d(T\cos\lambda),\ T\cos\mu + d(T\cos\mu),\ T\cos\nu + d(T\cos\nu).$$

Mag man nun das Element MN als starr oder veränderlich ansehen, so ist doch die Bewegung seines Schwerpunktes immer dieselbe, als wenn die ganze Masse in ihm vereinigt und sämmtliche Kräfte, die auf dasselbe wirken, an ihn angebracht wären. Ferner unterscheidet sich die Bewegung dieses Schwerpunktes so wenig als man will von derjenigen des Punktes M; die Gleichungen der Bewegung dieses letzteren können daher als identisch mit folgenden angesehen werden:

$$d(T\cos\lambda) + \alpha\varepsilon X = \alpha\varepsilon\,\frac{\partial^2 u}{\partial t^2},$$

$$d(T\cos\mu) + \alpha\varepsilon Y = \alpha\varepsilon\,\frac{\partial^2 y}{\partial t^2},$$

$$d(T\cos\nu) + \alpha\varepsilon Z = \alpha\varepsilon\,\frac{\partial^2 z}{\partial t^2}.$$

Dividirt man alle Ausdrücke dieser Gleichungen durch α und geht zur Grenze über, so werden die ersten Glieder die nach x genommenen partiellen Differentialquotienten der drei Grössen

$$T\cos\lambda,\quad T\cos\mu,\quad T\cos\nu.$$

Statt $\cos\lambda$ darf man die Einheit setzen, wenn man die Grössen zweiter Ordnung vernachlässigt; diess giebt

$$\frac{\partial(T\cos\lambda)}{\partial x} = \frac{1}{\delta}\,\frac{\partial^2 u}{\partial x^2}.$$

Was $\cos\mu$ und $\cos\nu$ anbetrifft, so sind ihre Werthe unendlich kleine Grössen erster Ordnung, und da dasselbe von u und $\frac{\partial u}{\partial x}$ gilt, so kann man $T\cos\mu$, $T\cos\nu$ auf $\tau\cos\mu$, $\tau\cos\nu$ zurückführen. Bezeichnet man nämlich mit dy, dz die Differenzen der Coordinaten y, z der beiden unendlich nahen Punkte M, N, und mit dx die Differenz PQ ihrer x, so wird

$$\cos\mu = \frac{dy}{MN},\quad \cos\nu = \frac{dz}{MN},$$

und da MN sich von PQ oder dx nur um eine im Vergleich zu dx unendlich kleine Grösse unterscheidet, so kann man setzen

$$\cos\mu = \frac{dy}{dx},\quad \cos\nu = \frac{dz}{dx},$$

woraus folgt

$$\frac{\partial(T\cos\mu)}{\partial x} = \tau\,\frac{\partial^2 y}{\partial x^2},\quad \frac{\partial(T\cos\nu)}{\partial x} = \tau\,\frac{\partial^2 z}{\partial x^2};$$

die Gleichungen der Bewegung des Fadens sind demnach

$$1)\qquad \begin{cases} \dfrac{\partial^2 u}{\partial t^2} = X + \dfrac{1}{\delta\varepsilon}\dfrac{\partial^2 u}{\partial x^2}, \\[2ex] \dfrac{\partial^2 y}{\partial t^2} = Y + \dfrac{\tau}{\varepsilon}\dfrac{\partial^2 y}{\partial x^2}, \\[2ex] \dfrac{\partial^2 z}{\partial t^2} = Z + \dfrac{\tau}{\varepsilon}\dfrac{\partial^2 z}{\partial x^2}. \end{cases}$$

Die Bedingungsgleichungen des Gleichgewichts des Fadens unter dem Einflusse der Kräfte X, Y, Z sind ferner

$$2)\qquad \begin{cases} X + \dfrac{1}{\delta\varepsilon}\dfrac{d^2 u}{dx^2} = 0, \\[2ex] Y + \dfrac{\tau}{\varepsilon}\dfrac{d^2 y}{dx^2} = 0, \\[2ex] Z + \dfrac{\tau}{\varepsilon}\dfrac{d^2 z}{dx^2} = 0. \end{cases}$$

Wenn die Kräfte X, Y, Z entweder gleich Null oder nur Functionen von t und x sind, so zeigen die Gleichungen 1), dass die Functionen u, y, z unabhängig von einander berechnet werden können; die durch u bestimmte Longitudinalbewegung ist daher unabhängig von der durch y und z bestimmten Transversalbewegung.

Für $X = Y = Z = 0$ reduciren sich die Gleichungen 1) auf

$$\frac{\partial^2 u}{\partial t^2} = \frac{1}{\delta\varepsilon}\frac{\partial^2 u}{\partial x^2},$$

$$\frac{\partial^2 y}{\partial t^2} = \frac{\tau}{\varepsilon}\frac{\partial^2 y}{\partial x^2},$$

$$\frac{\partial^2 z}{\partial t^2} = \frac{\tau}{\varepsilon}\frac{\partial^2 z}{\partial x^2}.$$

Alle drei haben dieselbe Form wie jene, welche die Bewegung eines Gases in einer cylindrischen Röhre bestimmen, und sie würden auf ähnliche Fragen führen, wie wir sie bei der Theorie der Bewegung des Gases ins Einzelne verfolgt haben. Man wird ebenfalls finden, dass die Fortpflanzungsgeschwindigkeit in longitudinaler Richtung $= \sqrt{\dfrac{1}{\delta\varepsilon}}$ und in transversaler $= \sqrt{\dfrac{\tau}{\varepsilon}}$ ist. Für die Dauer der longitudinalen Schwingungen des Fadens von der Länge l ergiebt sich der Werth $2l\sqrt{\delta\varepsilon}$ und man sieht, dass sie unabhängig von der Spannung des Fadens ist; die Dauer der transversalen Schwingungen erhält man $= 2l\sqrt{\frac{\varepsilon}{\tau}}$.

Die longitudinalen Schwingungen der Stäbe.

42. Die zur Bestimmung von u dienende Gleichung kann man auch ohne die Voraussetzung erhalten, dass der Faden biegsam und von geringer Dicke sei; sie gilt daher auch für einen elastischen Stab, bei welchem man nur longitudinale Bewegungen betrachtet, die für alle Punkte eines und desselben Querschnitts dieselben sind. Die Verlängerung δ, welche die Einheit der Länge unter der Einwirkung der Krafteinheit erfährt, ändert sich in umgekehrtem Verhältnisse mit dem Flächeninhalte des Querschnitts, sodass das Product $\delta\varepsilon$ unabhängig von der Dicke des Stabes bleibt.

Sind beide Enden des Stabes fest, so ist die Dauer der longitudinalen Schwingungen immer $= 2l\sqrt{\delta\varepsilon}$, wie wir sie bei elastischen Fäden gefunden haben. Man kann sich aber noch die Aufgabe stellen, die Bewegungen seiner verschiedenen Punkte zu bestimmen, wenn entweder beide Enden frei sind, oder wenn das eine Ende frei und das andre fest ist.

Die Spannung des Stabes ist an dem freien Ende veränderlich, und folglich hat man an diesem Punkte beständig

$$\frac{\partial u}{\partial x} = 0.$$

Die beiden neuen Aufgaben sind übrigens nicht schwieriger als die erste, bei welcher man beide Enden fest annahm. Sind beide Enden frei, so findet man, dass die Dauer der longitudinalen Schwingungen dieselbe ist, als wenn beide Enden fest wären; für den Fall aber, dass das eine fest und das andre frei ist, wird die Schwingungsdauer doppelt so gross. Es besteht also eine vollständige Aehnlichkeit der Longitudinalschwingungen der Stäbe mit denen von Gasen, welche in cylindrischen Röhren eingeschlossen sind; indem ein festes Ende des Stabes einem geschlossenen Ende bei dem Rohr entspricht und ebenso ein freies Ende einem offenen.

Ausführlichere, sowohl theoretische als experimentale Untersuchungen über diesen Gegenstand enthält die Abhandlung von

Seebeck: Ueber die Querschwingungen gespannter und nichtgespannter elastischer Stäbe; Abhandl. d. math.-phys. Classe der K. S. Ges. d. Wissensch. in Leipzig. Bd. I. S. 131.

Von den kleinen Bewegungen eines beliebigen Punktesystems.

43. Wir setzen ein beliebiges System unter einander verbundener Punkte voraus, dessen Theile sich im Zustande des sicheren Gleichgewichts unter dem Einflusse von Kräften befinden, welche auf beliebige Art von den Coordinaten abhängen. Entfernt man diese Punkte sehr wenig aus ihrer Gleichgewichtslage, indem man ihnen sehr kleine Geschwindigkeiten mittheilt, und überlässt sie dann der Wirkung der gegebenen Kräfte, so bleiben die Aenderungen der Coordinaten immer sehr klein, weil das Gleichgewicht stabil war. Wir wollen uns jetzt die Aufgabe stellen, diese Aenderungen als Functionen der Zeit zu bestimmen, und ihre allgemeinen Eigenschaften zu entwickeln.

Mit x, y, z mögen die Coordinaten eines beliebigen Punktes des Systems in irgend einem Augenblicke, durch a, b, c ihre Werthe in der Gleichgewichtslage, und mit μ die Masse dieses Punktes bezeichnet werden; setzen wir ferner

$$x = a + \alpha,\ y = b + \beta,\ z = c + \gamma,$$

so sind α, β, γ sehr kleine Grössen, welche sich mit der Zeit ändern, und die in jedem Augenblicke die Lage des Punktes μ bestimmen. Für einen zweiten Punkt μ' erhalten wir auf gleiche Weise

$$x' = a' + \alpha',\ y' = b' + \beta',\ z' = c' + \gamma',$$

u. s. w. für alle übrigen Punkte. Wir nennen ferner X, Y, Z die Componenten der an den Punkt μ angebrachten Kraft, X', Y', Z' jene der an den Punkt μ' thätigen Kraft u. s. w., und bezeichnen mit

$$1)\qquad L = 0,\ M = 0,\ N = 0,\ \ldots$$

die zwischen den Coordinaten $x, y, z, x', y', \ldots$ gegebenen Bedingungsgleichungen. Ersetzt man in ihnen $x, y, \ldots$ durch $a + \alpha$, $b + \beta, \ldots$ so kann man in den Entwickelungen bei den Gliedern stehen bleiben, welche die ersten Potenzen von $\alpha, \beta, \gamma, \ldots$ enthalten; ausserdem genügen die Coordinaten $a, b, c, \ldots$ denselben Gleichungen, und wenn man jetzt mit $\frac{\partial L}{\partial a}, \frac{\partial L}{\partial b} \ldots$ die Werthe bezeichnet, welche die Differentialquotienten $\frac{\partial L}{\partial x}, \frac{\partial L}{\partial y}, \ldots$ für $x=a$, $y=b\ldots$ annehmen, so erhält man folgende Gleichungen:

$$2)\quad \begin{cases} \frac{\partial L}{\partial a}\alpha + \frac{\partial L}{\partial b}\beta + \frac{\partial L}{\partial c}\gamma + \frac{\partial L}{\partial a'}\alpha' + \ldots = 0, \\ \frac{\partial M}{\partial a}\alpha + \frac{\partial M}{\partial b}\beta + \frac{\partial M}{\partial c}\gamma + \frac{\partial M}{\partial a'}\alpha' + \ldots = 0, \\ \frac{\partial N}{\partial a}\alpha + \frac{\partial N}{\partial b}\beta + \frac{\partial N}{\partial c}\gamma + \frac{\partial N}{\partial a'}\alpha' + \ldots = 0, \\ \ldots\ldots\ldots\ldots\ldots\ldots\ldots\ldots \end{cases}$$

Wir verstehen ferner unter $A, B, C, A', \ldots$ die Werthe der Functionen $X, Y, Z, X', \ldots$ in den Gleichgewichtslagen aller Punkte; für eine beliebige Nachbarlage ist dann

$$3)\quad \begin{cases} X = A + \frac{\partial X}{\partial a}\alpha + \frac{\partial X}{\partial b}\beta + \frac{\partial X}{\partial c}\gamma + \frac{\partial X}{\partial a'}\alpha' + \ldots, \\ Y = B + \frac{\partial Y}{\partial a}\alpha + \frac{\partial Y}{\partial b}\beta + \frac{\partial Y}{\partial c}\gamma + \frac{\partial Y}{\partial a'}\alpha' + \ldots, \end{cases}$$

$$3)\quad \begin{cases} Z = C + \frac{\partial Z}{\partial a}\alpha + \frac{\partial Z}{\partial b}\beta + \ldots, \\ X' = A' + \frac{\partial X'}{\partial a}\alpha + \ldots. \\ \ldots\ldots\ldots\ldots\ldots\ldots \end{cases}$$

Beachtet man endlich die Beziehungen

$$\frac{d^2x}{dt^2} = \frac{d^2\alpha}{dt^2},\quad \frac{d^2y}{dt^2} = \frac{d^2\beta}{dt^2}, \ldots$$

so ist die allgemeine Gleichung, welche die Bewegung des Systems bestimmt,

$$4)\quad \sum\left\{\left(X - \frac{d^2\alpha}{dt^2}\right)\delta x + \left(Y - \frac{d^2\beta}{dt^2}\right)\delta y + \left(Z - \frac{d^2\gamma}{dt^2}\right)\delta z\right\} = 0;$$

die Grössen $\delta x, \delta y, \delta z, \delta x', \ldots$ müssen dabei folgenden Bedingungen genügen:

$$
5)\qquad \begin{cases}
\frac{\partial L}{\partial x}\,\delta x + \frac{\partial L}{\partial y}\,\delta y + \frac{\partial L}{\partial z}\,\delta z + \ldots = 0, \\
\frac{\partial M}{\partial x}\,\delta x + \frac{\partial M}{\partial y}\,\delta y + \frac{\partial M}{\partial z}\,\delta z + \ldots = 0, \\
\frac{\partial N}{\partial x}\,\delta x + \frac{\partial N}{\partial y}\,\delta y + \frac{\partial N}{\partial z}\,\delta z + \ldots = 0. \\
\ldots\ldots\ldots\ldots\ldots\ldots\ldots\ldots
\end{cases}
$$

In diesen Gleichungen 5) unterscheiden sich die Coëfficienten von denen der Gleichungen 2) um Grössen, welche in Bezug auf α, β, γ, ... linear sind; so hat man z. B.

$$
\frac{\partial L}{\partial x} = \frac{\partial L}{\partial a} + \frac{\partial^2 L}{\partial a^2}\,\alpha + \frac{\partial^2 L}{\partial a \partial b}\,\beta + \ldots,
$$

und ebenso bei den übrigen. Die Gleichungen 5) bestimmen eine gewisse Anzahl der Grössen δ als lineare Functionen der übrigen, welche ganz willkürlich bleiben. Die Coëfficienten, mit welchen letztere in diesen Functionen behaftet sind, kann man daher in zwei Theile zerlegen, in einen endlichen, welcher sich für $\alpha = 0$, $\beta = 0$ etc. ergiebt, und in einen andern, welcher die sehr kleinen Grössen α, β, γ, ... in linearer Form enthält. Indem man sich auf den ersten Theil beschränkt, erhält man die verschiedenen δ, welche der Gleichgewichtslage des Systems entsprechen. Substituirt man also die aus den Gleichungen 5) gezogenen δ in die Gleichungen 4), so muss man die Coëfficienten aller δ gleich Null setzen, welche ganz willkürlich bleiben. Diese Coëfficienten kann man jedoch, wie man leicht sieht, auf zwei Gruppen zurückführen, eine endliche, welche dieselbe ist, als wenn die Kräfte X, Y, Z, ... und die Functionen $\frac{\partial L}{\partial x}$, ... die auf die Gleichgewichtslage bezüglichen Werthe hätten, und auf eine zweite Gruppe, welche α, β, γ, ..., $\frac{d^2\alpha}{dt^2}$, ... linear enthält, wenn die Producte von je zwei der letzteren Grössen überall vernachlässigt werden. Die erste Gruppe ist wegen des Gleichgewichts in jeder dieser Gleichungen Null, es bleibt also nur die zweite, welche die Grössen α, β, γ, ..., $\frac{d^2\alpha}{dt^2}$, $\frac{d^2\beta}{dt^2}$, ... nur in linearer Form enthält. Die so entstehenden Gleichungen müssen mit den Gleichungen 2) verbunden werden; letztere bestimmen eine gewisse Anzahl von Unbekannten α, β, γ, α', ... als lineare Functionen der übrigen; eliminirt man diejenigen Grössen, deren Indices am höchsten sind, und löst die übrig bleibenden Gleichungen nach den Differentialquotienten zweiter Ordnung auf, so gelangt man schliesslich zu einem Systeme von Gleichungen folgender Form und von derselben Anzahl wie die Unbekannten α, β, γ, α', ...

$$6)\quad \begin{cases} \dfrac{d^2\alpha}{dt^2} = m\alpha + m_1\beta + m_2\gamma + m_3\alpha' + \ldots, \\ \dfrac{d^2\beta}{dt^2} = n\alpha + n_1\beta + n_2\gamma + n_3\alpha' + \ldots, \\ \dfrac{d^2\gamma}{dt^2} = p\alpha + p_1\beta + p_2\gamma + p_3\alpha' + \ldots, \\ \dfrac{d^2\alpha'}{dt^2} = m'\alpha + m'_1\beta + m'_2\gamma + m'_3\alpha' + \ldots, \\ \ldots\ldots\ldots\ldots\ldots\ldots\ldots\ldots \end{cases}$$

44. Es ist bisweilen von Nutzen, die Grössen α, β, γ, α', ... mittelst anderer unabhängiger Variabeln u, v, w, ..., welche ebenso wie die ersten sehr klein sind, auszudrücken, und man erkennt leicht, dass die Gleichungen zwischen u, v, w, ..., von derselben Form wie die Gleichungen 6) sein müssen; die Ausdrücke für die Grössen α, β, ... mittelst u, v, w, ... enthalten nämlich nur solche Glieder, in welchen die ersten Potenzen der letzteren vorkommen, und wenn man diese Ausdrücke nebst ihren zweiten Differentialquotienten in die Gleichungen 6) substituirt, so kann man nur lineare Gleichungen erhalten.

45. Zusammensetzung der Bewegungen. Die Form der Gleichungen 6) führt zu einer sehr wichtigen Folgerung. Genügen nämlich mehrere Werthsysteme von α, β, γ, ..., einzeln genommen, jenen Gleichungen, so kann man durch Addition der verschiedenen α, der verschiedenen β u. s. w. ein neues System bilden, welches denselben Gleichungen genügt. Der Anfangszustand der durch das letzte System dargestellten Bewegung resultirt aus den Anfangszuständen der partiellen Systeme, d. h. die Componenten der Verrückungen und der Geschwindigkeiten, nach den Richtungen der Achsen genommen, setzen sich algebraisch zusammen, um die auf das neue System bezüglichen Componenten zu bilden. Diese Addition der Componenten kommt auf die Zusammensetzung der Verrückungen und der Geschwindigkeiten nach den für die Kräfte

gegebenen Regeln zurück, was niemals eine Schwierigkeit veranlassen kann, welche Art von Coordinatensystem man auch gewählt haben mag. Demnach bestimmt die Zusammenwirkung mehrerer Anfangszustände eine solche Bewegung, dass die Verrückung der Punkte jederzeit aus der Zusammenwirkung der Verschiebungen erfolgt, welche in demselben Augenblicke den partiellen Anfangszuständen entsprechen. Wenn also ein System von Punkten, zwischen welchen beliebige Verbindungen herrschen und welche der Wirkung beliebiger Kräfte unterworfen sind, unendlich wenig aus seiner stabilen Gleichgewichtslage entfernt und dann sich selbst überlassen wird, so können die Verrückungen dieser verschiedenen Punkte zu jeder Zeit als aus der Zusammensetzung derjenigen hervorgehend betrachtet werden, welche man in demselben Augenblicke bei beliebig vielen andern Bewegungen desselben Systems beobachten würde, welche der einzigen Bedingung unterworfen sind, dass die Zusammensetzung ihrer anfänglichen Zustände, rücksichtlich der Verrückungen und Geschwindigkeiten, als Resultat den gegebenen Anfangszustand liefert.

46. Anwendung auf das conische Pendel. Um den Gebrauch dieses Princips zu zeigen, wollen wir es auf ein früheres Beispiel anwenden. Wir denken uns nämlich einen schweren materiellen Punkt, der in einer constanten Entfernung von einem festen Punkte zu bleiben gezwungen ist, unendlich wenig aus der durch diesen festen Punkt gelegten Verticalen entfernt, wobei er eine sehr kleine horizontale Geschwindigkeit erhalten möge. Wie früher in Th. I. nehmen wir den festen Punkt A (Fig. 22.) zum Coordinatenanfang, die Richtung der Schwere zur Achse der z und legen die Ebene der x und z durch die Anfangslage AB des Pendels; ferner sei M die Lage des materiellen Punktes zu einer beliebigen Zeit, P seine Projection auf XY, C die Projection von B,

(Fig. 22.)

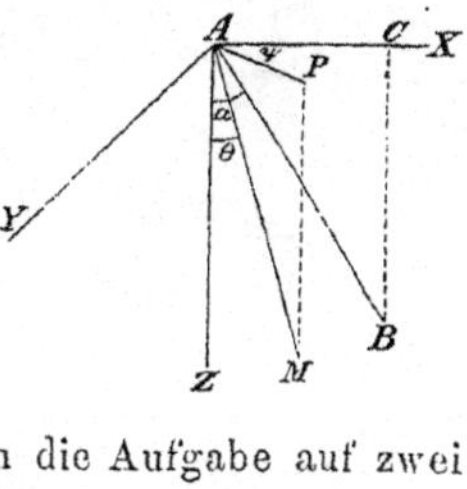

$$BAZ = \alpha,\ MAZ = \vartheta,\ PAX = \psi,$$
$$AM = L,\ AP = r$$

und die Anfangsgeschwindigkeit $= k$. Um die Aufgabe auf zwei andere und einfachere Probleme zurückzuführen, zerlegen wir den Anfangszustand in zwei Anfangszustände. Wir denken uns nämlich erstens den Punkt nach B ohne Geschwindigkeit verlegt, und nehmen ihn zweitens in der Verticalen AZ, indem wir ihm die gegebene

Anfangsgeschwindigkeit ertheilen. Die Zusammensetzung der Verrückungen zu einer beliebigen Zeit bei diesen beiden von einander unabhängigen Bewegungen giebt die gesuchte Verrückung des Punktes M zu eben jener Zeit.

Bezeichnen wir in der ersten Bewegung mit φ den variabeln Winkel, welchen das Pendel mit AZ bildet, so erhalten wir (S. 370) als ersten Grad der Annäherung, bei welchem wir stehen bleiben wollen,

$$a) \qquad \varphi = \alpha \cos\left(t\sqrt{\frac{g}{L}}\right).$$

Bei der zweiten Bewegung sei ω der Winkel, welchen das Pendel mit AZ bildet, und die Richtung der Achse der y sei so gewählt, dass die Anfangsgeschwindigkeit k das Pendel in dem Winkel ZAY bewegt, welcher den positiven Werthen von ω entspricht; es ist dann

$$b) \qquad \omega = \frac{k}{\sqrt{gL}} \sin\left(t\sqrt{\frac{g}{L}}\right) = \beta \sin\left(t\sqrt{\frac{g}{L}}\right),$$

wobei $\frac{k^2}{gL} = \beta^2$ gesetzt wurde. Die Gleichungen a) und b), welche die Lage des Punktes in jedem Augenblicke anzeigen, bestimmen alle Umstände seiner Bewegung.

47. Will man die rechtwinkligen Coordinaten des Punktes M kennen lernen, so muss man sein x mittelst der Gleichung a) und sein y mittelst der Gleichung b) berechnen. Die dritte Coordinate unterscheidet sich von L nur um eine Grösse zweiter Ordnung. Die beiden ersten würde man mittelst der Gleichung der Kugel ableiten können, doch hat es wenig Interesse, dies auszuführen. Mittelst der Gleichungen

$$x = L \sin \varphi, \quad y = L \sin \omega,$$

ergiebt sich, indem man die unendlich kleinen Grössen zweiter Ordnung vernachlässigt,

$$x = L\varphi, \quad y = L\omega,$$

mithin

$$c) \qquad x = L\alpha \cos\left(t\sqrt{\frac{g}{L}}\right), \quad y = L\beta \sin\left(t\sqrt{\frac{g}{L}}\right),$$

und da $\tang \psi = \frac{y}{x}$, so folgt noch

$$tang\,\psi = \frac{\beta}{\alpha}\,tang\left(t\sqrt{\frac{g}{L}}\right).$$

Der Werth von $r = AP$ bestimmt sich aus den Gleichungen c), wenn man bemerkt, dass $r^2 = x^2 + y^2$; man erhält

$$r^2 = L^2\left[\alpha^2\cos^2\left(t\sqrt{\frac{g}{L}}\right) + \beta^2\sin^2\left(t\sqrt{\frac{g}{L}}\right)\right].$$

Hieraus ergiebt sich der Winkel ϑ, dessen Sinus gleich $\frac{r}{L}$ ist; man erhält nämlich

$$\vartheta^2 = \alpha^2\cos^2\left(t\sqrt{\frac{g}{L}}\right) + \beta^2\sin^2\left(t\sqrt{\frac{g}{L}}\right).$$

Will man endlich noch die Projection der Trajectorie auf die Ebene der x, y bestimmen, so muss man t aus den Gleichungen c) eliminiren, und findet

$$\alpha^2 y^2 + \beta^2 x^2 = L^2\alpha^2\beta^2,$$

eine Ellipse, deren Halbachsen $L\alpha$, $L\beta$ sind. Diese Resultate stimmen mit den früheren überein. Uebrigens liesse sich die Aufgabe in mehreren Beziehungen verallgemeinern; so könnte man z. B. die Anfangsgeschwindigkeit in einer beliebigen Richtung auf der Kugeloberfläche nehmen, und sie in zwei Componenten zerlegen, in eine horizontale und in eine andere in der verticalen Ebene, welche durch die anfängliche Lage geht. Somit hätte man nur zwei einfache Bewegungen zu betrachten, welche sich von den vorigen nur darin unterscheiden würden, dass in dem Anfangszustande der einen von beiden zugleich eine Verrückung und eine Geschwindigkeit stattfände.

Liegt der schwere Punkt auf einem Ellipsoid, dessen eine Hauptachse vertical gerichtet ist, so hat man die anfängliche Verrückung in zwei andere parallel mit den horizontalen Hauptachsen zu zerlegen, und die anfängliche Geschwindigkeit in zwei mit den Hauptebenen parallele Seitengeschwindigkeiten. Demnächst bestimmt man die Bewegung, welche aus der Verrückung und der Componente der Geschwindigkeit nach einer der Ebenen hervorgeht, was auf eine Bewegung in dem Krümmungskreise dieser Hauptellipse zurückkommt; nachher ist die Bewegung auf dem Krümmungskreise der verticalen Ellipse aus der anfänglichen Verrückung und der Geschwindigkeit in ihrer Ebene herzuleiten; diese beiden einfachen Bewegungen setzt man wie im vorhergehenden Falle zusammen.

Wenn endlich der schwere Punkt auf einer beliebigen Oberfläche liegt und sehr wenig von dem Punkte entfernt wird, dessen Berührungsebene horizontal ist, so kann man diese Oberfläche durch ein Ellipsoid ersetzen, welches durch diesen Punkt geht, und dessen Hauptschnitte dieselbe Krümmung und Richtung wie die Oberfläche in jenem Punkte besitzen; hiermit ist das Problem auf das vorige reducirt.

48. Einführung neuer Kräfte. Die Gleichungen 6) bestehen unter der Voraussetzung, dass die Punkte des Systems aus ihrer Gleichgewichtslage gerückt worden sind und gewisse Anfangsgeschwindigkeiten erhalten haben; durch Einführung von neuen Kräften, welche nur unendlich kleine Veränderungen hervorzubringen vermöchten, würde man die Frage verallgemeinern. Solche Kräfte wollen wir jetzt unter der Voraussetzung einführen, dass sie, wie die Grössen α, β, γ, ... unabhängig von der Zeit seien. Man gelangt in diesem Falle zu bemerkenswerthen allgemeinen Resultaten.

Zunächst sieht man leicht, dass die Differentialgleichungen dieser neuen Bewegung sich von den Gleichungen 6) nur durch Hinzufügung constanter Ausdrücke unterscheiden werden. Man hat nämlich in der Gleichung 4) die Kräfte X, Y, Z, ... um die Componenten der neuen Kräfte zu vermehren, und befolgt man denselben Gang der Rechnung wie oben, so erhält man die zweiten Theile der Gleichungen 6) um Ausdrücke vermehrt, von denen jeder eine dieser Componenten vom ersten Grade enthält. Die Differentialgleichungen für die vorliegende Aufgabe sind demnach von der Form

$$7)\quad \begin{cases} \dfrac{d^2\alpha}{dt^2} = H + m\alpha + m_1\beta + m_2\gamma + m_3\alpha' + \ldots, \\ \dfrac{d^2\beta}{dt^2} = K + n\alpha + n_1\beta + \ldots, \\ \dfrac{d^2\gamma}{dt^2} = L + p\alpha + p_1\beta + \ldots, \\ \dfrac{d^2\alpha'}{dt^2} = H' + m'\alpha + m'_1\beta + \ldots, \\ \ldots\ldots\ldots\ldots\ldots\ldots \end{cases}$$

Diese Gleichungen liefern α, β, γ, ... als Functionen von t, und die willkürlichen Constanten werden durch den Anfangszustand bestimmt; nach Einführung der neuen Kräfte zeigen sie den neuen Zustand des Gleichgewichts des Systems. In der That hat man nur α, β, γ, ... in den Gleichungen 7) als constant zu betrachten; ihre zweiten Theile verschwinden dann und geben die gesuchten Werthe der Verrückungen aller Punkte, welche der neuen Gleichgewichtslage entsprechen.

49. Die Gleichungen 7) können auf ebendieselbe Form wie die Gleichungen 6) zurückgeführt werden, indem man setzt

$$8)\quad \alpha = \alpha_1 + \xi,\ \beta = \beta_1 + \eta,\ \gamma = \gamma_1 + \zeta,\ \alpha' = \alpha'_1 + \xi',\ldots,$$

wo die Grössen α_1, β_1, γ_1, ... Constanten sind, welche durch folgende Gleichungen bestimmt werden:

$$9)\quad \begin{cases} H + m\alpha_1 + m_1\beta_1 + m_2\gamma_1 + \ldots = 0 \\ K + n\alpha_1 + n_1\beta_1 + n_2\gamma_1 + \ldots = 0 \\ \ldots\ldots\ldots\ldots\ldots\ldots\ldots\ldots \end{cases}$$

Substituirt man jetzt die durch die Gleichungen 8) gegebenen Werthe von α, β, ..., so gehen die Gleichungen 7) in folgende über:

$$10)\quad \begin{cases} \dfrac{d^2\xi}{dt^2} = m\xi + m_1\eta + m_2\zeta + m_3\xi' + \ldots, \\ \dfrac{d^2\eta}{dt^2} = n\xi + n_1\eta + n_2\zeta + \ldots, \\ \dfrac{d^2\zeta}{dt^2} = p\xi + p_1\eta + p_2\zeta + \ldots, \\ \ldots\ldots\ldots\ldots\ldots\ldots\ldots\ldots \end{cases}$$

Diese unterscheiden sich von den Gleichungen 6) nur durch die Umänderung von α, β, γ, ... in ξ, η, ζ, ... Ausserdem sind die Werthe von α_1, β_1, γ_1, ..., welche die Gleichungen 9) liefern, genau die nämlichen, welche sich auf das Gleichgewicht des Systems nach Einführung der neuen Kräfte beziehen, und folglich ξ, η, ζ, ... die Verrückungen der Punkte in Beziehung auf diese neue Gleichgewichtslage. Endlich zeigen die Gleichungen 8), dass die Anfangswerthe von $\frac{d\xi}{dt}, \frac{d\eta}{dt}, \frac{d\zeta}{dt}$, ... mit denen von $\frac{d\alpha}{dt}, \frac{d\beta}{dt}, \frac{d\gamma}{dt}$ .... zusammenfallen, während die Anfangswerthe von ξ, η, ζ, ... gleich denen von α, β, γ, ... sind, wenn man diese um α_1, β_1, γ_1, ... vermindert. Daraus folgt das merkwürdige und einfache Theorem:

Wenn irgend ein System von Punkten sehr wenig aus einer stabilen Gleichgewichtslage verrückt wird und ausserdem neue, constante und sehr kleine Kräfte hinzutreten, so ist die Bewegung jedes Punktes in Beziehung auf seine neue Gleichgewichtslage, unter dem Einflusse der Vereinigung der ersten und zweiten Kräfte, die nämliche wie jene, welche für die erste Gleichgewichtslage gelten würde, wenn man dem Systeme einen Anfangszustand ertheilte, welcher in Bezug auf diese Lage derselbe ist wie der gegebene Anfangszustand in Bezug auf die zweite Gleichgewichtslage.

Da dieses Theorem unabhängig von der Anzahl und den gegenseitigen Abständen der Punkte ist, so besteht es noch, wenn ihr System als stetig angesehen werden kann; demnach gilt es für alle kleinen Verrückungen von Flüssigkeiten oder elastischen Körpern, und ist folglich auf alle eben behandelten Aufgaben anwendbar.

50. Um den obigen Satz auf andere Weise zu begründen, bemerken wir zunächst, dass die nach Einführung der neuen Kräfte eintretende neue Gleichgewichtslage der ersten sehr nahe liegt, und dass die Gleichungen der Bewegung, welche aus der Störung dieser neuen Lage hervorgehen, sich von den Gleichungen 6) nicht unterscheiden; denn die Coëfficienten würden sich nur um Grössen von der Ordnung α, β, . . . ändern, und diese Aenderungen würden in den Gleichungen nur Ausdrücke von der Ordnung derjenigen erzeugen, welche vernachlässigt worden sind. Demnach erzeugt eine und dieselbe Verrückung der Punkte rücksichtlich der einen oder andern jener Gleichgewichtslagen in Bezug auf diese letzteren solche Bewegungen, die für jeden Punkt identisch sind; diess ist aber das vorige Theorem.

51. Uebereinanderlagerung der Wirkungen. Da die Frage somit auf die erste zurückgeführt ist, in welcher von einer blossen Verrückung des Systems ohne Einführung neuer Kräfte die Rede war, so gilt wiederum das Princip der Uebereinanderlagerung. Nun kann der Anfangszustand als aus der Zusammenwirkung zweier andern Zustände hervorgegangen angesehen werden, von denen der eine der gegebene ist und der andere bloss in den Verrückungen mit verändertem Zeichen besteht, welche von der ersten Gleichgewichtslage zur zweiten überführen würden, und welche bis

auf das Zeichen die aus den Gleichungen 9) gezogenen Werthe von α_1, β_1, γ_1, ... sind; d. h.

Die gesuchte Bewegung entsteht aus der Uebereinanderlagerung zweier Bewegungen, deren eine dem gegebenen Anfangszustande ohne Einführung neuer Kräfte entspricht, und deren andere aus der Einführung dieser Kräfte, ohne Verrückung und ohne Geschwindigkeit im Anfangszustande, hervorgegangen ist.

Die erste dieser Bewegungen kann, wie wir schon bewiesen, auf unendlich viele Arten zerlegt werden, ebenso verhält es sich mit der zweiten; wenn man nämlich in den Gleichungen 9) die Grössen H, K, L, ... in eine und dieselbe Anzahl beliebiger Theile, die auch Null sein können, zerlegt, dann zunächst nur die ersten Theile nimmt, darauf allein die zweiten, so bilden die Summen der Werthe von α_1, β_1, ..., welche diesen partiellen Systemen genügen, die Lösungen der Gleichungen 9). Zerlegt man nun die eingeführten Kräfte in eine beliebige Anzahl Gruppen, so geben die vollständig bekannten Ausdrücke, welche sie in den Gleichungen des Gleichgewichts liefern, zusammengenommen die Grössen H, K, L, ..., mithin bestimmen die Werthe von α_1, β_1, ..., die einer jeden von diesen Gruppen entsprechen, in gehöriger Weise addirt, die Verrückungen, welche durch die eingeführten Kräfte erzeugt werden. Die Wirkungen der Verrückungen addiren sich aber, d. h.

Die von den verschiedenen Kräftegruppen hervorgebrachten Wirkungen lagern sich ebenfalls übereinander.

52. **Integration der Gleichungen.** Eine Auflösung der Gleichungen 6), deren Anzahl (n) mit der Anzahl der unabhängigen Coordinaten übereinstimmt, erhält man durch die Annahme:

$$\alpha = \sin(rt + s),$$
$$\beta = R_1 \sin(rt + s),$$
$$\gamma = R_2 \sin(rt + s),$$
$$\alpha' = R_3 \sin(rt + s).$$
$$\cdots\cdots\cdots\cdots$$

Bei Substitution dieser Ausdrücke in die Gleichungen 6) erscheinen R_1, R_2, ... nur in linearer Form; nach ihrer Elimination bleibt eine Endgleichung, die in Bezug auf die Unbekannte r^2 vom Grade n ist; man erhält daher n Werthe für r, indem man die negativen Werthe unberücksichtigt lässt, weil die durch sie gegebenen Lösungen in den übrigen enthalten sind. Diese n Werthe müssen reell und ungleich ausfallen, denn ausserdem würden die Unbekannten sich durch Exponentialgrössen oder algebraische Ausdrücke darstellen lassen, welche mit der Zeit wachsen, was gegen die Voraussetzung des stabilen Gleichgewichts streitet; doch muss man die besonderen Fälle ausnehmen, in welchen die Coëfficienten dieser Ausdrücke verschwinden.

Jeder Werth von r bestimmt ein einziges System von Werthen für R_1, R_2, ..., wofern es nicht eine unendliche Anzahl derselben giebt; multiplicirt man diese Werthe von α, β, γ, ... mit einer willkürlichen Constante R, so hat man wieder eine Lösung der Gleichungen 6), und dabei kommen in jeder Unbekannten die beiden willkürlichen Constanten R und s vor. Indem man die so erhaltenen Lösungen für jeden der n Werthe von r addirt, gelangt man zu dem allgemeinen Integrale der Gleichungen 6), welches $2n$ willkürliche Constanten R, R', ..., s, s', ... enthält; es besteht in den Gleichungen

$$11)\quad \begin{cases} \alpha = R \sin(rt + s) + R' \sin(r't + s') + \dots \\ \beta = RR_1 \sin(rt + s) + R'R'_1 \sin(r't + s') + \dots \\ \gamma = RR_2 \sin(rt + s) + R'R'_2 \sin(r't + s') + \dots \\ \dots\dots\dots\dots\dots\dots\dots\dots \end{cases}$$

wobei sich die $2n$ Constanten durch die Anfangswerthe von $\alpha, \beta, \gamma, \alpha', \dots, \frac{d\alpha}{dt}, \frac{d\beta}{dt} \dots$ bestimmen lassen.

53. Zerlegung der Bewegung in einfache Schwingungen. Die particulären Bewegungen des Systems, welche jedem der n Werthe r, r' ... entsprechen, besitzen einige bemerkenswerthe Eigenschaften. Nehmen wir z. B.

$$\begin{aligned} \alpha &= R \sin(rt + s), \\ \beta &= RR_1 \sin(rt + s), \\ \gamma &= RR_2 \sin(rt + s), \\ \alpha' &= RR_3 \sin(rt + s), \\ &\dots\dots\dots\dots \end{aligned}$$

so stehen die Verrückungen α, β, γ, . . ., bei jedem t, in constanten Verhältnissen, d. h. die Bewegung des Punktes m ist geradlinig; dasselbe gilt für alle übrigen Punkte. Ferner sieht man, dass die Bewegung periodisch und die Dauer der Periode $= \frac{2\pi}{r}$ ist. Demnach machen alle Punkte geradlinige Schwingungen von gleicher Dauer, sie beginnen und beendigen diese Schwingungen zu gleicher Zeit, und die von ihnen durchlaufenen Räume stehen in constanten Verhältnissen. Der blosse Anblick der Gleichungen 11) beweist nun folgenden Satz:

Jede Bewegung eines Systems von einer endlichen Anzahl von Punkten, die unendlich wenig aus einer stabilen Gleichgewichtslage gerückt sind, kann so betrachtet werden, als wenn sie aus der Zusammensetzung der verschiedenen einfachen Schwingungen, deren das System fähig ist, hervorgegangen wäre.

Die Anzahl dieser Schwingungen ist gleich der Anzahl der unabhängigen Coordinaten, wofern sie nicht unendlich ist, wie wir schon oben bemerkt haben; die Schwingungen eines und desselben Systems sind synchronisch oder von gleicher Periode, ihre verschiedenen Richtungen und die Dauer der Periode hängen einzig und allein von der Natur des Systems ab, dagegen sind ihre Amplituden und die Coëfficienten, mit welchen sie in der allgemeinen Lösung versehen sind, von dem Anfangszustande abhängig.

54. Als Beispiel betrachten wir die Bewegung eines Punktes, welcher nur der Wirkung der Schwere unterworfen und auf einer beliebigen Oberfläche zu bleiben gezwungen ist. Entfernt man denselben aus seiner Gleichgewichtslage im tiefsten Punkte der Oberfläche und ertheilt ihm eine sehr kleine Geschwindigkeit, so kann er eine unendliche Anzahl verschiedener Curven beschreiben, welche von dem Anfangszustande abhängen; da aber nur zwei unabhängige Coordinaten vorhanden sind, so existiren nur zwei Systeme von einfachen Schwingungen, und man kann leicht beweisen, dass sie in den beiden Krümmungscurven der Oberfläche im tiefsten Punkte stattfinden. Jede andere Bewegung geht aus der Verbindung dieser beiden Schwingungen hervor. Nur in dem Falle, wo alle Krümmungshalbmesser in diesem Punkte gleich wären, könnte jeder normale Schnitt der Ort der einfachen Schwingungen sein, und dann würde es deren eine unendliche Anzahl geben.

55. Wenn die verschiedenen Wurzeln $r, r', \ldots$ unter einander commensurabel sind, so durchläuft das System periodisch dieselben Zustände; es ist nämlich, wenn μ das grösste gemeinschaftliche Maass bezeichnet,

$$r = h\mu, \quad r' = h'\mu, \ldots,$$

wo $h, h', \ldots$ ganze Zahlen bedeuten, die keinen gemeinschaftlichen Factor haben. Damit nun die Werthe von $\alpha, \beta, \ldots$ sich periodisch nach einem Zeitintervalle ϑ wiederholen können, müssen die Producte $h\mu\vartheta$, $h'\mu\vartheta, \ldots$ Vielfache von 2π sein, also für ganze $k, k', \ldots$

$$h\mu\vartheta = 2\pi k, \quad h'\mu\vartheta = 2\pi k', \ldots$$

Da die Zahlen $k, k', \ldots$ unter sich in denselben Verhältnissen wie die relativen Primzahlen $h, h', \ldots$ stehen, so sieht man leicht, dass die kleinsten Werthe von $k, k', \ldots$ die Zahlen $h, h', \ldots$ sein müssen, woraus für die Dauer der Periode

$$\vartheta = \frac{2\pi}{\mu}$$

folgt. Für $\mu = 0$, d. h. wenn die Zahlen $r, r', r'', \ldots$ kein gemeinschaftliches Maass besitzen, wird $\vartheta = \infty$, die Bewegung also nicht mehr periodisch. Ueberhaupt kann in diesem Falle das System, weder in Beziehung auf die Lagen noch auf die Geschwindigkeiten, jemals durch zwei identische Zustände gehen; geschähe diess nämlich auch nur einmal, so würden sich diese Zustände wiederholen und im Widerspruche zum Vorigen eine Periode bilden.

Anhang.

Ueber das Integral der partiellen Differentialgleichung

$$\frac{\partial^2 u}{\partial t^2} = a^2 \left(\frac{\partial^2 u}{\partial x^2} + \frac{\partial^2 u}{\partial y^2} + \frac{\partial^2 u}{\partial z^2}\right).$$

Betrachtet man ξ, η, ζ als beliebige von x, y, z abhängige Grössen, so besitzt der Ausdruck

1) $$r = \sqrt{(x-\xi)^2 + (y-\eta)^2 + (z-\zeta)^2}$$

die folgenden beiden Eigenschaften

2) $$\left(\frac{\partial r}{\partial x}\right)^2 + \left(\frac{\partial r}{\partial y}\right)^2 + \left(\frac{\partial r}{\partial z}\right)^2 = 1,$$

3) $$\frac{\partial^2 r}{\partial x^2} + \frac{\partial^2 r}{\partial y^2} + \frac{\partial^2 r}{\partial z^2} = \frac{2}{r},$$

von deren Richtigkeit man sich leicht durch Ausführung der angedeuteten Differentiationen überzeugen kann. Aus den Gleichungen 2) und 3) folgt weiter eine Eigenschaft des Ausdruckes

4) $$U = \frac{\mathfrak{F}(r-at)}{r};$$

man findet nämlich durch zweimalige partielle Differentiation in Beziehung auf x

$$\frac{\partial^2 U}{\partial x^2} = \left\{\frac{2\mathfrak{F}(r-at)}{r^3} - \frac{2\mathfrak{F}'(r-at)}{r^2} + \frac{\mathfrak{F}''(r-at)}{r}\right\}\left(\frac{\partial r}{\partial x}\right)^2$$
$$+ \left\{-\frac{\mathfrak{F}(r-at)}{r^2} + \frac{\mathfrak{F}'(r-at)}{r}\right\}\frac{\partial^2 r}{\partial x^2},$$

und wenn man sich die entsprechenden Werthe von $\frac{\partial^2 U}{\partial y^2}$ und $\frac{\partial^2 U}{\partial z^2}$ hingeschrieben denkt, so giebt die Addition aller drei Gleichungen unter Berücksichtigung der in No. 2) und 3) verzeichneten Relationen

$$\frac{\partial^2 U}{\partial x^2} + \frac{\partial^2 U}{\partial y^2} + \frac{\partial^2 U}{\partial z^2} = \frac{\mathfrak{F}''(r-at)}{r}.$$

Da andererseits

$$\frac{\partial^2 U}{\partial t^2} = a^2 \frac{\mathfrak{F}''(r-at)}{r},$$

so folgt nunmehr, dass zwischen den nach x, y, z und t genommenen partiellen Differentialquotienten von U die Beziehung

$$\frac{\partial U^2}{\partial t^2} = a^2 \left(\frac{\partial^2 U}{\partial x^2} + \frac{\partial^2 U}{\partial y^2} + \frac{\partial^2 U}{\partial z^2} \right)$$

stattfindet, oder dass U ein particuläres Integral der Differentialgleichung

5) $$\frac{\partial^2 u}{\partial t^2} = a^2 \left(\frac{\partial^2 u}{\partial x^2} + \frac{\partial^2 u}{\partial y^2} + \frac{\partial^2 u}{\partial z^2} \right)$$

darstellt. Bei der linearen Form derselben kann man jetzt ein allgemeineres Integral auf die Weise bilden, dass man U mit einem beliebigen Factor multiplicirt, welcher von x, y, z und t frei ist, wohl aber ξ, η, ζ enthalten kann, diesem Factor beliebig viele verschiedene Werthe ertheilt, und alle so entstehenden particulären Integrale addirt. Wählt man zu diesem Factor den Ausdruck $F(\xi, \eta, \zeta)\, d\xi\, d\eta\, d\zeta$, so geht die genannte Summe in ein zwischen willkürlichen Grenzen genommenes bestimmtes Integral über, und man hat daher als allgemeineres Integral

6) $$u = \int_{-\infty}^{\infty} \int_{-\infty}^{\infty} \int_{-\infty}^{\infty} \frac{\mathfrak{F}(r-at)}{r} F(\xi, \eta, \zeta)\, d\xi\, d\eta\, d\zeta.$$

Unter den verschiedenen möglichen Specialisirungen der Function $\mathfrak{F}$ giebt es einige, bei welchen die Ausführung der einen von den obigen drei Integrationen allgemein, d. h. ohne Beeinträchtigung der Willkürlichkeit von F, ausführbar ist. Wir wollen diese Fälle näher betrachten.

Es sei erstens bei beliebigen positiven λ

$$\mathfrak{F}(r-at)=\frac{\lambda}{\lambda^2+(r-at)^2};$$

wir schreiben dabei F_1 für F, u_1 für u und haben so

$$u_1=\int_{-\infty}^{\infty}\int_{-\infty}^{\infty}\int_{-\infty}^{\infty}\frac{1}{r}\frac{\lambda}{\lambda^2+(r-at)^2}F_1(\xi,\eta,\zeta)\,d\xi\,d\eta\,d\zeta.$$

Um diesem dreifachen Integrale eine andere Form zu ertheilen, denken wir uns x, y, z als rechtwinklige Coordinaten eines für die Integrationen als fest geltenden Punktes, ebenso ξ, η, ζ als rechtwinklige Coordinaten eines veränderlichen Punktes, welcher vermöge der angegebenen Integrationsgrenzen jede beliebige Stelle des unendlichen Raumes einnehmen kann; wir führen ferner statt der rechtwinkligen Coordinaten polare Coordinaten ein, nehmen dabei den Punkt $x\,y\,z$ zum Anfangspunkte derselben, betrachten r als Radiusvector von $\xi\,\eta\,\zeta$, und nennen ϑ den Winkel zwischen r und ξ, sowie endlich ω den Neigungswinkel der Ebene von ϑ gegen die Ebene $\xi\eta \parallel xy$. Nach bekannten Formeln ist dann

$$\xi=x+r\cos\vartheta,\quad \eta=y+r\sin\vartheta\cos\omega,\quad \zeta=z+r\sin\vartheta\sin\omega,$$

an die Stelle des Volumenelementes $d\xi\,d\eta\,d\zeta$ tritt

$$r^2\sin\vartheta\,d\vartheta\,d\omega\,dr$$

und damit der Punkt $\xi\,\eta\,\zeta$ den ganzen unendlichen Raum betreten könne, muss r von 0 bis ∞, ϑ von 0 bis π, und ω von 0 bis 2π ausgedehnt werden, indem man sich den unendlichen Raum als Kugel von unendlich grossem Halbmesser zu denken hat. Nach diesen Bemerkungen ist

$$u_1=\int_0^{\pi}\int_0^{2\pi}\int_0^{\infty}\frac{\lambda}{\lambda^2+(r-at)^2}F_1(\xi,\eta,\zeta)\,r\sin\vartheta\,d\vartheta\,d\omega\,dr,$$

wobei ξ, η, ζ durch die oben angegebenen Werthe zu ersetzen sind und nur der Kürze wegen die Bezeichnung ξ, η, ζ beibehalten wurde.

Lassen wir λ in Null übergehen, so verschwinden alle diejenigen Elemente des vorstehenden Integrales, für welche

$$\frac{\lambda}{\lambda^2+(r-at)}=0$$

wird; da nun aber dieser Ausdruck in dem Falle $r = at$ nicht verschwindet, sondern im Gegentheil unendlich gross wird, so bleiben noch alle Elemente übrig, für welche r unendlich wenig von at verschieden ist. Um sie von den übrigen zu sondern, zerlegen wir das in Beziehung auf r genommene Integral in drei Integrale von $r = 0$ bis $r = at - \delta$, von $r = at - \delta$ bis $at + \varepsilon$ und von $r = at + \varepsilon$ bis $r = \infty$, wo δ und ε beliebig kleine Grössen bezeichnen. Von den drei genannten Integralen verschwinden dann das erste und letzte, im zweiten setzen wir

$$r = at + \lambda\varrho,$$

wo ϱ eine neue Variable bezeichnet, und erhalten

$$u_1 = Lim \int_0^{\pi}\int_0^{2\pi}\int_{-\frac{\delta}{\varrho}}^{\frac{\varepsilon}{\varrho}} \frac{d\varrho}{1+\varrho^2} F_1(\xi, \eta, \zeta)\,(at + \lambda\varrho)\, sin\,\vartheta\, d\vartheta\, d\omega\, d\varrho$$

$$\xi = x + (at + \lambda\varrho)\, cos\,\vartheta$$

$$\eta = y + (at + \lambda\varrho)\, sin\,\vartheta\, cos\,\omega$$

$$\zeta = z + (at + \lambda\varrho)\, sin\,\vartheta\, sin\,\omega$$

und durch Ausführung des angedeuteten Grenzüberganges

$$u_1 = \int_0^{\pi}\int_0^{2\pi}\int_{-\infty}^{\infty} \frac{d\varrho}{1+\varrho^2} F_1(\xi, \eta, \zeta)\, at\, sin\,\vartheta\, d\vartheta\, d\omega\, d\varrho$$

$$\xi = x + at\, cos\,\vartheta,\quad \eta = y + at\, sin\,\vartheta\, cos\,\omega,\quad \zeta = z + at\, sin\,\vartheta\, sin\,\omega.$$

Da hier ξ, η, ζ nicht mehr von ϱ abhängen, so kann die auf ϱ bezügliche Integration ausgeführt werden und giebt

$$7)\qquad u_1 = \pi a t \int_0^{\pi}\int_0^{2\pi} F_1(\xi, \eta, \zeta)\, sin\,\vartheta\, d\vartheta\, d\omega.$$

Nimmt man zweitens in der Formel 6)

$$\mathfrak{F}(r - at) = \frac{2a\,\lambda(r - at)}{[\lambda^2 + (r - at)^2]^2} = D_t\left\{\frac{\lambda}{\lambda^2 + (r - at)^2}\right\},$$

wo D_t den partiell nach t genommenen Differentialquotienten bezeichnet, so erhält man ein zweites Integral

$$u_2 = \int_{-\infty}^{\infty}\int_{-\infty}^{\infty}\int_{-\infty}^{\infty}\frac{1}{r} D_t\left\{\frac{\lambda}{\lambda^2+(r-at)^2}\right\} F_2(\xi, \eta, \zeta)\, d\xi\, d\eta\, d\zeta,$$

oder weil t für die Integration als Constante gilt und weder in r noch in ξ, η, ζ vorkommt,

$$u_2 = D_t\int_{-\infty}^{\infty}\int_{-\infty}^{\infty}\int_{-\infty}^{\infty}\frac{1}{r}\,\frac{\lambda}{\lambda^2+(r-at)^2} F_2(\xi, \eta, \zeta)\, d\xi\, d\eta\, d\zeta.$$

Mit dem dreifachen Integrale lassen sich dieselben Transformationen wie vorhin ausführen; es bleibt dann

8) $$u_2 = \pi a\, D_t\left\{t\int_0^{\pi}\int_0^{2\pi} F_2(\xi, \eta, \zeta)\, \sin\vartheta\, d\vartheta\, d\omega\right\}$$

und dabei haben ξ, η, ζ wie in No. 7) die Werthe

$$\xi = x + at\cos\vartheta, \quad \eta = y + at\sin\vartheta\cos\omega, \quad \zeta = z + at\sin\vartheta\sin\omega.$$

Aus den Integralen 7) und 8) kann man ein neues Integral dadurch zusammensetzen, dass man jene mit zwei willkürlichen Constanten $\frac{C_1}{a\pi}$ und $\frac{C_2}{a\pi}$ multiplicirt und addirt; in der nunmehrigen Formel

9) $$u = C_1 t\int_0^{\pi}\int_0^{2\pi} F_1(\xi, \eta, \zeta)\, \sin\vartheta\, d\vartheta\, d\omega$$
$$+\, C_2 D_t\left\{\int_0^{\pi}\int_0^{2\pi} F_2(\xi, \eta, \zeta)\, \sin\vartheta\, d\vartheta\, d\omega\right\}$$

sind nur noch die Functionen F_1 und F_2 nebst den Constanten C_1 und C_2 so zu bestimmen, dass für $t = 0$

$$u = f(x, y, z) \text{ und } \frac{\partial u}{\partial t} = F(x, y, z)$$

wird. Nun giebt die vorige Formel bei Ausführung der auf t bezüglichen Differentiation

$$u = C_1 t \int_0^{\pi}\int_0^{2\pi} F_1(\xi, \eta, \zeta) \sin\vartheta \, d\vartheta \, d\omega$$

$$+ C_2 t \int_0^{\pi}\int_0^{2\pi} D_t F_2(\xi, \eta, \zeta) \sin\vartheta \, d\vartheta \, d\omega$$

$$+ C_2 \int_0^{\pi}\int_0^{2\pi} F_2(\xi, \eta, \zeta) \sin\vartheta \, d\vartheta \, d\omega$$

und für $t = 0$ d. h. $\xi = x, \ \eta = y, \ \zeta = z$

$$u = C_2 \int_0^{\pi}\int_0^{2\pi} F_2(x, y, z) \sin\vartheta \, d\vartheta \, d\omega = 4\pi C_2 F_2(x, y, z);$$

dieser Ausdruck fällt mit $f(x, y, z)$ zusammen, wenn

$$C_2 = \frac{1}{4\pi}, \ F_2(x, y, z) = f(x, y, z)$$

genommen wird. Nach wiederholter Differentiation ergiebt sich

$$\frac{\partial u}{\partial t} = C_1 t \int_0^{\pi}\int_0^{2\pi} D_t F_1(\xi, \eta, \zeta) \sin\vartheta \, d\vartheta \, d\omega$$

$$+ C_1 \int_0^{\pi}\int_0^{2\pi} F_1(\xi, \eta, \zeta) \sin\vartheta \, d\vartheta \, d\omega$$

$$+ C_2 t \int_0^{\pi}\int_0^{2\pi} D_t^2 F_2(\xi, \eta, \zeta) \sin\vartheta \, d\vartheta \, d\omega$$

$$+ 2C_2 \int_0^{\pi}\int_0^{2\pi} D_t F_2(\xi, \eta, \zeta) \sin\vartheta \, d\vartheta \, d\omega,$$

wobei im letzten Integrale

$$D_t F_2 = a\left\{\frac{\partial F_2}{\partial \xi}\cos\vartheta + \frac{\partial F_2}{\partial \eta}\sin\vartheta\cos\omega + \frac{\partial F_2}{\partial \zeta}\sin\vartheta\sin\omega\right\}$$

gesetzt werden kann. Für $t=0$ bleibt

$$\frac{\partial u}{\partial t} = C_1\int_0^\pi\int_0^{2\pi} F_1(x, y, z)\sin\vartheta\, d\vartheta\, d\omega$$

$$+ 2a\, C_2\int_0^\pi\int_0^{2\pi}\left\{\frac{\partial F_2}{\partial x}\cos\vartheta + \frac{\partial F_2}{\partial y}\sin\vartheta\cos\omega + \frac{\partial F_2}{\partial z}\sin\vartheta\sin\omega\right\}\sin\vartheta\, d\vartheta\, d\omega.$$

Bei einzelner Integration findet man aber, dass die drei Doppelintegrale

$$\int_0^\pi\int_0^{2\pi}\cos\vartheta\sin\vartheta\, d\vartheta\, d\omega, \quad \int_0^\pi\int_0^{2\pi}\sin^2\vartheta\cos\omega\, d\vartheta\, d\omega,$$

$$\int_0^\pi\int_0^{2\pi}\sin^2\vartheta\sin\omega\, d\vartheta\, d\omega$$

verschwinden, dass mithin die obige Gleichung auf

$$\frac{\partial u}{\partial t} = 4\pi\, C_1 F_1\,(x, y, z)$$

zurückkommt; sie stimmt mit der zweiten Bedingung überein, wenn

$$C_1 = \frac{1}{4\pi} \text{ und } F_1\,(x, y, z) = F(x, y, z)$$

genommen wird. An die Stelle der Gleichung 9) tritt nunmehr die folgende

$$10)\qquad u = \frac{1}{4\pi}t\int_0^\pi\int_0^{2\pi} F(\xi, \eta, \zeta)\sin\vartheta\, d\vartheta\, d\omega$$

$$+ \frac{1}{4\pi}D_t\left\{t\int_0^\pi\int_0^{2\pi} f(\xi, \eta, \zeta)\sin\vartheta\, d\vartheta\, d\omega\right\},$$

worin

$$\xi = x + at \cos\vartheta, \quad \eta = y + at \sin\vartheta \cos\omega, \quad \zeta = z + at \sin\vartheta \sin\omega.$$

Die hier mitgetheilte Entwickelung des von Poisson angegebenen Integrales ist übrigens nichts weiter als ein von anderen Theorien unabhängiger Beweis jener merkwürdigen Formel, mehr sollte sie überhaupt nicht sein; hinsichtlich der Methoden zur Entdeckung derartiger Integrale verweisen wir auf die Quellen: Fourier, *Théorie de la chaleur* pag. 523—541; Cauchy, *Mémoire sur l'intégration des équations aux différences partielles* etc. (*Journal de l'école polytechnique*, *cahier* XIX, page 510—589), sowie auf eine zweite Abhandlung von Cauchy über denselben Gegenstand im ersten Bande seiner *Exercices d'analyse* (1840) pag. 76.

systematisch anzuschließen. Nichts desto weniger wurde das Feldmessen, Markscheiden ꝛc. nach Darstellung der gemeinsamen Lehrsätze ausführlich behandelt und es hat somit eine gleichmäßige Berücksichtigung der theoretischen wie der praktischen Seite der Meßkunst stattfinden können. — Das „Lehrbuch der Meßkunst ꝛc." zerfällt seinem Inhalte nach in folgende Abschnitte:

Einleitung.

I. Die niedere Meßkunst.

1. Abschnitt. A. Allgemeine Grundsätze.
B. Die Lehrsätze der niederen Meßkunst.
1. Von der Ausmessung der Linien.
2. Von der Messung der Winkel.
3. Vom Ausmessen ganzer Figuren.

2. Abschnitt. Die Praxis der niederen Meßkunst.
1. Das Feldmessen und die Aufnahme der Forsten, so wie die Vermessungen zum Behufe der Bauten.
2. Das Nivelliren und das Höhenmessen.
3. Das militärische Aufnehmen (topographische Meßkunst).
4. Das Markscheiden.

II. Die höhere Meßkunst.

1. Von den trigonometrischen und astronomischen Messungen.
2. Von der Projection, von der Eintheilung der Karte in einzelne Blätter (Sectionen) und vom Auftragen der trigonometrischen Punkte.

Anhang. (Hülfstafeln.)

Die gegenwärtige Auflage hat einige Berichtigungen und Zusätze erhalten und schließt sich überall der zweiten Auflage des Werkes: **„Die Instrumente und Werkzeuge der Meßkunst etc." an. Beide Werke bilden ein Ganzes und dürfen als vollkommen ausreichende und zweckdienliche Hülfsmittel für das Studium der Meßkunst empfohlen werden.**

Druck, Papier und die große Anzahl der Figuren entsprechen allen Anforderungen, welche man gegenwärtig an treffliche typographische Leistungen zu stellen berechtigt ist.

Berlin.

Dr. C. Schneitler.

Durch elegante Ausstattung, vorzügliche Ausführung der Holzschnitte und billige Preisstellung hoffe ich dem Werke auch ferner die allgemeinste Verbreitung gesichert zu haben.

Leipzig.

B. G. Teubner.

systematisch anzuschließen. Nichts desto weniger wurde das Feldmessen, Markscheiden &c. nach Darstellung der gemeinsamen Lehrsätze ausführlich behandelt und es hat somit eine gleichmäßige Berücksichtigung der theoretischen wie der praktischen Seite der Meßkunst stattfinden können. — Das „Lehrbuch der Meßkunst &c." zerfällt seinem Inhalte nach in folgende Abschnitte:

Einleitung.

I. Die niedere Meßkunst.

1. Abschnitt. A. **Allgemeine Grundsätze.**
B. **Die Lehrsätze der niederen Meßkunst.**
   1. Von der Ausmessung der Linien.
   2. Von der Messung der Winkel.
   3. Vom Ausmessen ganzer Figuren.

2. Abschnitt. **Die Praxis der niederen Meßkunst.**
   1. Das Feldmessen und die Aufnahme der Forsten, so wie die Vermessungen zum Behufe der Bauten.
   2. Das Nivelliren und das Höhenmessen.
   3. Das militärische Aufnehmen (topographische Meßkunst).
   4. Das Markscheiden.

II. Die höhere Meßkunst.

1. Von den trigonometrischen und astronomischen Messungen.
2. Von der Projection, von der Eintheilung der Karte in einzelne Blätter (Sectionen) und vom Auftragen der trigonometrischen Punkte.

Anhang. (Hülfstafeln.)

Die gegenwärtige Auflage hat einige Berichtigungen und Zusätze erhalten und schließt sich überall der zweiten Auflage des Werkes: **„Die Instrumente und Werkzeuge der Meßkunst etc." an. Beide Werke bilden ein Ganzes und dürfen als vollkommen ausreichende und zweckdienliche Hülfsmittel für das Studium der Meßkunst empfohlen werden.**

Druck, Papier und die große Anzahl der Figuren entsprechen allen Anforderungen, welche man gegenwärtig an treffliche typographische Leistungen zu stellen berechtigt ist.

Berlin.

Dr. C. Schneitler.

Durch elegante Ausstattung, vorzügliche Ausführung der Holzschnitte und billige Preisstellung hoffe ich dem Werke auch ferner die allgemeinste Verbreitung gesichert zu haben.

Leipzig.

B. G. Teubner.

Printed in Dunstable, United Kingdom

91219498R00198